高职高专"十三五"规划教材

机电专业

电机与拖动

（第二版）

主　审　　梁南丁

主　编　　周　斐　李宏慧

副主编　　赫焕丽　任佑平

　　　　　邓　斌　孔令雪

参　编　　李为梅　黄冬来

　　　　　梁　嵩　何湘龙

U0391400

南京大学出版社

内容简介

本书由 6 个项目组成,每个项目都包含应知和应会两部分,除了系统介绍相关的知识点,更主要的是考虑到生产实际中在这些知识点指导下的实践操作。项目 1 由 4 个任务组成,主要介绍直流电动机的基本组成、工作原理以及直流电动机性能测试、拆装、使用、维护;项目 2 由 4 个任务组成,详细介绍了变压器的基本结构、工作原理、性能测试、使用维护,简要介绍了互感器等其他变压器的应用;项目 3 由 4 个任务组成,主要介绍交流电机的基本组成、工作原理,以及直流电动机性能测试、拆装、使用、维护;项目 4 由 2 个任务组成,主要介绍同步电动机的基本组成、工作原理以及启动方法;项目 5 由 6 个任务组成,简要介绍了伺服电机、步进电机等控制电机的基本结构和工作原理;项目 6 由 2 个任务组成,主要介绍了电动机的选用原则、典型机械用电动机的选用方法。

本书可作为高等职业技术学院及成人高校的电类、机电类等专业的教材,也可供相关专业工程技术人员学习和参考。

图书在版编目(CIP)数据

电机与拖动 / 周斐,李宏慧主编. —2 版. — 南京:
南京大学出版社,2016.7
高职高专"十三五"规划教材. 机电专业
ISBN 978 - 7 - 305 - 16589 - 4

Ⅰ. ①电… Ⅱ. ①周… ②李… Ⅲ. ①电机—高等职业教育—教材②电力传动—高等职业教育—教材 Ⅳ.
①TM3②TM921

中国版本图书馆 CIP 数据核字(2016)第 050578 号

出版发行　南京大学出版社
社　　址　南京市汉口路 22 号　　　　邮　编　210093
出 版 人　金鑫荣

丛 书 名　高职高专"十三五"规划教材·机电专业
书　　名　电机与拖动(第二版)
主　　编　周　斐　李宏慧
责任编辑　王环宇　何永国　　　　编辑热线　025 - 83596997
照　　排　南京南琳图文制作有限公司
印　　刷　南京人民印刷厂
开　　本　787×1092　1/16　印张 14.5　字数 358 千
版　　次　2016 年 7 月第 2 版　　2016 年 7 月第 1 次印刷
ISBN 978 - 7 - 305 - 16589 - 4
定　　价　32.00 元

网址:http://www.njupco.com
官方微博:http://weibo.com/njupco
微信服务号:njuyuexue
销售咨询热线:(025)83594756

前　言

本书结合我国高等职业教育的现状,以培养机电一体化应用型人才为目标,在注重基础理论教育的同时,针对实际工作中经常面对的实践操作内容,突出实用性和先进性,在内容叙述上,力求通俗易懂、由浅入深地阐明问题。全书以直流电动机和异步电动机的应用为重点内容,兼顾了变压器、同步电动机、控制电动机的应用。每一个项目后的思考练习分知识检验和技能测评两部分,使学习者更加明确要掌握的知识点和技能点。

本书依据高等职业教育"以就业为导向,以职业能力培养为重点"的原则,采用项目任务格式编写,主要有以下特点:

(1) 以项目的实践实施为落脚点,系统介绍知识点的学习、基本技能的训练,使学生的学习目标更加明确,学习兴趣更加浓厚。

(2) 每一个任务都兼顾了知识的系统介绍和相关生产操作的需要,既保持了知识的系统性,又很明晰地表达了理论指导相关实践的根本道理。

本书由平顶山工业职业技术学院周斐、李宏慧任主编,咸宁职业技术学院赫焕丽,武昌职业学院任佑平,平顶山工业职业技术学院邓斌、孔令雪任副主编,平顶山工业职业技术学院梁南丁教授任主审。参与教材编写的还有平顶山工业职业技术学院李为梅、湘潭医卫职业技术学院黄冬来、武汉城市职业学院梁嵩、湖南石油化工职业技术学院何湘龙。平煤集团的现场工程技术人员牛玉敏、徐其祥也为本书编写提出了许多宝贵意见。

全书编写分工如下:周斐负责编写项目一的任务二和任务三;李宏慧负责编写项目一的任务一和任务四、项目二的任务一和任务四、项目三的任务二;任佑平负责编写项目五的任务一和任务二;赫焕丽负责编写项目二的任务二和任务三、项目四的任务一和任务二;邓斌负责编写项目五的任务三和任务四;孔令雪负责编写项目五的任务五和任务六;黄冬来和李为梅负责编写项目三的任务一和任务三;梁嵩和何湘龙共同负责项目六任务一和任务二的编写。

由于编者水平有限,书中难免有不足之处,敬请读者批评指正。

编　者

2016 年 6 月 1 日

目 录

项目 1   直流电动机的应用

任务 1.1   直流电动机的基本结构及工作原理

1.1.1   直流电动机的工作原理

在电动机的发展史上,直流电动机发明得最早,其电源为电池,后来才出现了交流电动机。三相交流电动机出现以后,交流电动机得到迅速的发展。但是,迄今为止工业领域里仍有许多场所使用直流电动机。这是由于直流电动机具有以下突出的优点:

(1) 调速范围广,易于平滑调速;

(2) 启动、制动和过载转矩大;

(3) 易于控制,可靠性较高。

直流电动机的主要优点是启动和调速性能好,过载能力强,因此多应用于对启动和调速要求较高的生产机械,如轧钢机、电力机车、造纸机及纺织机械等。

直流电动机是实现直流电能和机械能相互转换的电气设备,其中,将机械能转换为直流电能的是直流发电机,将直流电能转换为机械能的是直流电动机。

直流发电机作为直流电源,电势波形好,抗干扰能力强,主要应用在电镀、电解行业中。

直流电动机的缺点主要表现在电流换向方面。这个问题的存在使其结构、生产工艺复杂,且使用有色金属较多,价格昂贵,运行维护较困难。

在很多领域内,直流电动机将逐步被交流调速电动机取代,直流发电机正在被电力电子整流装置取代。但是,直流电动机仍在许多场合发挥作用。

一、直流发电机的基本工作原理

直流发电机是根据导体在磁场中作切割磁力线运动,从而在导体中产生感应电势的电磁感应原理制成的。

图 1-1 是一台直流发电机模型,N 和 S 为一对固定的磁极,磁极之间有一个可以旋转的铁质圆柱体,称为电枢铁芯。电枢铁芯表面固定一个用绝缘体构成的线圈 abcd,线圈的两端分别接到两个相互绝缘的弧形铜片上,弧形铜片称为换向片,换向片组合在一起称为换向器。在换向器上放置固定不动而与换向片滑动接触的电刷 A 和 B,线圈 abcd 通过换向器和电刷接通外电路。电枢铁芯、电枢线圈和换向器组合在一起称为电枢。

当转子在原动机的拖动下按逆时针方向旋转时,线圈 ab 边和 cd 边中将有感应电势产生。在图 1-1(a)所示的时刻,线圈 ab 边处在 N 极下面,根据右手定则判断其感应电势方向为由 b 到 a;线圈 cd 边处在 S 极下面,其感应电势方向为由 d 到 c;所以电刷 A 为正极性,电刷 B 为负极性。

当转子旋转 180°后到图 1-1(b)所示的时刻时,线圈 cd 边处在 N 极下面,根据右手定

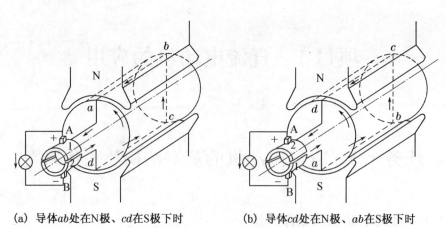

(a) 导体ab处在N极、cd在S极下时   (b) 导体cd处在N极、ab在S极下时

图 1-1 直流发电机工作原理

则判断其感应电势方向为由 c 到 d，电刷 A 这时与 d 所连接的换向片接触，仍为正极性，线圈 ab 处在 S 极下面，其感应电势方向变为由 a 到 b；电刷 B 与 a 所连接的换向片接触，仍为负极性。可见，直流发电机电枢线圈中的感应电势的方向是交变的，而通过换向器和电刷的作用，在电刷 A 和电刷 B 两端输出的电动势是方向不变的直流电动势。若在电刷 A、B 之间接上负载，发电机就能向负载供给直流电能，这就是直流发电机的基本工作原理。

一个线圈产生的电势波形如图 1-2(a)所示，这是一个脉动的直流电势，不适合于做直流电源使用。实际应用的直流发电机是由很多个元件和相同个数的换向片组成的电枢绕组，这样可以在很大程度上减步其脉动幅值，从而得到稳恒直流电势，其电势波形如图 1-2(b)所示。

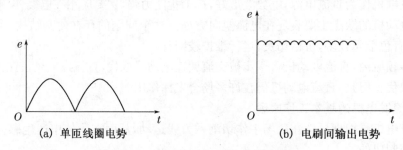

(a) 单匝线圈电势   (b) 电刷间输出电势

图 1-2 直流发电机输出的电势波形

直流发电机的基本工作原理可概括如下：

(1) 原动机拖动转子(即电枢)以 n r/min 转动；

(2) 电机的固定主磁极建立磁场；

(3) 转子导体在磁场中运动，切割磁力线而感应交流电动势，经电刷和换向器整流作用输出直流电势。

某一根转子导体的电势性质是交流电，经电刷输出的电动势却是直流电。

二、直流电动机的基本工作原理

直流电动机根据通电导体在磁场中会受到磁场力作用的原理制成。

直流电动机的模型与直流发电机相同，不同的是不用原动机拖动电枢朝某一方向旋转，而是在电刷 A 和 B 之间加上一个直流电压,如图 1-3 所示。线圈中会有电流流过,若起始时线圈处在图1-3(a)所示位置,则电流由电刷 A 经线圈按 $a \rightarrow b \rightarrow c \rightarrow d$ 的方向从电刷 B 流出。根据左手定则可判定,处在 N 极下的导体 ab 受到一个向左的电磁力;处在 S 极下的导体 cd 受到一个向右的电磁力。两个电磁力形成一个使转子按逆对针方向旋转的电磁转矩。当这一电磁转矩足够大时,电机就按逆时针方向开始旋转。当转子转过 180° 到达如图 1-3(b)所示位置时,电流由电刷 A 经线圈按 $d \rightarrow c \rightarrow b \rightarrow a$ 的方向从电刷 B 流出,此时元件中电流的方向改变了,但是导体 ab 处在 S 极下受到一个向右的电磁力,导体 cd 处在 N 极下受到一个向左的电磁力,两个电磁力矩仍形成一个使转子按逆时针方向旋转的电磁转矩。

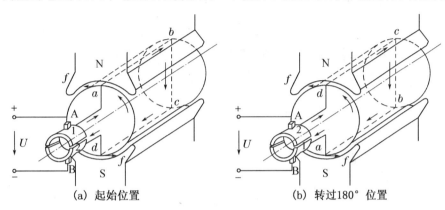

(a) 起始位置　　　　　　　　　　　(b) 转过180°位置

图 1-3　直流电动机的工作原理

可以看出,转子在旋转过程中,线圈中电流方向是交变的,由于受换向器的作用,处在同一磁极下面的导体中的电流方向是恒定的,使得直流电动机的电磁转矩方向不变。

为使直流电动机产生一个恒定的电磁转矩,同直流发电机一样,电枢上安放若干个元件和换向片。

直流电动机基本工作原理可概括如下:

(1) 将直流电源通过电刷接通电枢绕组,使电枢导体有电流流过;

(2) 电机主磁极建立磁场;

(3) 载流的转子(即电枢)导体在磁场中受到电磁力的作用;

(4) 所有导体产生的电磁力作用于转子,形成电磁转矩,驱使转子旋转,以拖动机械负载。

在直流电动机中,外加直流电压并非直接加于线圈,而是通过电刷和换向器加到线圈上。通过电刷和换向器的作用,导体中的电流成为交变电流,从而使电磁转矩的方向始终保持不变,以确保直流电动机旋转方向一定。

三、直流电机的可逆原理

由直流发电机和直流电动机的基本工作原理可以看出,直流电机原则上既能作电动机运行,又可以作发电机运行。将直流电源加于电刷,向电枢内输入电能,电机将电能转换为机械能,拖动生产机械旋转,电机作电动机运行;如用原动机拖动直流电机的电枢旋转,输入机械能,电机将机械能转换为直流电能,从电刷上引出直流电动势,电机作发电机运行。同一台电机,既能作电动机运行,又能作发电机运行,这个原理称为电机的可逆原理。

1.1.2　直流电动机的基本结构

直流电动机的结构是多种多样的,图 1 - 4 所示为国产 Z2 系列直流电动机的剖视图。由图可见,直流电动机由定子与转子构成,通常把产生磁场的部分做成静止的,称为定子;把产生感应电势或电磁转矩的部分做成旋转的,称为转子(又叫电枢)。定子与转子间因有相对运动,故有一定的空气隙,一般小型电动机的空气隙为 0.7~5 mm,大型电动机为 5~10 mm。

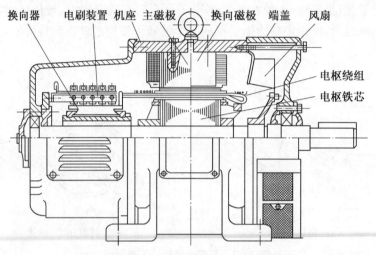

图 1 - 4　国产 Z2 系列直流电动机的剖视图

一、定子

定子由主磁极、换向磁极、机座、端盖和电刷装置等组成。

1. 主磁极

主磁极的作用是产生主磁通。主磁极由铁芯和励磁绕组组成,如图 1 - 5 所示。

铁芯包括极身和极靴两部分,其中极靴的作用是支撑励磁绕组和改善气隙磁通密度的波形。铁芯通常由 0.5~1.5 mm 厚的硅钢片或低碳钢板叠装而成,以减少电机旋转时极靴表面磁通密度变化而产生的涡流损耗。

励磁绕组用绝缘的圆铜或扁铜线绕制而成,并励绕组多用圆铜线绕制,串励绕组多用扁铜线绕制。各主磁板的励磁绕组串联相接,但要使其产生的磁场沿圆周交替呈现 N 极和

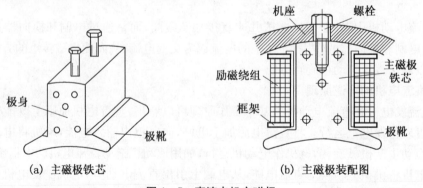

　　(a) 主磁极铁芯　　　　　　　　　　　　　(b) 主磁极装配图

图 1 - 5　直流电机主磁极

S极。

绕组和铁芯之间用绝缘材料制成的框架相隔,铁芯通过螺栓固定在磁轭上。

对某些大容量电机,为改善换向条件,常在极靴处装设补偿绕组。

2. 换向磁极

换向磁极又称为附加磁极,用于改善直流电机的换向,位于相邻主磁极间的几何中心线上,其几何尺寸明显比主磁极小。换向磁极由铁芯和套在铁芯上的换向磁极绕组组成,如图1-6所示。

铁芯常用整块铜或厚钢板制成,其绕组一般用扁铜线绕成。为防止磁路饱和,换向磁极与转子间的气隙都较大。换向磁极绕组匝数不多,与电枢绕组串联。换向磁极的极数一般与主磁极的极数相同。换向磁极与电枢之间的气隙可以调整。

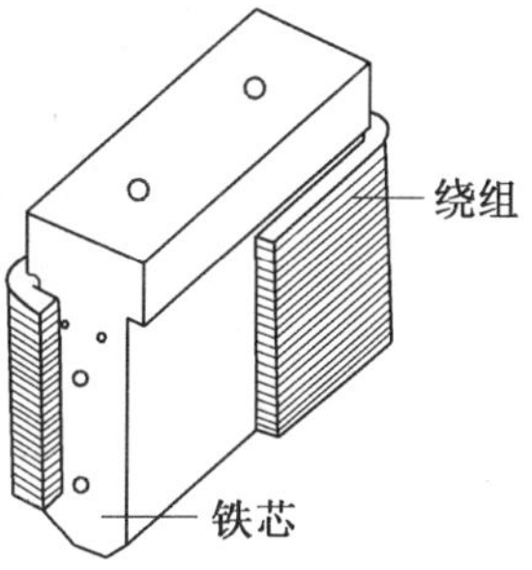

图1-6 直流电机换向磁极

3. 机座和端盖

机座的作用是支撑电机、构成相邻磁极间磁的通路,故机座又称磁轭。机座一般用铸钢或厚钢板焊成。

机座的两端各有一个端盖,用于保护电机和防止触电。在中小型电机中,端盖还通过轴承担负支持电枢的作用。对于大型电机,考虑到端盖的强度,一般采用单独的轴承座。

4. 电刷装置

电刷装置的作用是使转动部分的电枢绕组与外电路连通,将直流电压、电流引出或引入电枢绕组。电刷装置由电刷、刷握、刷杆、刷杆座和弹簧压板等零件组成,如图1-7所示。

电刷一般采用石墨和铜粉压制烧焙而成,它放置在刷握中,由弹簧将其压在换向器的表面上,刷握固定在与刷杆座相连的刷杆上,每个刷杆装有若干个刷握和相同数目的电刷,并把速些电刷并联形成电刷组,电刷组的个数一般与主磁极的个数相同。

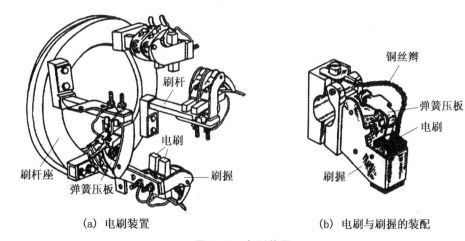

(a) 电刷装置　　　　　　　　　(b) 电刷与刷握的装配

图1-7 电刷装置

二、转子

转子由电枢铁芯、电枢绕组、转向器、转轴和风扇等组成。

1. 电枢铁芯

电枢铁芯的作用是构成电机磁路和安放电枢绕组。通过电枢铁芯的磁通是交变的,为减少磁滞和涡流损耗,电枢铁芯常用 0.35 mm 或 0.5 mm 厚冲有齿和槽的硅钢片叠压而成,为加强散热能力,在铁芯的轴向留有通风孔,较大容量的电机沿轴向将铁芯分成长 4~10 cm 的若干段,相邻段间留有 8~10 mm 的径向通风沟,如图 1-8 所示。

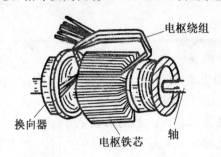 

图 1-8　电枢

2. 电枢绕组

电枢绕组的作用是产生感应电动势和电磁转矩,从而实现机电能量的转换。电枢绕组是用绝缘铜线在专用的模具上制成一个个单独元件,然后嵌入铁芯槽中,每一个元件的端头按一定规律分别焊接到换向片上。元件在槽内部分的上下层之间及与铁芯之间垫以绝缘,并用绝缘的槽楔把元件压紧在槽中。元件的槽外部分用绝缘带绑扎和固定。

3. 换向器

换向器又称整流子。发电机将电枢元件中的交流电变为电刷间的直流电输出;电动机将电刷间的直流电变为电枢元件中的交流电输入。换向器的结构如图 1-9(a)所示。换向器由换向片组合而成,是直流电机的关键部件,也是最薄弱的部分。

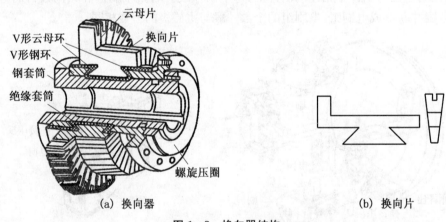

(a) 换向器　　　　　　　　　　(b) 换向片

图 1-9　换向器结构

换向片采用导电性能好、硬度大、耐磨性能好的紫铜或铜合金制成。如图 1-9(b)所示,换向片凸起的一端称为升高片,用来与电枢绕组端头相连;换向片的底部做成燕尾形状,各换向片拼成圆筒形套入钢套筒上,相邻换向片间垫以 0.6~1.2 mm 厚的云母片绝缘,换向片下部的燕尾嵌在两端的 V 形钢环内,换向片与 V 形钢环之间用 V 形云母片绝缘,最后用螺旋压圈压紧。换向器固定在转轴的一端。

三、气隙

气隙是电动机磁路的重要部分,气隙磁阻远大于铁芯磁阻。一般小型电动机的气隙为 0.7～5 mm,大型电机的气隙为 5～10 mm。

1.1.3　直流电动机的励磁方式

直流电动机在进行能量转换时,必须以气隙中的主磁场作为媒介。一般在小容量电机中可采用永久磁铁作为主磁极,其他直流电机给主磁极绕组通入直流以产生主磁场。

主磁极上励磁绕组通以直流励磁电流产生,称为励磁磁势,也称为磁动势或磁势。励磁磁势单独产生的磁场称为励磁磁场,又称主磁场。励磁绕组的供电方式称为励磁方式,按励磁方式的不同,直流电动机可以分为 4 类。

直流电动机各种励磁方式的接线如图 1-10 所示。

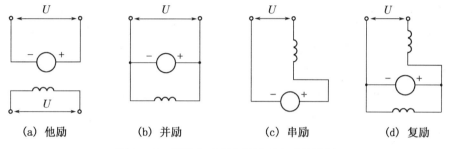

(a) 他励　　　　(b) 并励　　　　(c) 串励　　　　(d) 复励

图 1-10　直流电动机各种励磁方式接线图

(1) 他励:他励直流电动机的励磁绕组由单独直流电源供电,与电枢绕组没有电的联系,励磁电流的大小不受电枢电流影响,接线如图 1-10(a)所示。用永久磁铁作为主磁极的电机也属他励电机。

(2) 并励:并励直流电动机的励磁绕组与电枢绕组并联,如图 1-10(b)所示。该励磁方式的励磁绕组匝数较多,采用的导线截面较小,励磁电流一般为电动机额定电流的 1%～5%。

(3) 串励:串励直流电动机的励磁绕组与电枢绕组串联,如图 1-10(c)所示。该励磁绕组与电枢绕组通过相同的电流,故励磁绕组的截面较大,匝数较少。

(4) 复励:复励直流电动机在主磁极铁芯上缠有两个励磁绕组,其中一个与电枢绕组并联,一个与电枢绕组串联,如图 1-10(d)所示。在复励方式中,通常并励绕组产生的磁势不少于总磁势的 70%。当串励磁势与并励磁势方向相同时,称为积复励;当串励磁势与并励磁势方向相反时,称为差复励。

不同的励磁方式对直流电动机的运行性能有很大的影响。直流发电机的励磁方式主要采用他励、并励和复励,很少采用串励方式。直流电动机因励磁电流都是外部电源供给的,因此不存在自励,所说的他励是指励磁电流和电枢电流不是由同一电源供给的。

1.1.4　直流电动机的铭牌

一、直流电动机的主要系列

我国直流电动机系列是指在应用范围、结构形式、性能水平、生产工艺等方面有共同性,功率较大的成批生产的电动机。主要有以下几种系列。

（1）Z2 系列。一般用途的中小型直流电动机。

（2）Z 和 ZF 系列。一般用途的中小型直流电动机，Z 表示直流电动机，ZF 表示直流发电机。

（3）ZT 系列。用于恒功率且调速范围较宽的直流电动机。

（4）ZJ 系列。精密机床用直流电动机。

（5）ZTD 系列。电梯用直流电动机。

（6）ZZJ 系列。冶金起重用直流电动机，它启动快，过载能力很强。

（7）ZQ 系列。电力机车、工矿电机车和电车用直流牵引电动机。

（8）Z－H 系列。船用直流电动机。

（9）ZA 系列。防爆安全用直流电动机。

二、直流电动机的铭牌数据

为正确地使用电动机，使电动机在既安全又经济的情况下运行，电动机在外壳上都装有一个铭牌，上面标有电动机的型号和有关物理量的额定值。

1. 型号

型号表示的是电动机的用途和主要的结构尺寸，如 Z2－42 的含义是普通用途的直流电动机，第二次改型设计，4 号机座，2 号铁芯长度。

2. 额定值

铭牌中的额定值有额定功率、额定电压、额定电流和额定转速等。额定值是指按规定的运行方式，在该数值情况下运行的电动机既安全，又经济。

（1）额定功率：额定条件下电动机所允许的输出功率。

对于发电机，额定功率是指电刷同输出的电功率，对于电动机，额定功率是指转轴输出的机械功率。

（2）额定电压：在正常运行时，电动机出线端的电压值。

对于发电机，它是指输出额定电压；对于电动机，它是指输入额定电压。

（3）额定电流：在额定电压下，运行于额定功率时对应的电流值。

对于发电机，它是指输出额定电流；对于电动机，它是指输入额定电流。

（4）额定转速：在额定电压、额定电流下，运行于额定功率时对应的转速。

额定值之间的关系为

发电机 $\qquad P_N = U_N I_N$ (1-1)

电动机 $\qquad P_N = U_N I_N \eta_N$ (1-2)

电动机运行时，当各物理量均处在额定值时，电机处在额定状态运行；若电流超过额定值运行称为过载运行；电流小于额定值运行称为欠载运行。电动机长期过载或欠载运行都是不好的，应尽可能使电动机靠近额定状态运行。

例 1-1 一台 Z2 型直流电动机，额定功率为 $P_N = 160\,\text{kW}$，额定电压 $U_N = 220\,\text{V}$，额定效率 $\eta_N = 90\%$，额定转速 $n_N = 1\,500\,\text{r/min}$，求该电机的额定电流。

解
$$I_N = \frac{P_N}{U_N \eta_N} = \frac{160 \times 10^3}{220 \times 0.9} = 808(\text{A})$$

例 1-2　一台 Z2 型直流发电机,额定功率为 $P_N=145\ kW$,额定电压 $U_N=230\ V$,额定转速 $n_N=1\ 450\ r/min$,求该发电机的额定电流。

解
$$I_N=\frac{P_N}{U_N}=\frac{145\times 10^3}{230}=630.4(A)$$

1.1.5 直流电动机的拆装

一、直流他励电动机绕组拆除

1. 机壳的拆除

先拆除电动机两侧碳刷,再将电动机转轴端的两颗螺丝拧下,用橡皮锤轻轻敲下,把转子和另一端盖拿出来。

2. 定子的拆除

将定子上的扎带剪断(无扎带可免除此步),用电烙铁焊开两绕组的连线,剪断用于拉升绕组两端的棉布,然后将绕组上所有棉布剪断(如果想再次利用这些棉布可从绕组一端慢慢拆开,在线圈松动时将线圈从定子上拿下来再把所有棉线拆除)。用同样的方法,可拆除另一绕组。

3. 定子绕组的拆除

先量取绕组周长以便以后制作线模,由于定子绕组匝数较多,在拆除时千万不能让导线搅到一起。可两个人配合利用绕线机来缠绕线轴,其中一人先把绕组在绕线轴上绕十几圈,并把导线出头引到外边。然后慢慢摇动绕线机,另一人最好把导线放在一锥形物体上但要防止导线滑脱或双手抓牢导线慢慢释放。直到全部导线都绕制完成。可用胶带将线圈的两个引线端固定。

4. 转子绕组的拆除

将换相片上的接线用尖嘴钳(给尖嘴钳头上粘上胶带以免划伤铜线)轻轻把拔下。用手一圈一圈将铜线从槽中抽出,最后通过绕线机将线圈绕制整齐。

二、直流他励电动机嵌线、组装

1. 转子的绕制及嵌线

(1)嵌线前应先清理铁芯,清除槽内的杂物。如发现铁芯或槽内有毛刺,一定要挫平除掉,否则会损伤导线绝缘。铁芯清理干净以后,才可以在槽内放置绝缘纸片,准备嵌线。

(2)嵌线是绕组拆除的逆过程,留下出线端其余的都用棉布包裹好,线圈的端部用扎带扎好。放进定子腔内,把绕组端部整形成外大里小的喇叭口形状。整形方法是用手按压绕组端部内侧,或用橡胶锤(木锤)衬着竹板,轻轻敲打,使端部成形然后用棉布将绕组两端拉紧。其直径大小要适当,不可太靠近机壳。用同样的方法将另一绕组放入定子腔内。然后将两个绕组的两端套上套管用电烙铁焊接起来,注意两组绕组的方向,不要把导线焊错了。

(3)小型转子可采用手工绕制的方法绕制,留出换相片到槽之间的线,然后手工将绕组沿转子一圈一圈的绕紧,在每一个绕组出线端用标签纸记下来以免焊接时搞不清顺序。

(4)绕制过程中,线圈尽量要绕紧不然在后面无法绕制。在全部绕制完成后用电烙铁焊接出线端与换相片,1 号换相片对应 1 号与 51 号槽的第一个换相片,其余按顺序连接(当换相片槽为黑色时焊锡较容易焊牢)。最后上竹签,并用棉线将转子端部扎紧(一槽绕制完成后可先上一根竹签以防止线太多太乱)。

2. 电动机的组装

（1）先把定子绕组两个出线端从机壳伸出来，然后把转子放进定子腔内。再把带有导线和碳刷的端盖的导线从机壳中抽出，注意在此过程中用力不要太猛，以免划伤导线。

（2）把前后端盖通过钢丝用螺丝固定牢。

任务 1.2　直流电动机性能检测

1.2.1　直流电动机的电枢绕组

电枢绕组是直流电动机产生电磁转矩和感应电动势、实现机电能量转换的枢纽，电枢绕组的名称由此而来，为此把直流电机的转子称为电枢。

电枢绕组由许多线圈（通常称为元件）按一定规律连接而成。按照连接规律的不同，电枢绕组分为叠绕组和波绕组等多种形式。

一、直流电动机电枢绕组的基本知识

直流电动机的电枢绕组按绕组的连接规律可分为叠绕组、波绕组和混合绕组。其中，叠绕组又分为单叠绕组和双叠绕组；波绕组又分为单波绕组和双波绕组。单叠绕组和单波绕组是最基本和常用的绕组。

1. 电枢绕组元件

绕组元件是指一个由一匝或多匝导线绕制成的、两端分别与换向片相连的线圈，它是构成绕组的基本单元。绕组元件在槽内的放置方式如图 1-11 所示。电枢绕组是由许多绕组元件按一定规律相连的组合。

直流电机的电枢绕组一般采用双层绕组，即每个元件的一个边放在某一个槽的上层，另一个边放在相邻磁极另一个槽的下层，也就是说，一个元件占用两个槽，每个槽放置两个边。

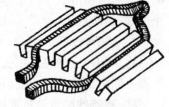

图 1-11　绕组在槽内
的放置方式

电枢绕组元件由绝缘铜线绕制而成。元件放入槽中的部分称为有效边，做成直线形状；元件的槽外部分称为端线，做成曲线形状。

2. 实槽和虚槽

实槽是电枢铁芯上实际存在的槽。在许多电动机中由于元件数较多，若在铁芯上开相同数目的槽是很困难的，甚至是不可能的，这时只有在每个槽的上、下层放置 $u(>1)$ 个有效边，形成实槽与虚槽，如图 1-12 所示。图中每个实槽上、下两层共放置 6 个有效边，它们彼此相互绝缘。为说明每个元件的位置并绘制绕组展开图，不妨引入虚槽的概念。把槽内每层的元件数

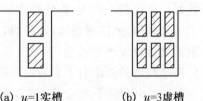

(a) $u=1$ 实槽　　　　(b) $u=3$ 虚槽

图 1-12　实槽与虚槽示例

定为 u，图 1-12(a) 中 $u=1$，图 1-12(b) 中 $u=3$，每个实槽相当于 u 个虚槽，设元件数为 s，实槽数为 z，虚槽数为 z_i，则有

$$s = z_i = uz \qquad (1-3)$$

3. 元件数与虚槽数、换向片之间的关系

每个电枢元件有两个端头,分别与两个换向片相连,如图 1-13 所示。由图 1-13 看出,不论是单叠绕组还是单波绕组,每个换向片都接有两个元件中的一个上层边和一个下层边,所以直流电动机的换向片数 k 等于电枢元件数 s,也等于虚槽数,即

$$k = s = z_i \qquad (1-4)$$

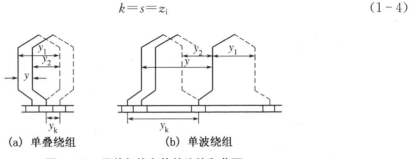

(a) 单叠绕组　　　　　　(b) 单波绕组

图 1-13　元件与换向片的连接和节距

4. 极距 τ

对应于一个磁极在电枢外圆上所占有的弧长称为极距,记为 τ。极距 τ 用一个主磁极所占有的虚槽数表示,即

$$\tau = \frac{z_i}{2p} \qquad (1-5)$$

式中,$2p$ 为电动机的极数。

5. 绕组的节距

1) 第一节距 y_1

同一元件的两个有效边在电枢表面所跨过的距离用虚槽数 y_1 来表示,称为第一节距。如图 1-13 所示,某元件的上层边(实线)放在第一槽,下层边(虚线)放在第五槽,则 $y_1 = 5-1=4$。欲使元件中的合成电势最大,要求 y_1 等于或接近一个极距 τ。当 τ 不等于整数时,若取 y_1 等于 τ,则无法嵌放绕组,这时应将 y_1 值取略小于或略大于 τ 的整数,即

$$y_1 = \frac{z_i}{2p} \pm \varepsilon \qquad (1-6)$$

式中,ε 为小于 1 的分数;$2p$ 为电动机的极数;将 y_1 凑成整数。

$y_1 = \tau$ 时,绕组称为整距绕组;$y_1 < \tau$ 时,绕组称为短距绕组;$y_1 > \tau$ 时,绕组称为长距绕组。直流电动机常采用整距或短距绕组,长距绕组的端线部分较长,故铜的用量较多。

2) 第二节距 y_2

元件的下层边与同它相连接的后一个元件上层边在电枢表面所跨过的距离,用虚槽数 y_2 表示,称为第二节距。当规定左行为负值、右行为正值时,叠绕组中的 y_2 为负值,波绕组中的 y_2 为正值。

3) 合成节距 y

相串联的两相邻元件对应有效边在电枢表面所跨过的虚槽数 y,称为合成节距。合成节距 y 与 y_1 和 y_2 的关系为

$$y = y_1 + y_2 \tag{1-7}$$

4) 换向节距 y_k

每个元件两端点所连换向片之间在换向器表面所跨过的换向片数 y_k，称为换向节距。由图 1-13 可知，不论哪种绕组，换向节距与合成节距总是相等的，即

$$y_k = y \tag{1-8}$$

二、单叠绕组

1. 单叠绕组的特点

单叠绕组是指相串联的后一个元件端接部分紧叠在前一个元件端接部分的上面，整个绕组成折叠式前进。单叠绕组是指合成节距 $y = \pm 1$ 的叠绕组，如图 1-14 所示。

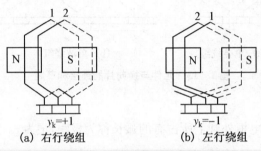

(a) 右行绕组　　　　(b) 左行绕组

图 1-14　单叠绕组示意图

当 $y = y_k = 1$ 时，绕组元件向右排列，称为右行绕组；当 $y = y_k = -1$ 时，绕组元件向左排列，称为左行绕组。左行绕组在换向器侧同一元件的端线部分交叉，铜的用量较多，故很少采用。直流电动机的电枢通常采用右行绕组。

2. 单叠绕组的连接方法

通过以下实例来说明单叠绕组的连接方法。

例 1-3　已知电动机的极数 $2p = 4$，实槽与虚槽数相同，且 $z = s = k = 16$，绕制一个单叠右行整距绕组。

解　(1) 计算有关节距。

根据右行绕组及节距公式，则有

$$y = y_k = 1$$

$$\tau = \frac{z_i}{2p} \pm \varepsilon = \frac{16}{2 \times 2} = 4$$

$$y_1 = \tau = 4$$

$$y_2 = y - y_1 = 1 - 4 = -3$$

(2) 做绕组连接顺序图。

绕组连接顺序图用来直观地表示电枢所有元件的串联顺序和所在槽位置。连接顺序的上行数字为元件和虚槽的编号，同时表示该元件上层边所在的位置。连接顺序的下行数字表示元件的下层边所在槽的号数。

本例共有 16 个元件，根据上述要求和计算所得的节距，第一个元件的上层边嵌入 1 号槽上层，它的下层边应放在号数为 $1 + y_1 = 5$ 的槽的下层，上 1 和下 5 用实线相连代表 1 号

元件。1 号元件的下层边应与 2 号元件的上层边相连,它所在的槽号是 $5+y_2=5-3=2$,即 2 号槽,下 5 和上 2 用虚线相连表示 1 号元件和 2 号元件相串联。2 号元件的下层边所在槽的号数为 $2+y_1=2+4=6$,依此类推,最后 16 号元件在 4 号槽的下层边用虚线与 1 号元件在 1 号槽的上层边相连。

单叠绕组连接顺序图如图 1-15 所示。

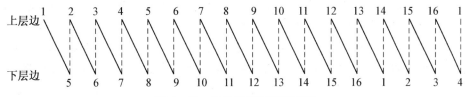

图 1-15　单叠绕组连接顺序图

由元件的连接顺序可知,直流电动机的电枢绕组是一个闭合绕组,而交流绕组是开启绕组。

(3)画绕组展开图。

在电枢某齿的中间沿轴线切开展成一平面来表示电枢绕组及其连接方法的图形叫展开图。本例将 1 号槽和 16 号槽之间的齿切开,绘成展开图如图 1-16 所示。其步骤如下。

① 安放导体和换向片,先以适当的长度等距离画出槽中元件的有效边,每槽中画出两个有效边,上层边用实线画在左侧,下层边用虚线画在右侧。在铁芯的下方画出与元件数相同的 16 个换向片,同时标出槽和换向片的号数。

② 根据绕组连接顺序图连接绕组元件,首先把元件 1 上层边的下端连至换向片 1,其上端连接 5 号槽下层边的上端,5 号槽下层边的另一端连到 2 号换向片上,这样就完成了元件 1 的连接。再由换向片 2 出发,连接元件 2 在 2 号槽内上层边的下端,经其上端连接 6 号槽下层边的上端,由 6 号槽下层边的下端连至换向片 3,又完成了元件 2 的连接。依此类推,最后连成图 1-16 所示的单叠绕组展开图。从图中可以看出这样的规律:凡是由上层边引出的端线,均褶向右上方且用实线表示;凡由下层边引出的端线,均褶向左下方且用虚线表示。

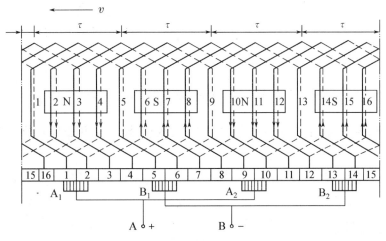

图 1-16　单叠绕组展开图

③ 放置磁极。主磁极是对称的,应均匀分布在展开图上,每个磁极的宽度大约是极距的2/3,并交替标出N极和S极。磁极位于电枢表面之上,所以N极的磁力线是流入纸面,S极的磁力线是流出纸面。

标出电枢的旋转方向,本图是自右向左旋转。根据右手定则可知:凡是在N极下面的导体,其感应电势方向由上至下;凡是在S极下面的导体,其感应电势方向由下至上;处在相邻磁极几何中心线上的导体,感应电势为零。应该看到,由于电枢是旋转的,主磁极是静止的,所以此时各元件的电势方向仅是瞬间的情况。

④ 放置电刷。电刷(电刷组)数应与主磁极个数相同,其中正、负电刷各占一半。电刷所在位置应使相邻两电刷间所串接的各元件合成电势具有最大值,故电刷应置于主磁极的轴线上。

⑤ 确定电刷的极性。由展开图得知:与换向片1和2相接触的电刷,其电势是向下的,是正极性+,用A表示;与换向片5和6相接触的电刷,其电势是向上的,为负极性,用B表示。同理可知另外两个电刷的极性。将同极性的电刷并联后引出两根线,就是电枢绕组的出线端。

此外,实际上电机由于换向片很多,通常电刷的宽度是换向片宽度的1.5~3倍,此时电刷放置的位置仍然不变,只是被同一电刷短接的元件不止一个。

3. 单叠绕组的并联支路图

由展开图1-16可知,绕组的额定电势是正、负电刷间的电势,也就是相邻两电刷间支路的电势。为便于观察绕组的支路,将电枢元件的连接同电刷的关系画成如图1-17所示的单叠绕组电枢支路图,当作为发电机时,电枢电流由A点流出,经负载后流入B点并分成4条并联支路,最后再汇合到A点流出。每个支路的电流是电枢总电流的1/4。

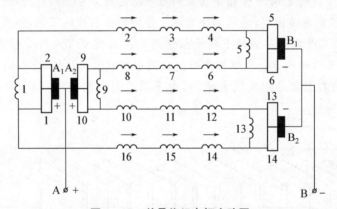

图1-17 单叠绕组电枢支路图

不难看出,单叠绕组的支路个数恒等于主磁极的个数,或者说支路对数等于主磁极的对数,即

$$2a=2p$$

或 $$a=p \tag{1-9}$$

式中,a为并联支路对数。

图1-17表明,支路内的元件随电枢旋转是变化的,但支路的几何位置是不变的。

单叠绕组的并联支路的特点可概括如下：

（1）位于同一磁极下的各元件串联起来组成一条支路，并联支路对数等于极对数。

（2）当元件形状左右对称、电刷在换向器表面的位置对准磁极中心线时，正、负电刷间的感应电动势最大，被电刷短路元件中的感应电动势最小。

（3）电刷刷杆数等于极数。

三、单波绕组

1. 单波绕组的特点

单波绕组是指相串联的两个元件按波浪式推进，其换向节距接近二倍极距的绕组，如图 1-18 所示。单波绕组是指首先串联位于某一极性（如 N 极）下面上层边所在的全部元件，之后再串联位于另一极性下面上层边所在的全部元件，将所有元件组成一个闭合回路。

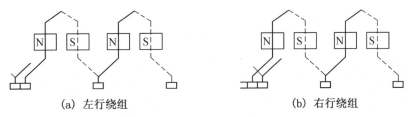

（a）左行绕组　　　　　　　　　（b）右行绕组

图 1-18　单波绕组示意图

由图 1-18 可以看出，单波绕组沿电枢表面绕行 1 周时，串联了 p 个元件，第 p 个元件绕完后恰好回到起始元件所连换向片相邻的左边或右边的换向片上，由此再绕行第 2 周、第 3 周，一直绕到第 $(k+1)/2$ 周，将最后一个元件的下层边连接到起始元件上层边所连的换向片上，构成闭合绕组。

为使合成电势尽可能大，第一节距应接近极距。合成节距或换向节距应接近二倍极距，但不能相等，否则绕行一周串联了 p 个元件后，就会又回到出发的换向片上而闭合，无法继续绕行下去。故要求换向节距 y_k 应满足条件

$$p y_k = k \mp 1$$

或
$$y_k = \frac{k \mp 1}{p} \tag{1-10}$$

若对式（1-10）取负号，则每绕行 1 周，比出发时的换向片后退 1 片，称为左行绕组，如图 1-18(a) 所示；若取正号，每绕行 1 周，则前进 1 片，称为右行绕组，如图 1-18(b) 所示。由于右行绕组端线耗铜较多，又交叉，所以一般采用左行绕组。

2. 单波绕组的连接方法

通过以下实例来说明单波绕组的连接方法。

例 1-4　已知电机极数 $2p=4$，实槽与虚槽数相同，且 $z=s=15$，绕制单波左行绕组。

解　（1）计算有关节距。

根据左行绕组及节距公式，有

$$y = y_k = \frac{k-1}{p} = \frac{15-1}{2} = 7$$

$$y_1 = \frac{z}{2p} - \varepsilon = \frac{15}{4} - \frac{3}{4} = 3$$

$$y_2 = y - y_1 = 7 - 3 = 4$$

（2）作绕组连接顺序图。

由元件 1 开始，将其上层边放入 1 号槽，根据节距 y_1 知下层边应在的槽号是 $1+y_1 = 1+3 = 4$。由节距 y_2 知，与元件 1 相连的是位于槽号为 $4+y_2 = 4+4 = 8$ 的元件的上层边，元件 8 的下层边在 $8+y_1 = 8+3 = 11$ 号槽。依此类推，最后一个元件 9 在 12 号槽的下层边与元件 1 在 1 号槽的上层边相连，绕组连接顺序图如图 1-19 所示。

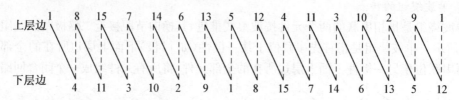

图 1-19　单波绕组连接顺序图

（3）画绕组展开图。

考虑到端部对称，对单波绕组是每个元件所接的两个换向片对称的位于该元件轴线的两边，即元件所接两换向片之间的中心线与该元件的轴线重合。本例的单波绕组展开图如图 1-20 所示。根据连接顺序图，先将元件 1 上层边的下端与换向片 1 相连，其上端与 4 号槽下层边的上端相连，经下端连到换向片 8 上。再由换向片 8 出发与元件 8 在 8 号槽上层边的下端相连，其上端与 11 号槽下层边的上端相连，经下端连到换向片 15。至此绕行电枢表面 1 周，完成了元件 1 和 8（即 $p=2$ 个）的连接，依次连接下去，最后将元件 9 在 12 号槽下层边的下端与换向片 1 相连接。

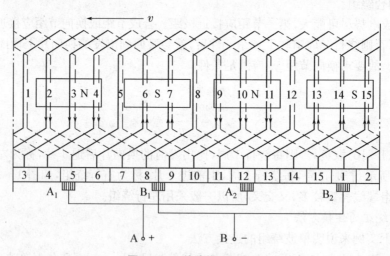

图 1-20　单波绕组展开图

（4）放置主磁极和电刷。

主磁极的放法与单叠绕组相同。确定出电枢的旋转方向后，再根据右手定则判定每根导体中的感应电动势方向。

电刷的放置原则也和单叠绕组相同，即电刷的中心与主磁极的轴线重合。在图 1-20 所示瞬间，被电刷 A_1 和 A_2 短接的元件 5 的感应电势等于零；被电刷 B_1 和 B_2 短接的元件 1 和 9，每个元件的感应电势接近零，由于两个元件同时被短接，沿其自合回路的合成电势仍然是零，因它们处在同一个磁极左右两侧的对称位置。

3. 绕组的并联支路

单波绕组的并联支路如图 1-21 所示，单波绕组除去被电刷短接的元件外，是把所有上层边在 N 极下的元件 8、15、7、14、6 和 13 相串联组成一条支路。把所有上层边在 S 极下的元件 12、4、11、3、10 和 2 相串联组成另外一条支路。不难看出，无论有多少对磁极，单波绕组并联支路数恒等于 2，即

$$2a=2 \text{ 或 } a=1 \tag{1-11}$$

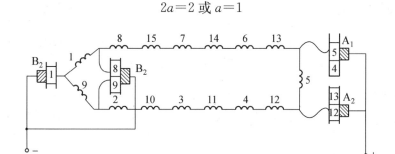

图 1-21 单波绕组并联支路图

从支路图来看，单波绕组只要有正、负各一组电刷即可，但实际上仍采用电刷组数与主磁极的数目相等，这样可以减少每组电刷通过的电流，又能缩短换向器的长度，节约用铜量。

综上所述，单叠绕组的支路数等于主磁极数，电枢电势就是每个支路电势，电枢电流是各支路电流之和。单波绕组的支路数恒等于 2，电枢电势也是每个支路的电势，电枢电流是各支路电流之和。在绕组元件数、磁极对数（$p>1$）和导线截面等均相同的情况下，单叠绕组多用于电压较低、电流较大的电机；单波绕组多用于电压较高、电流较小的电机。

1.2.2 直流电动机的电枢反应和换向

一、直流电动机的磁场

1. 主磁场

直流电动机空载时，气隙中仅有励磁磁势产生的磁场，称为主磁场。由于电动机磁路结构对称，以一对磁极来分析主磁场就可以了。直流电动机空载时的主磁场如图 1-22 所示。由图 1-22(a)可知，空载时的磁通根据路径可分为两部分，其中大部分磁通经过主磁极、空气隙、电枢、空气隙、主磁极和磁扼形成闭合回路，称为主磁通，如曲线 1 所示；有小部分磁通不经过电枢而形成闭合回路，称漏磁通，如曲线 2 所示。起机电能量转换作用的是主磁通，通常漏磁通约占主磁通的 15% 左右。

由于气隙大小的不同，主磁通在极靴下各点的磁通密度较大，偏离磁极后逐渐变小，在几何中性线处为零。当规定由磁极流出的主磁通为正、流入的为负时，主磁场的波形如图 1-22(b)所示。

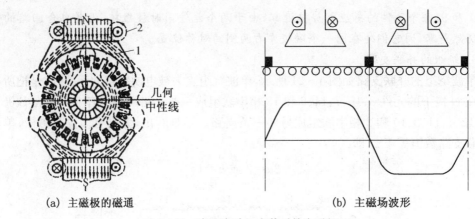

(a) 主磁极的磁通　　　　　　(b) 主磁场波形

图1-22　直流电动机空载时的主磁场

2. 电枢磁场

电动机负载运行时,电枢绕组中有电流流过,电枢电流产生的磁场称为电枢磁场。电枢磁场波形如图1-23所示。

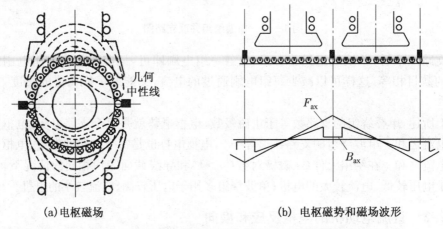

(a) 电枢磁场　　　　　　(b) 电枢磁势和磁场波形

图1-23　电刷在几何中性线上时的电枢磁势和磁场

二、电枢反应

直流电动机负载运行时,气隙中磁场将由主磁场和电枢磁场共同建立,通常把电枢磁场对主磁场的影响称为电枢反应。电枢反应能对电动机的工作特性产生影响。

1. 直流发电机电枢反应

电刷位于几何中性线上时,只存在交轴电枢反应,如图1-24(a)所示。若磁路不饱和,气隙中磁密曲线$B_{\delta x}$可由主磁场B_{0x}和电枢磁场B_{ax}叠加后绘制而成,如图1-24(b)所示。由曲线$B_{\delta x}$可以看出,发电机交轴电枢反应对气隙磁场有如下影响。

(1) 使气隙磁场发生畸变。前极端(电枢转动时进入端)磁场被削弱,后极端磁场被加强。

(2) 使磁场强度为零的地方——物理中性线,顺着电枢转向移动了一个α角。

(3) 呈去磁作用。在磁路未饱和时,主磁场被削弱的数量(面积S_1)和增强的数量(面积S_2)正好相等,每极磁通不变。实际上,电机在空载运行时磁路已处于饱和状态,磁路的磁

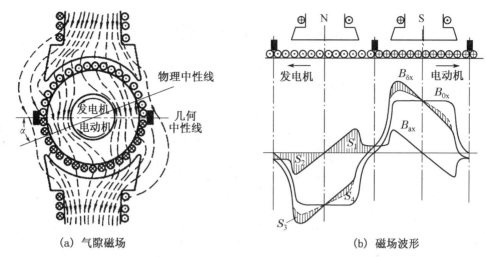

(a) 气隙磁场　　　　　　　　(b) 磁场波形

图 1-24　交轴电枢反应

阻已不是常数,不能采用简单的叠加方法来确定负载时的气隙磁密。因此,实际增强的数量应为 S_2-S_3,减弱的数量应为 S_1-S_4,且 $S_3>S_4$,故发电机交轴电枢反应使每极磁通比空载对有所减少,呈轻微的去磁作用,电枢绕组的感应电势将有所降低。

2. 直流电动机的电枢反应

当直流电动机的主磁场和电枢元件中的电流均与发电机相同时,电枢的旋转方向相反,如图 1-24 所示。

电刷位于几何中性线上产生交轴电枢反应,其性质如下。

(1) 使气隙磁场发生畸变,前极端磁场被加强,后极端磁场被削弱。

(2) 使物理中性线逆着电枢转向移动一个 α 角。

(3) 呈去磁作用。

三、直流电动机的换向

直流电动机运行时,每个支路中电流的方向是一定的,但同一个电刷两侧支路中电流的方向是相反的。电枢旋转时,电枢元件将经过电刷由一条支路进入另一条支路,元件中电流的方向要发生一次改变,这一现象称为换向。换向是否理想,影响着直流电机运行的可靠性。

1. 换向过程

图 1-25 所示为一个单叠元件的换向过程。处于图 1-25(a)所示的时刻时,电刷仅与换向片 1 接触,元件 1 属于电刷右侧的支路,其电流方向为逆时针,并规定为 $+i_a$,此刻元件 1 处在即将换向的位置;处于图 1-25(b)所示的时刻时,电刷同时与换向片 1 和 2 接触,元件 1 被电刷短接,它不属于右侧支路,也不属于左侧支路,而是处于换向过程中;处于图 1-25(c)所示的时刻时,电刷仅与换向片 2 接触,元件 1 已属于电刷左侧支路,其电流方向变为顺时针,并规定为 $-i_a$,此时元件 1 换向结束,元件 2 处于即将换向的位置。

通常把正在进行换向的元件称为换向元件。换向元件中的电流从 $+i_a$ 到 $-i_a$ 的变化过程称为换向过程。换向元件中的电流称为换向电流。从换向开始到换向结束经历的时间称为换向周期,用 T_k 表示,如图 1-25(d)所示,换向过程经历的时间是极短的,通常 T_k 只有

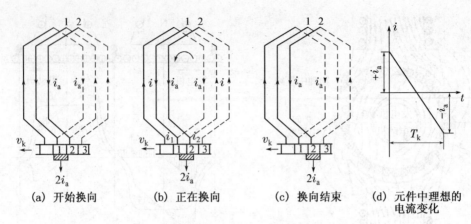

| (a) 开始换向 | (b) 正在换向 | (c) 换向结束 | (d) 元件中理想的电流变化 |

图 1-25　元件 1 的换向过程

千分之几秒。

2. 换向元件中的感应电势

换向元件中的感应电势可分为 2 类：(1) 换向元件中电流变化而产生的电抗电势 e_r；(2) 运动着的换向元件切割磁场而产生的切割电势 e_k。

由上述可知，换向元件中产生的总电势 $\sum e$ 为

$$\sum e = e_r + e_k \tag{1-12}$$

为获得良好的换向效果，设计电动机时要满足 $\sum e \approx 0$。

3. 火花及产生原因

直流电动机运行时在电刷与换向片之间往往有火花产生。出现微弱的火花对电动机正常运行并无危害，也是允许的。当火花发展到一定程度时，将会烧灼换向器和电刷，影响电机正常运行；严重时，火花扩大成环火，将危及换向器和电机。

产生火花的原因主要有电磁性原因、机械原因、化学原因和电位差等。

四、改善换向的主要方法

改善换向是为了尽可能消除火花。消除火花首先应从限制附加换向电流入手，其途径有 2 个：(1) 减少换向回路的合成电势 $\sum e$；(2) 增大换向回路的电阻。为此，改善换向常用的方法如下。

1. 装设换向磁极

装设换向磁极是改善换向最常用的方法，除少数小容量电动机外，一般均装有换向磁极，它准确地装在主磁极间的几何中性线上。

2. 选择合适的电刷

电刷是引导电枢电流的，它对直流电机的换向状况也有直接影响。从引导电流来讲，应选择接触电阻小的电刷，通过减小电刷与换向片的接触电压降来降低损耗。从限制附加换向电流来讲，应选择接触电阻大的电刷，以增大换向回路的电阻。因此在选择电刷时，要综合考虑上述因素，看哪一方面因素是主要的。

3. 移动电刷位置

在不装换向磁极的电动机中,可采用移动电刷的方法来减小合成电势 $\sum e$ 。移动电刷使换向元件处在主磁场之下,以使换向元件产生一个和电抗电势 e_r 相反的切割电势 e_k,故对发电机来讲,应顺着电枢转向移动电刷;对电动机来讲,则正相反。

4. 装设补偿绕组

为防止电位差火花及其环火的发生,最有效的办法是在电机中装设补偿绕组。补偿绕组嵌放在主磁极极靴沿轴向专门冲出的槽中。

补偿绕组与电枢绕组串联相接,它产生的磁势轴线也在几何中性线处,并且与电枢磁势大小相等、方向相反,达到消除由交轴电枢反应引起的磁场畸变,防止电位差火花和环火的产生。装设补偿绕组使耗铜量增加,电机结构变得复杂,仅在负载经常变化的大中型电机中采用。

1.2.3 直流电动机各性能参数的测试

一、直流他励电动机绝缘电阻的测量

1. 直流他励电动机绕组对地的绝缘电阻测量

用 500 V 兆欧表的地端夹住直流他励电动机外壳,用兆欧表的另一端充分接触直流他励电动机电枢绕组的一端。摇动兆欧表,使兆欧表的转速达到 120 r/min,当仪表指针指示稳定后再读数。然后测量励磁绕组对地电阻,记录数据到表 1-1 中。

表 1-1 绕组对地绝缘电阻

	电枢绕组	励磁绕组
$R(\text{M}\Omega)$		

2. 直流他励电动机励磁电枢绕组之间电阻的测量

用兆欧表地端夹住直流他励电动机电枢绕组一侧,再用兆欧表的另一端充分接触直流他励电动机励磁绕组一侧,摇动兆欧表,使兆欧表的转速达到 120 r/min,当仪表指针指示稳定后再读数。同样方法测量另外一组,将数据记录到表 1-2 中。

表 1-2 相间绝缘电阻

	电枢绕组与励磁绕组
$R(\text{M}\Omega)$	

3. 注意事项

测量时不用的绕组要与地连接起来。

测量时接地端要充分地接触直流他励电动机外壳。

二、直流他励电动机冷态直流电阻的测量

1. 测量步骤

(1) 将电动机在室内静置一段时间,用温度计测量电动机绕组端部、铁芯或轴承的表面温度,若此时温度与周围空气温度相差不大于 2 K,则称电动机绕组端部、铁芯或轴承的表面温度为绕组在冷态下的温度。

（2）按图 1 - 26 接线，其中 R 选 900 Ω，电流表用屏上直流电流表。电压表用屏上直流电压表，量程选 20 V。

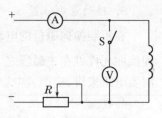

（3）把 R 调节到最大，把直流他励电动机电枢绕组接入电路中，按下启动按钮打开电源电枢开关，缓慢调节电枢电压使电流表显示 30 mA 时，停止电源调节。把 R 顺时针慢慢旋，直到电流表显示 50 mA 时，合上电压表开关 S，记录此时电压、电流。读完后，先打开开关再断电。用同种方法在不同电流值时，再记录 2 组填写到表 1 - 3 中。但电流不能超过 100 mA。

图 1 - 26　直流电阻的测量

表 1 - 3　直流电阻测试记录值

	电枢绕组			励磁绕组		
U(V)						
I(A)						
R(Ω)						
$R_{平均}$						

（4）同理，把 R 调节到最大，把直流他励电动机励磁绕组接入电路中，接入电枢电源按下启动按钮缓慢调节电枢电压使电流表显示 30 mA 时，停止电源调节。把 R 顺时针慢慢旋，直到电流表显示 100 mA 时，记录电流并合上开关 S，记录此时电压，读完后，先打开开关再断电。用同种方法再记录 2 组填写到表 1 - 3 中，但电流不能超过 100 mA。

根据 $R = U/I$ 计算电阻值，通过计算平均值求取电枢绕组、励磁绕组电阻。

2. 注意事项

测量直流电阻时，测量电流不能超过线圈额定电流的 10%，以防止实验电流过大而引起绕组温度的上升影响实验结果。

开启电源时不要先把电压表接到电路中，在关闭电路时应先关电压表再关电路电源。

三、直流他励电动机耐电压试验

1. 绕组对地的漏电流测试

耐电压测试仪的接地端接到直流他励电动机的外壳，不参与实验的辅助线圈应与机壳连接。电压调节旋钮逆时针调节到最小，时间设置为 60 s。把测试笔与直流他励电动机的一个绕组连接到一起，按下测试笔按钮"测试"指示灯亮。慢慢调节调压旋钮，直到指示仪显示 1 kV 时测试 1 min（从 0～1 kV 至少要用 10 s）。记录漏电流填写到表 1 - 4 中。

表 1 - 4　耐电压试验测试记录值　　　　　$V_T = 1$ kV

	电枢对地漏电流 I_{pd}	励磁对地漏电流 I_{sd}	电枢励磁之间漏电流
I_d(mA)			

2. 电枢励磁之间漏电流的测试

用耐电压测试仪的接地端把励磁绕组的一边夹住，把电压调节旋钮逆时针调节到最小，时间设置为 60 s。测试笔与直流他励电动机的电枢绕组连接到一起,按下测试笔按钮【测试】,指示灯亮。慢慢调节调压旋钮,直到指示仪显示 1 kV 时测试 1 min(从 0~1 kV 至少要用 10 s)。记录最后漏电流填写电流到表 1-4 中。

3. 注意事项

交流耐电压的接地端一定要可靠接地。注意人身安全,不要碰到测试笔。

四、直流他励电动机超速试验

1. 试验步骤

(1)按图 1-27 接线,注意电阻采用分压的接线方法。

(2)光电表的使用:在测量电动机转速时,在电动机转子转轴上粘上电工胶带,使转轴和胶带形成鲜明对比,这样有利于光电表准确测量。按下光电表电源按钮,尽量把光束对准电工胶带,待光电表转速指示稳定时方可读数。

(3)电动机启动时电阻应最小,电源调压器都打到最小。闭合空气开关,按下启动按钮,先启动励磁电流再打开电枢电源开关慢慢调节调压器,使电枢电压达到额定值,增加励磁电阻减小励磁电流,直到转速是额定转速的 1.2 倍(即 2 400 r/min)为止。

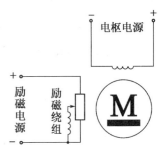

图 1-27   直流他励电动机
超速实验

(4)保持 2 min。电动机应无永久性损坏并且可以尽行耐压测试实验,则认为电动机符合要求。

2. 注意事项

超速实验是非常规试验,有损电动机性能,不要超过规定的实验时间。

五、直流他励电动机空载试验

1. 试验步骤

(1)按超速试验接线图接线,把电源输出接到电枢电源输入,把电枢接到控制屏电枢输出端,并接入电压、电流表。励磁电源接控制屏上励磁电源输出。

(2)把励磁电阻(励磁电阻采用电阻分压法,用屏上的两个 900 Ω 电阻)、电源调压器都打到最小。闭合空气开关,按下启动按钮,先启动励磁电流再慢慢调节调压器,使电机转速达到额定值,调节电枢电压从额定值的 25% 左右到 120% 左右,同时读取电枢电压和励磁电流的数值。

(3)在实验过程中,励磁电流只允许向一个方向调节,应注意防止电动机超速。

测取数据时,$U_0 = U_N$ 点必须测,并在该点附近测的点较密。测量完填写表 1-5。

表 1-5   直流他励电动机空载试验记录 $n = n_N = 2\ 000$ r/min

序号	$U(V)$	$I(mA)$
1		
2		
3		

续表

序号	U(V)	I(mA)
4		
5		
6		
7		

根据测量数据,画空载特性曲线。

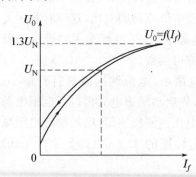

图 1-28　直流他励电机空载实验特性曲线图

2. 注意事项

励磁电流只能朝一个方向调节,否则要重新调节。

任务 1.3　直流电动机常见故障处理

1.3.1　直流电动机的电枢电动势与电磁转矩

一、直流电动机的电枢电动势

直流电动机运行时,电枢绕组在气隙磁场中运动,即导体切割磁力线,就产生感应电动势。直流电动机的电枢电动势是指正、负电刷间的电动势。

不论是单叠绕组还是单波绕组,电枢电势均是每个支路的电势。每个支路是由若干个结构相同的元件串联组成的,而每个元件又由多根导体组成,在分析电枢电势时,根据电磁感应定律先由单根导体开始,再进一步导出元件的电势和支路电势。由于支路中各元件处在磁场中的不同位置,磁场分布又是不均匀的,每个元件感应的电势也不一样大。我们求的是每个支路的电势,不是求每个元件实际感应电势的大小。为方便起见,取每极下的平均磁通密度为 B_{av},图 1-29 所示为气隙中主磁极磁密分布。这样,每根导体感应电势的平均值为

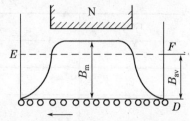

图 1-29　气隙中主磁极磁密分布

$$e_{av} = B_{av}lv \tag{1-13}$$

式中，B_{av} 为气隙磁密平均值，Wb/m^2；l 为导体的有效长度，m；v 为导体的线速度，m/s。

式 1-13 中的 v 可由电枢的转速和电枢表面周长求得，即

$$v = \pi D \frac{n}{60} = 2p\tau \frac{n}{60} \tag{1-14}$$

式中，n 为电枢转速，r/min；

将式（1-14）代入式（1-13），得

$$e_{av} = B_{av}l2p\tau \frac{n}{60} = 2p\Phi \frac{n}{60} \tag{1-15}$$

式中，Φ 为每极磁通，$\Phi = B_{av}l\tau$，Wb。

当电刷放置在主磁极轴线上，电枢导体总数为 N，电枢支路数为 $2a$ 时，直流电动机的电枢电势为

$$E_a = \frac{N}{2a}e_{av} = \frac{N}{2a} \times 2p\Phi \frac{n}{60} = \frac{Np}{60a}\Phi n = C_e\Phi n \tag{1-16}$$

式中，C_e 为由电机结构决定的电势常数，$C_e = \dfrac{pN}{60a}$。

式（1-16）表明，电枢电动势的大小取决于转速和每极磁通的大小。当转速 n 恒定时，电势值 E_a 和每极磁通 Φ 成正比；当每极磁通 Φ 值恒定时，电势值 E_a 和转速 n 成正比。

当电刷不在主磁极轴线上时，支路中将有一部分元件的电势被抵消，故电枢电势将有所减小。

例 1-5　某直流电动机 $2p=4$，$z=31$，$n=1\,450$ r/rmin，每槽中有 12 根导体，每极磁通是 0.011 2 Wb，试求当电枢绕组为单叠绕组和单波绕组时的电枢电势。

解　根据 $2p=4$，则为单叠绕组时，$a=p=2$；为单波绕组时，$a=1$。

单叠绕组的电枢电势

$$E_a = \frac{pN}{60a}\Phi n = \frac{2 \times 31 \times 12}{60 \times 2} \times 0.011\,2 \times 1\,450 = 100.7(\text{V})$$

单波绕组的电枢电势

$$E = \frac{pN}{60a}\Phi n = \frac{2 \times 31 \times 12}{60 \times 1} \times 0.011\,2 \times 1\,450 = 201.4(\text{V})$$

二、直流电动机的电磁转矩

电动机运行时，电枢绕组有电流流过，载流导体在磁场中将受到电磁力的作用，该电磁力对转轴产生的转矩称为电磁转矩，用 T 表示。

求电磁转矩的计算，仍从单根导体入手，并取每极下的平均磁密为 B_{av}。故每根导体所受的平均电磁力 F_{av} 为

$$F_{av} = B_{av}li_a \tag{1-17}$$

式中，i_a 为电枢支路电流。

单根导体产生的平均电磁转矩 T_{av} 为

$$T_{av} = F_{av}\frac{D}{2} = B_{av}li_a\frac{D}{2} \tag{1-18}$$

式中,D 为电枢直径。

总的电磁转矩 T 等于每根导体产生的平均转矩之和,即

$$T = NT_{av} = NB_{av}li_a\frac{D}{2} \tag{1-19}$$

因为 $i_a = \dfrac{I_a}{2a}$,则有

$$T = \frac{pN}{2a\pi}\Phi I_a = C_T\Phi I_a \tag{1-20}$$

式中,I_a 为电枢电流,A;C_T 为由电机结构决定的转矩常数,$C_T = \dfrac{pN}{2a\pi}$。

式(1-20)表明,电磁转矩的大小取决于电枢电流和每极磁通的大小。当电枢电流 I_a 恒定时,电磁转矩 T 和每极磁通 Φ 成正比;当每极磁通值 Φ 恒定时,电磁转矩 T 和电枢电流 I_a 成正比。

C_T 与 C_e 之间的固定比值关系为

$$\frac{C_T}{C_e} = (pN/2\pi a)(pN/60a) = \frac{60}{2\pi} = 9.55 \tag{1-21}$$

例 1-6 一台四极直流电动机,$n_N = 1\ 460$ r/min,$Z = 36$ 槽,每槽导体数为 6,每极磁通为 $\Phi = 0.022$ Wb,单叠绕组。电枢电流为 800 A 时,能产生多大的电磁转矩?

解 $T = \dfrac{pN}{2a\pi}\Phi I_a = \dfrac{2\times36\times6}{2\times2\times3.14}\times0.022\times800 = 605.35(\text{N}\cdot\text{m})$

三、直流电动机的电磁功率

能量的转换遵守能量守恒原理,在直流电动机中也是一样。通过电磁转矩的传递,实现机械能和电能的相互转换,通常把电磁转矩所传递的功率称为电磁功率。由力学知识可知,电机的电磁功率为

$$P_M = T\omega$$

式中,ω 为电枢转的角速度,$\omega = \dfrac{2\pi n}{60}$。

因此

$$P_M = T\omega = \frac{pN}{2a\pi}\Phi I_a\frac{2\pi n}{60} = \frac{pN}{60a}\Phi nI_a = E_aI_a \tag{1-22}$$

式(1-22)表明,电磁功率这个物理量从机械角度讲,是电磁转矩与角速度的乘积,属于机械能;从电的角度讲,是电枢电动势与电枢电流的乘积,属于电能。这两者是同时存在并能相互转换的。

实际中的直流电动机是有功率损耗的,因此,电磁功率总是小于输入功率而大于输出功率。

1.3.2 直流发电机

电动机由于某种原因转速上升时,其电枢电动势也会上升。当电枢电动势上升到大于电网电压值时,电枢电流就会反向,电动机向电网送出电流。这时,电枢电动势有反电动势转变为电源电动势,电磁转矩由启动转矩变为制动转矩,电动机由将电能转换成机械能变为

将机械能转变成电能。这就是直流电动机的逆运行——发电机运行。

目前,直流发电机的生产已经很少,它最终必将被体积小、效率高、成本低、使用和维护方便的整流电源所代替。本节仅介绍目前仍有不少场合还在使用的并励直流发电机。

一、并励直流发电机的基本方程式

1. 电势平衡方程式

图1-30为一台并励发电机的原理接线图,标出的有关物理量为选定的正方向,根据电路定律可列出电枢回路的电压平衡方程式,即

$$E_a = U + I_a R_a \tag{1-23}$$

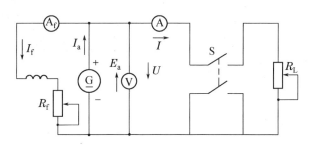

图1-30 并励发电机原理接线图

式中,U 为发电机端电压,V;R_a 为电枢回路总电阻,Ω。

由式(1-23)可知,负载时电枢电流通过电枢总电阻产生电压降,故发电机负载时端电压低于电枢电动势。

2. 功率平衡方程式

功率平衡方程反映了能量守恒的原则,并励发电机的功率流程如图1-31所示。

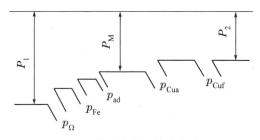

图1-31 并励发电机的功率流程图

由图1-31可见:

$$P_M = P_2 + p_{Cua} + p_{Cuf} \tag{1-24}$$

式中,P_2 为发电机的输出功率,$P_2 = UI$;p_{Cua} 为电枢回路的铜损耗,$p_{Cua} = I_a^2 R_a$;p_{Cuf} 为励磁回路的铜损耗,$p_{Cuf} = I_f^2 R_f$。

由式(1-24)可知,发电机的输出功率等于电磁功率减去电枢回路和励磁回路的铜损耗。

电磁功率等于原动机输入的机械功率 P_1 减去空载损耗功率 P_0。P_0 包括轴承、电刷及空气摩擦所产生的机械损耗 p_Ω,电枢铁芯中磁滞、涡流产生的铁损耗 p_{Fe},以及附加损耗 p_{ad}。

输入功率平衡方程为

$$P_1 = P_M + P_\Omega + p_{Fe} + p_{ad} = P_M + P_0 \tag{1-25}$$

将式(1-24)代入式(1-25),可得功率平衡方程

$$P_1 = P_2 + \sum p \tag{1-26}$$

$$\sum p = p_{Cua} + p_{Cuf} + p_\Omega + p_{Fe} + p_{ad} \tag{1-27}$$

式中,$\sum p$ 为电机总损耗。

3. 直流发电机的转矩平衡方程式

直流发电机在稳定运行时存在 3 个转矩,即对应原动机输入功率 P_1 的转矩 T_1、对应电磁功率 P_M 的电磁转矩 T 和对应空载损耗功率 p_0 的转矩 T_0。其中 T_1 是驱动性质的,T 和 T_0 是制动性质的。当发电机处于稳态运行时,根据转矩平衡原则,可得出发电机转矩平衡方程

$$T_1 = T + T_0 \tag{1-28}$$

例 1-7　一台并励直流发电机,励磁回路电阻 $R_f = 44\ \Omega$,负载电阻 $R_L = 4\ \Omega$,电枢回路电阻 $R_a = 0.25\ \Omega$,端电压 $U_N = 220\ V$。试求:(1) 励磁电流 I_f 和负载电流 I;(2) 电枢电流 I_a 和电动势 E_a(忽略电刷电阻压降);(3) 输出功率 P_2 和电磁功率 P_M。

解　(1) 励磁电流　　　　　$I_f = \dfrac{U}{R_f} = \dfrac{220}{44} = 5(A)$

负载电流　　　　　　　　　$I = \dfrac{U}{R_L} = \dfrac{220}{4} = 55(A)$

(2) 电枢电流　　　　　$I_a = I + I_f = 55 + 5 = 60(A)$

电枢电动势　　　$E_a = U + I_a R_a = 220 + 60 \times 0.25 = 235(V)$

(3) 输出功率　　　　$P_2 = UI = 220 \times 55 = 12\ 100(W)$

电磁功率　　　　　$P_M = E_a I_a = 235 \times 60 = 14\ 100(W)$

二、并励直流发电机的外特性

通常将 $n = n_N$、$R_f = $ 常数时,发电机端电压与负载电流的关系曲线,即 $U = f(I)$ 称为并励发电机的外特性曲线,R_f 是励磁回路的总电阻。用试验方法求并励发电机的外特性曲线的接线如图 1-30 所示。闭合开关 S,调节励磁电流使电机在额定负载时端电压为额定值,保持励磁回路电阻 R_f 为常数,然后逐点测出不同负载时的端电压值,便可得到并励发电机的外特性曲线如图 1-32 所示。

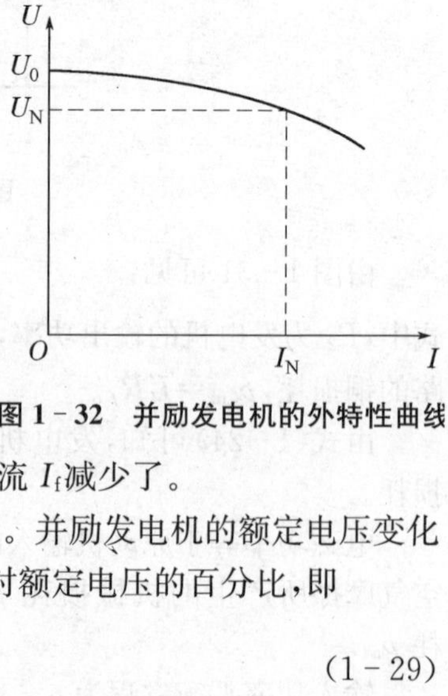

并励发电机的外特性是一条向下弯的曲线,其原因是:
(1) 电枢电阻产生了电压降;(2) 受电枢反应的去磁影响;

图 1-32　并励发电机的外特性曲线

(3) 发电机端电压下降使与电枢并联的励磁线圈中的励磁电流 I_f 减少了。

发电机端电压随负载的变化程度可用电压变化率来表示。并励发电机的额定电压变化率是指发电机从额定负载过渡到空载时,端电压变化的数值对额定电压的百分比,即

$$\Delta U = \dfrac{U_0 - U_N}{U_N} \times 100\% \tag{1-29}$$

电压变化率 ΔU 是表示发电机运行性能的一个重要数据,并励发电机的电压变化率一般为 20%~30%,如果负载变化较大,则不宜作恒压源使用。

三、复励发电机的外特性

复励发电机是在并励发电机的基础上增加一个串励绕组而成的,其原理接线如图 1-33 所示。复励又分为积复励和差复励。当串励绕组磁场对并励磁场起增强作用时,称为积复励;当串励绕组磁场对并励磁场起减弱作用时,称为差复励。

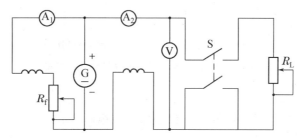

图 1-33　复励发电机的原理接线图

积复励发电机能弥补并励时电压变化率较大的缺点。一般来说,串励磁场要比并励磁场弱得多,并励绕组使电机建立空载额定电压,串励绕组在负载时可弥补电枢电阻压降和电枢反应的去磁作用,以使发电机端电压能在一定的范围内稳定。积复励中根据串励磁场弥补的程度又分为 3 种情况:(1) 若发电机在额定负载时端电压恰好与空载时相等,则称为平复励;(2) 若弥补过剩,使得额定负载时端电压高于空载电压,则称为过复励;(3) 若弥补不足,则称为欠复励。复励发电机的外特性曲线是一条随负载增大端电压急剧下降的曲线,如图 1-34 所示。

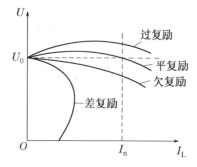

图 1-34　复励发电机的外特性曲线

积复励发电机用途比较广,如电气铁道的电源等。差复励发电机只用于要求恒电流的场合,如直流电焊机等。

1.3.3　直流电动机

一、直流电动机的基本方程式

同直流发电机一样,直流电动机也有电动势、功率和转矩等基本方程式,它们是分析直流电动机各种运行特性的基础。下面以并励直流电动机为例进行讨论。

1. 直流电动机的电势平衡方程式

直流电动机运行时,电枢两端接入电源电压 U,若电枢绕组电流 I_a 的方向以及主磁极的极性如图 1-35(a)所示,则可由左手定则决定的电动机产生的电磁转矩 T 将驱动电枢以转速 n 旋转,旋转的电枢绕组又将切割主磁极磁场,感应电动势 E_a 由右手定则决定的电动势 E_a 的方向与电枢电流 I_a 的方向是相反的。各物理量按图 1-35(b)所示的方向,可得电枢回路的电动势方程式为

$$U = E_a + I_a R_a \tag{1-30}$$

式中,R_a 为电枢回路的总电阻,包括电枢绕组、换向器、补偿绕组的电阻,以及电刷与换向器

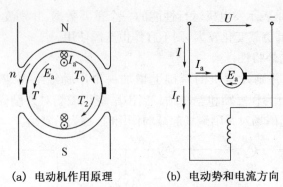

(a) 电动机作用原理　　　(b) 电动势和电流方向

图 1-35　并励电动机的电动势和电磁转矩

间的接触电阻等。

由式(1-30)可知，$U > E_a$，电源电压 U 决定了电枢电流 I_a 的方向。

对于并励电动机，电枢电流

$$I_a = I - I_f \qquad (1-31)$$

式中，I 为输入电动机的电流；I_f 为励磁电流，$I_f = U/R_f$，其中 R_f 是励磁回路的电阻。

由于电动势 E_a 的方向与电枢电流 I_a 方向相反，称 E_a 为反电动势。反电动势 E_a 的计算公式与发电机的相同。

2. 直流电动机的功率平衡方程式

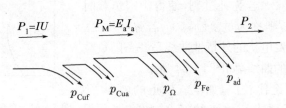

图 1-36　并励电动机的功率流程图

并励电动机的功率流程如图 1-36 所示。P_1 为电动机从电源输入的电功率，$P_1 = UI$；输入的电功率 P_1 扣除小部分在励磁回路的铜损耗 p_{Cuf} 和电枢回路铜损耗 p_{Cua} 便得到电磁功率 P_M，$P_M = E_a I_a$；电磁功率 $E_a I_a$ 全部转换为机械功率，此机械功率扣除机械损耗 p_Ω、铁损耗 p_{Fe} 和附加损耗 p_{ad} 后，即为电动机转轴上输出的机械功率 P_2，故功率方程式为

$$P_M = P_1 - (p_{Cua} + p_{Cuf}) \qquad (1-32)$$

$$P_2 = P_M - (p_\Omega + p_{Fe} + p_{ad}) = P_M - p_0 \qquad (1-33)$$

$$P_2 = P_1 - \sum p = P_1 - (p_{Cua} + p_{Cuf} + p_\Omega + p_{Fe} + p_{ad}) \qquad (1-34)$$

式中，p_0 为空载损耗，$p_0 = p_\Omega + p_{Fe} + p_{ad}$；$\sum p$ 为电机的总损耗，$\sum p = p_{Cua} + p_{Cuf} + p_\Omega + p_{Fe} + p_{ad}$。

3. 直流电动机的转矩平衡方程式

将式(1-33)除以电动机的角速度 ω，可得转矩方程式

$$\frac{P_2}{\omega}=\frac{P_M}{\omega}-\frac{P_0}{\omega}$$

即　　　　　　　　　　　　$$T_2=T-T_0$$

或　　　　　　　　　　　　$$T=T_2+T_0 \qquad (1-35)$$

电动机的电磁转矩 T 为驱动转矩。转轴上机械负载转矩 T_2 和空载转矩 T_0 是制动转矩。式(1-35)表明,电动机在转速恒定时,驱动性质的电磁转矩 T 与负载制动性质的转矩 T_2 和空载转矩 T_0 相平衡。

$$T_2=\frac{P_2}{\omega}=\frac{P_2}{2\pi n/60}=9.55\frac{P_2}{n}$$

$$T_N=9.55\frac{P_N}{n}$$

例 1-8　一台并励直流电动机,$P_N=96\ kW$,$U_N=440\ V$,$n_N=500\ r/min$,$I_N=225\ A$,电枢回路总电阻 $R_a=0.078\ \Omega$,励磁电流 $I_f=5\ A$,求:(1)电动机的额定输出转矩;(2)在额定电流时的电磁转矩。

解　(1) $T_N=9.55\dfrac{P_N}{n}=\dfrac{9.55\times96\times10^3}{500}=1\,833.6(N\cdot m)$

(2) $I_a=I_N-I_f=255-5=250(A)$

$E_a=U_N-I_aR_a=440-250\times0.78=420.5(V)$

$P=E_aI_a=420.5\times250=105.125(kW)$

$T=9.55\dfrac{P}{n_N}=\dfrac{9.55\times105.125\times10^3}{500}=2\,008(N\cdot m)$

二、直流电动机的工作特性

直流电动机的工作特性有转速特性、转矩特性、效率特性、机械特性。

转速特性、转矩特性和效率特性是指在供给电动机额定电压 U_N、额定励磁电流 I_N 时,电枢回路不串外电阻的条件下,电动机的转速、转矩、效率随输出功率 P_2 变化的特性。在实际应用中,由于电枢电流 I_a 容易测量,且 I_a 与 P_2 基本成正比变化,这3种特性常以 $n=f(I_a)$,$T=f(I_a)$,$\eta=f(I_a)$ 的形式表示。

机械特性是指在 $U=$常数、$I_f=$常数、电枢回路电阻为恒值的条件下,电动机的转速与电磁转矩间的关系曲线,即 $n=f(T)$ 特性曲线。从使用电动机的角度看,机械特性是最重要的一种特性,在任务 1.4 中将进行具体分析。

1.3.4　直流电动机的常见故障分析与处理

直流电动机的常见故障分析及处理方法见表 1-6。

表 1-6　直流电动机的常见故障及处理方法

故障现象	可能原因	处理方法
1. 电刷火花过大	(1) 电刷与换向器接触不良； (2) 电刷压力不当； (3) 电刷在刷握内有卡涩现象； (4) 电刷位置不在中性线上； (5) 电刷牌号不对，电刷过短； (6) 电刷位置不均衡，引起电刷电流分配不均匀； (7) 换向器表面有污垢，不光洁，有沟纹，不圆； (8) 刷握松动或未装正； (9) 换向器片间云母凸出； (10) 电机振动，底座松动； (11) 电机过载； (12) 转子平衡未较好； (13) 检修时将换向极接反； (14) 换向极绕组短路； (15) 电枢过热，使绕组线头与换向器脱焊； (16) 晶闸管整流装置输出的电压波形不对称； (17) 转速变化过快（如操作太快）。	(1) 研磨电刷接触面，先在轻载下运行，然后再加负载； (2) 校正电刷压力为 15～25 kPa； (3) 略微磨小电刷或更换电刷，使电刷上下移动自如； (4) 调整刷杆座至正确位置，或按感应法校正中性位置； (5) 更换成生产厂家要求的电刷，更换过短的电刷； (6) 调整刷架位置，做到等分； (7) 清洁换向器表面，上车床车圆换向器； (8) 紧固或校正刷握位置； (9) 用专用工具刻槽、倒角，再研磨； (10) 紧固底座螺丝； (11) 减轻负载； (12) 重校转子动平衡； (13) 在换向极绕组两端通 12 V 直流电压，用指南针判断换向极极性，纠正接线； (14) 清除短路故障； (15) 用毫安表检查换向片间的电压是否平衡，如两片间电压特别高，则该处可能脱焊，应重新焊接； (16) 用示波器检查波形，并调整好波形； (17) 检查电流的最大值和转速变化速度，应正确操作。
2. 电刷碎裂、颤动或刷辫脱落	(1) 换向器表面粗糙； (2) 换向片间云母凸出； (3) 刷握与换向器间的距离过大； (4) 电刷型号或尺寸不对。	(1) 同第 1 条第(7)项； (2) 同第 1 条第(9)项； (3) 调整两者间距离至 1.5～3 mm； (4) 更换成合适型号和尺寸的电刷。
3. 电刷磨损不均匀	电刷与刷握之间的间隙过小；	清理刷握，更换电刷；
4. 发电机电压不能建立	(1) 剩磁消失； (2) 电刷过短，接触不良； (3) 刷架位置不对； (4) 并励绕组出线接反； (5) 并励绕组电路断开； (6) 并励绕组短路； (7) 并励绕组与换向绕组、串励绕组相碰短路； (8) 励磁电路中电阻过大； (9) 旋转方向错误； (10) 转速太低； (11) 并励电阻磁极性不对； (12) 电路中有两点接地，造成短路； (13) 电枢绕组短路或换向器片间短路。	(1) 用直流电通入并励绕组，重新产生剩磁； (2) 更换新电刷； (3) 移动刷架座，调整刷架中性线位置； (4) 调换并励绕组两出线头； (5) 用万用表或兆欧表测量，拆开修理； (6) 用电桥测量直流电阻，并排除短路点或重绕绕组； (7) 用万用表或兆欧表测量，并排除相碰点； (8) 检查变阻器，使它短路后再试； (9) 改变电机转向； (10) 提高转速或调换原动机； (11) 用直流电通入并励绕组，用指南针判断其极性，纠正接线； (12) 用万用表或兆欧表检查，排除短路点； (13) 用电压降法检查，并排除短路故障或重绕绕组。

续表

故障现象	可能原因	处理方法
5. 发电机空载电压过低	(1) 原动机转速低; (2) 传动带过松; (3) 刷架位置不当; (4) 他励绕组接错; (5) 串励绕组和并励绕组接错; (6) 复励电机串励接反; (7) 主极原有垫片未垫。	(1) 用测量速表检查,提高原动机转速或更换原动机; (2) 用测量表测量原动机和发电机的转速是否相差过大,应调紧传动带或更换其他类型传动带; (3) 调整刷架座位置,选择电压最高处; (4) 在他励电压和电流正常的情况下,可能极性顺序接错,可用指南针测量,纠正接线; (5) 在小电机中有时会出现此种情况,拆开重新接线; (6) 调换串励出线; (7) 拆开量主极内径,垫衬原有厚度的垫片。
6. 发电机加负载后,电压显著下降	(1) 换向极绕组接反; (2) 电刷位置不在中性线上; (3) 主磁极与换向极安装顺序不对; (4) 同第 5 条第(6)项。	(1) 将换向极绕组接线对调; (2) 调整刷杆座位置,使火花情况好转; (3) 绕组通入 12 V 直流电源,用指南针判别极性,纠正接线; (4) 同第 5 条第(6)项。
7. 电动机不能启动	(1) 无直流电源; (2) 机械负载过重或有卡阻现象; (3) 启动电流太小; (4) 电刷与换向器接触不良; (5) 励磁回路断路。	(1) 检查熔断器、启动器、线路是否良好; (2) 减轻机械负载,或消除卡阻现象; (3) 检查所用启动器是否匹配; (4) 找出原因,加以消除; (5) 检查变阻器或磁场绕组是否断路。
8. 电动机转速不正常	(1) 电动机转速过高,电刷火花严重; (2) 电刷不在正常位置; (3) 电刷及磁场绕组短路; (4) 串励电动机负载太轻或空载运转,这时转速异常升高; (5) 串励绕组接反; (6) 励磁回路电阻过大。	(1) 检查磁场绕组与启动器连接线是否良好,有无接线错误,内部有无断路现象; (2) 调整刷杆座,使电刷在正常中性线位置; (3) 找出短路点并排除,或重绕组; (4) 增加负载; (5) 纠正接线; (6) 检查磁场变阻器及励磁绕组电阻。
9. 直流电动机转速过高(这时应及时切断电源,以防飞车)	(1) 并励回路电阻过大或断路; (2) 并励或串励绕组匝间短路; (3) 并励绕组极性接错; (4) 复励电机的串励绕组极性接错(积复励接成差复励); (5) 串励电机负载过轻; (6) 主磁极气隙过大。	(1) 测量励磁回路电阻值,恢复正常阻值; (2) 找到故障点,并进行修复,或重绕组; (3) 用指南针测量极性顺序,并重新接线; (4) 检查并纠正串励绕组极性; (5) 增加负载; (6) 按规定用铁片调整气隙。
10. 电枢冒烟	(1) 长期过载运行; (2) 换向器或电枢短路; (3) 发电机外部负载短路; (4) 电动机端电压太低; (5) 定子和转子摩擦; (6) 启动太频繁。	(1) 减轻负载; (2) 检查换向器及电枢有无短路现象,是否有金属引起短路; (3) 消除外部短路故障; (4) 提高电动机输入电压; (5) 检查并消除摩擦; (6) 减少启动次数。

续表

故障现象	可能原因	处理方法
11. 磁场绕组过热	(1) 绕组内部短路； (2) 发电机转速太低； (3) 发电机端电压长期超过额定值。	(1) 分别测量每极绕组的直流电阻,电阻值太低的绕组有短路现象时,应重绕绕组； (2) 提高转速到额定值； (3) 恢复端电压全额定值。
12. 电机过热	(1) 过载运行； (2) 通风不良； (3) 晶闸管整流装置输出电压波形不正常； (4) 电压不符合要求； (5) 环境温度过高；	(1) 检查电枢电流,减轻负载； (2) 清扫通风管道,检查风机旋转方向是否正确,消除通风系统漏风,清理或更换过滤器,检查冷却水压力、水量是否正常； (3) 用示波器检查,并调整输出电压波形； (4) 检查电枢电压、励磁电压,并进行调整,以达到铭牌上的要求； (5) 检查环境温度和进、出风口温度,改善环境和通风条件。
13. 振动大	(1) 轴弯曲； (2) 基础不坚固； (3) 轴轴承损坏； (4) 定子和转子气隙不均匀； (5) 电动机转轴与被传动轴不同心； (6) 电枢不平衡。	(1) 用千分表检查,矫正转轴； (2) 检查基础,重新安装； (3) 检查并调换轴承； (4) 测量气隙,调整气隙； (5) 用量规检查,重新安装调整； (6) 对电枢进行单独旋转,调整动平衡。
14. 噪声	(1) 振动大； (2) 电枢被堵住； (3) 联轴器有毛病； (4) 漏气； (5) 电源波形不对； (6) 安装松动； (7) 轴承有毛病。	(1) 同第 13 条； (2) 检查绕组和风扇等,消除夹入物； (3) 调换有毛病的部件； (4) 轻载运行,重新安装鼓风机和通风管； (5) 用示波器检查,并调整晶闸管整流装置； (6) 检查全部螺栓,拧紧螺栓； (7) 检查润滑油及轴承间隙,加润滑油或更换轴承。
15. 轴承发热	(1) 过载； (2) 轴承缺油或加油过满。	(1) 检查并调整皮带张力或轴承推力； (2) 加或减润滑脂,以加或减至轴承空间的 2/3 左右为宜。
16. 绝缘电阻低	(1) 受潮； (2) 环境恶劣,空气中有腐蚀性、导电性介质存在； (3) 电刷架、换向器槽内等部位有电刷粉末或导电杂质侵入,电机脏污。	(1) 作干燥处理； (2) 改善环境条件,加强维护； (3) 定时清扫电机。
17. 机壳漏电	(1) 绝缘电阻低； (2) 出线头、接线板绝缘损坏、接地； (3) 接地(接零)线断裂或连接不良。	(1) 同第 16 条； (2) 作绝缘处理或更换接线板； (3) 更换接地(接零)线,连接牢固。

任务 1.4　直流电动机的电力拖动控制

1.4.1　电力拖动系统的运动方程式

用电动机作为原动机,拖动生产机械完成一定生产任务的系统,称为电力拖动系统。电力拖动系统一般由电动机、生产机械、传动机构、控制设备及电源组成。

拖动系统的组成如图 1-37 所示。其中,电动机把电能转换为机械能,用来拖动生产机械工作;生产机械是执行某一生产任务的机械设备;控制设备由各种控制电机、电器、自动化元件或工业控制计算机、可编程控制器等组成,用以控制电动机的运动,从而实现对生产机械运行的控制;电源对电动机和电气控制设备供电。最简单的电力拖动系统如电风扇、洗衣机等,复杂的电力拖动系统如轧钢机、电梯等。

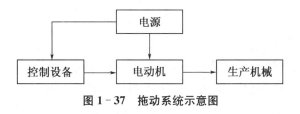

图 1-37　拖动系统示意图

一、运动方程式

图 1-38 为直线运动系统,由物理学中牛顿运动第二定律可知,当物体作加速运动时。其运动方程式为

$$F - F_z = m \frac{\mathrm{d}v}{\mathrm{d}t} = ma \tag{1-36}$$

式中,F 为驱动力,N;F_z 为阻力,N;m 为物体的质量,kg;a 为直线运动加速度,m/s²;$m \frac{\mathrm{d}v}{\mathrm{d}t} = ma$ 为使物体加速的惯性力,也称动态力。

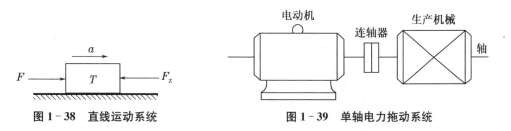

图 1-38　直线运动系统　　　　图 1-39　单轴电力拖动系统

对于图 1-39 所示的旋转运动,以转矩表示的运动方程式为

$$T - T_z = J \frac{\mathrm{d}\omega}{\mathrm{d}t} \tag{1-37}$$

式中,T 为电动机的电磁转矩,N·m;T_z 为系统的静阻转矩,N·m,静阻转矩为负载转矩 T_L 与电动机空载转矩 T_0 之和;J 为运动系统的转动惯量,kg·m²;$\frac{\mathrm{d}\omega}{\mathrm{d}t}$ 为系统的角加速度,

rad/s^2;ω 为角速度,rad/s。

式(1-37)实质上是旋转运动系统的牛顿第二定律。在实际工程计算中,经常用转速 n 代替角速度表示系统的转动速度用飞轮矩 GD^2 代替转动惯量 J 表示系统的机械惯性。ω 与 n、J 与 GD^2 的关系为

$$\omega = 2\pi n/60 \qquad\qquad (1-38)$$

$$J = m\rho^2 = \frac{G}{g} \cdot \frac{D^2}{4} = \frac{GD^2}{4g} \qquad\qquad (1-39)$$

式中,n 为转速,r/min;m 为旋转体的质量,kg;G 为旋转体的重量,N;ρ 为旋转部件的惯性半径,m;D 为旋转部件的惯性直径,m;g 为重力加速度,$g = 9.81\ m/s^2$。

把式(1-38)、式(1-39)代入式(1-37),并忽略电动机的空载转矩(空载转矩占额定负载转矩的百分之几,在工程计算中是允许的),即认为 $T_Z \approx T_L$,经整理,可得出单轴电力拖动系统的运动方程的实用表达式为

$$T - T_L = \frac{GD^2}{375}\frac{\mathrm{d}n}{\mathrm{d}t} \qquad\qquad (1-40)$$

式中,GD^2 为旋转体的飞轮矩,$N \cdot m^2$。

注意,式(1-40)中的 375 具有加速度的量纲;GD^2 是整个系统旋转惯性的整体物理量。电动机和生产机械的 GD^2 可从产品样本或有关设计资料中查得。

式(1-40)是今后常用的运动方程式,反映了电力拖动系统机械运动的普遍规律,是研究电力拖动系统各种运转状态的基础。

二、电力拖动系统运行状态分析

由式(1-40)可知,电力拖动系统运行可分为 3 种状态:

(1) 当 $T > T_L$,$\dfrac{\mathrm{d}n}{\mathrm{d}t} > 0$ 时,系统做加速运动,处于加速状态;

(2) 当 $T < T_L$,$\dfrac{\mathrm{d}n}{\mathrm{d}t} > 0$ 时,系统做减速运动,处于减速状态;

(3) 当 $T = T_L$,$\dfrac{\mathrm{d}n}{\mathrm{d}t} = 0$ 时,$n =$ 常数($n = 0$),系统处于恒转速运行(或静止)状态。

由此可见,只要 $\dfrac{\mathrm{d}n}{\mathrm{d}t} \neq 0$,系统就处于加速或减速状态(也可以说是处于动态过程),而将 $\dfrac{\mathrm{d}n}{\mathrm{d}t} = 0$ 的状态称为稳态运行状态。

当 $T - T_L =$ 常数时,系统处于匀加速或匀减速状态,其加速度或减速度 $\mathrm{d}n/\mathrm{d}t$ 与飞轮矩 GD^2 成反比。飞轮矩越大,系统惯性越大,转速变化就越小,系统稳定性好,灵敏度低;反之,惯性越小,转速变化越大,系统稳定性差,灵敏度高。

三、运动方程式中转矩正、负号的规定

在电力拖动系统中,由于生产机械负载类型的不同,电动机的运行状态也不同。也就是说,电动机的电磁转矩并不都是驱动转矩,生产机械的负载转矩也并不都是阻转矩,它们的大小和方向都可能随系统运行状态的变化而发生变化。因此,运动方程式中的 T 和 T_L 是

带有正、负号的代数量。一般规定如下:(1) 若规定电动机处于电动状态时的旋转方向为旋转正方向,则电动机的电磁转矩 T 与转速的正方向相同时为正,相反时为负;(2) 负载转矩 T_L 与转速的正方向相反时为正,相同时为负;(3) $\dfrac{\mathrm{d}n}{\mathrm{d}t}$ 的正、负由 T 和 T_L 的代数和决定。

1.4.2　生产机械的负载特性

单轴电力拖动系统的运动方程定量地描述了电动机的电磁转矩 T 与生产机械的负载转矩 T_L 和系统转速 n 之间的关系。要对运动方程式求解,除了要知道电动机的机械特性 $n=f(T)$ 之外,还必须知道负载的机械特性 $n=f(T_L)$。

本节就讨论负载的机械特性。负载的机械特性就是生产机械的负载特性,表示同一转轴上转速与负载转矩之间的函数关系,即 $n=f(T_L)$。虽然生产机械的类型很多,但是大多数生产机械的负载特性可概括为 3 类,即恒转矩负载特性、恒功率负载特性和通风机类负载特性。

一、恒转矩负载特性

这一类负载比较多,它的机械特性的特点是:负载转矩 T_L 的大小与转速 n 无关,即当转速变化时,负载转矩保持常数。根据负载转矩的方向是否与转向有关,恒转矩负载又分为反抗性恒转矩负载和位能性恒转矩负载。

1. 反抗性恒转矩负载

反抗性恒转矩负载的转矩的大小恒定不变,而转矩的方向总是与转速的方向相反,即负载转矩始终是阻碍运动的。属于这一类的生产机械有起重机的行走机构、皮带运输机等。图 1-40(a)所示为桥式起重机行走机构的行走车轮,它在轨道上的摩擦力总是和运动方向相反;图 1-40(b)所示为对应的机械特性曲线,显然反抗性恒转矩负载特性位于第 I 和第 III 象限内。

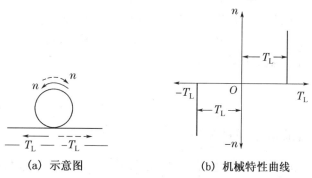

(a) 示意图　　　　　(b) 机械特性曲线

图 1-40　反抗性负载转矩与旋转方向关系

2. 位能性恒转矩负载

位能性恒转矩负载的转矩的大小恒定不变,而且负载转矩的方向也不变。属于这一类的负载有起重机的提升机构,如图 1-41(a)所示,其负载转矩由重力作用产生,无论起重机是提升还是放下重物,重力的方向始终不变;图 1-41(b)所示为对应的机械特性曲线,显然位能性恒转矩负载特性位于第 I 与第 IV 象限内。

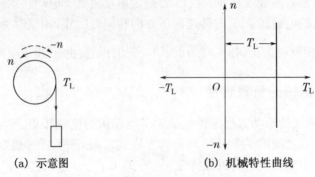

(a) 示意图　　　　　　(b) 机械特性曲线

图 1－41　位能性负载转矩与旋转方向关系

二、恒功率负载特性

恒功率负载的转矩与转速的乘积为一常数,即负载功率 $P_L=T_L\omega=T_L\dfrac{2\pi}{60}n=$ 常数,也就是负载转矩 T_L 与转速 n 成反比。它的机械特性曲线是一条双曲线,如图1－42所示。

在机械加工工业中,车床在粗加工时,切削量比较大,切削阻力也大,宜采用低速运行;而在精加工时,切削量比较小,切削阻力也小,宜采用高速运行。这就使得在不同情况下,负载功率基本保持不变。

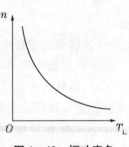

图 1－42　恒功率负载特性曲线

三、通风机类负载特性

通风机类负载的转矩与转速的平方成正比,即 $T_L\propto kn^2$,其中 k 是比例常数。通风机类负载有通风机、水泵、油泵等。这类机械的负载特性曲线是一条抛物线,图1－43中曲线1所示。

以上介绍的是3种典型的负载转矩特性,而实际的负载转矩特性往往是几种典型特性 T_{L0} 的综合。如实际的鼓风机除了通风机负载特性外,由于轴上还有一定的摩擦转矩抽,实际通风机的负载特性应为 $T_L=T_{L0}+kn^2$,曲线如图1－43中曲线2所示。

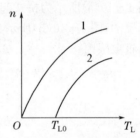

图 1－43　泵与风机类负载特性曲线

1.4.3　他励直流电动机的机械特性

在电动机的电枢电压 U_a、励磁电流 I_f、电枢回路电阻 R_a 为恒定值时,电动机的转速 n 与电磁转矩 T 之间的关系曲线 $n=f(T)$ 称为电动机的机械特性。它是电动机机械性能的主要表现,是电动机最重要的特性。运用电动机的机械特性、生产机械的负载转矩特性和运动方程式,就可以对电力拖动系统进行分析和计算。

一、机械特性方程式

图1－44所示为他励直流电动机的电路原理图。在电枢电路中串联了一附加阻 R_S,励磁电路中串联了一附加电阻 R_{Sf}。这时电动机的电压方程式为

$$U=E_a+RI_a \tag{1-41}$$

式中,$R=R_a+R_S$,为电枢回路总电阻。

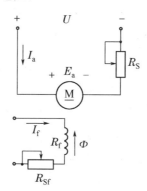

图 1－44　他励直流电动机的电路原理图

将电枢电动势 $E_a=C_e\Phi n$ 和电磁转矩 $T=C_T\Phi I_a$ 代入式(1－41)中,经整理可得他励直流电动机的机械特性方程式

$$n=\frac{U}{C_e\Phi}-\frac{R}{C_eC_T\Phi^2}T=n_0-\beta T=n_0-\Delta n \qquad (1-42)$$

式中,C_e、C_T 分别为电动势常数和转矩常数($C_T=9.55C_e$);$n_0=\dfrac{U}{C_e\Phi}$ 为电磁转矩 $T=0$ 时的转速,称为理想空载转速;$\beta=\dfrac{R}{C_eC_T\Phi^2}$ 为机械特性曲线的斜率;$\Delta n=\beta T$ 为转速降。

如图 1－45 所示,当电源电压 $U=$ 常数,电枢电路总电阻 $R=$ 常数,励磁电流 $I_f=$ 常数时,电动机的机械特性曲线 $n=f(T)$ 是一条以 β 为斜率、向下倾斜的直线。

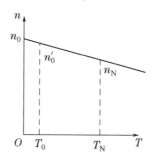

图 1－45　他励直流电动机的机械特性

图 1－45 中的 n_0' 为电动机的实际空载转速。当电动机空载运行,即 $T=T_0$ 时实际空载转速为

$$n_0'=\frac{U}{C_e}-\frac{R}{C_eC_T\Phi^2}T_0 \qquad (1-43)$$

$\Delta n=n_0-n=\beta T$ 是理想空载转速与实际转速之差,在转矩一定时,与机械特性的斜率 β 成正比;在机械特性的斜率 β 一定时,负载越大,转速降越大。通常称 β 大的机械特性为软特性,而称 β 小的特性为硬特性。

电动机的机械特性分为固有机械特性和人为机械特性。

二、固有机械特性

他励直流电动机的固有机械特性是指在额定电压和额定电磁通下,电枢电路没有外接电阻时,电动机转速与电磁转矩的关系。根据 $U=U_N,\Phi=\Phi_N,R=R_a$ 的条件,得固有特性方程

$$n=\frac{U_N}{C_e\Phi_N}-\frac{R_a}{C_eC_T\Phi_N^2}T \tag{1-44}$$

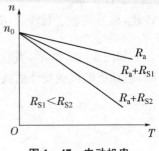

如图 1-46 所示,因为电枢电阻很小,特性斜率很小,故他励直流电动机的固有机械特性属硬特性。机械特性只表述电动机电磁转矩和转速之间的函数关系,是电动机本身的能力,至于电动机具体运行什么状态,还要看拖动什么样的负载。

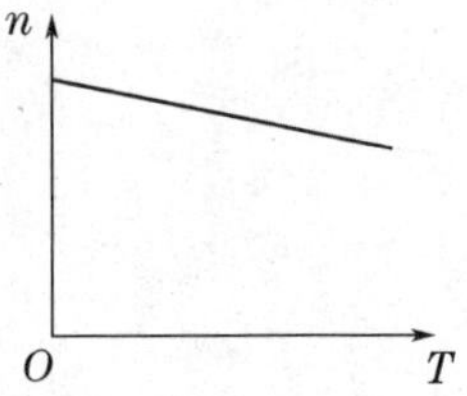

图 1-46　他励直流电动机固有特性曲线

三、人为机械特性

人为地改变固有特性 3 个条件中($U=U_N,\Phi=\Phi_N,R=R_a$)任何 1 个条件后得到的机械特性称为人为机械特性。

1. 电枢回路串电阻时的人为特性

保持 $U=U_N,\Phi=\Phi_N$ 不变,在电枢回路中串入电阻 R_S 时的人为特性方程为

$$n=\frac{U_N}{C_e\Phi_N}-\frac{R_a+R_S}{C_eC_T\Phi_N^2}T \tag{1-45}$$

如图 1-47 所示,与固有特性相比,电枢串电阻人为特性的特点如下:

(1) 理想空载转速 n_0 不变;

(2) 机械特性的斜率 β 随 R_a+R_S 的增大而增大,特性变软;

(3) 电枢串不同电阻时的人为特性是一簇放射形的直线。

电枢串电阻的人为特性是研究他励直流电动机串电阻分级启动的基础,也是超重机和电车常用的调速方法。

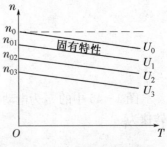

图 1-47　电动机串电阻的人为机械特性

2. 降低电枢电源电压时的人为特性

保持 $R=R_a(R_S=0),\Phi=\Phi_N$ 不变,降低电枢电压为 U 时的人为特性方程为

$$n=\frac{U}{C_e\Phi_N}-\frac{R_a}{C_rC_T\Phi_N^2}T \tag{1-46}$$

如图 1-48 所示,与固有特性相比,降低电枢电压时的人为特性的特点如下:

(1) 斜率 β 不变;

(2) 理想空载转速 n_0 与电枢电压 U 成正比;

(3) 对应不同电枢电压时的人为特性是一簇低于固有特性的平行线。

图 1-48　改变电枢电压时的人为特性

利用改变电压能保持特性硬度不变的优点,生产中需要平滑调速的生产机械,如机床、造纸机等,常用此来调压调速。

3. 减弱励磁磁通时的人为特性

一般电动机在额定磁通下运行时,磁路已接近饱和,只能减弱磁通。在如图1-49所示电路中,励磁回路有一调节电阻R_{Sf},改变R_{Sf}的大小也就改变了励磁电流,从而改变了励磁磁通。

保持$R=R_a(R_S=0)$,$U=U_N$不变,只减弱磁通时的人为特性为

$$n=\frac{U_N}{C_e\Phi}-\frac{R_a}{C_eC_T\Phi^2}T \tag{1-47}$$

减弱磁通的人为特性曲线如图1-49所示,与固有特性相比,减弱磁通的人为特性的特点如下:

(1) 磁通减弱会使n_0升高,n_0与Φ成反比;

(2) 磁通减弱会使斜率β加大,β与Φ^2成反比;

(3) 人为机械特性是一簇直线,但既不平行,又非放射形。磁通减弱时,特性上移,而且变软。

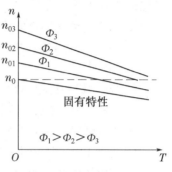

图1-49　改变磁通时
的人为特性

四、电力拖动系统稳定运行条件

1. 电力拖动系统稳定运行的概念

设有一电力拖动系统,原来运行于某一转速,受到外界某种短时的扰动,如负载的突然变化或电网电压波动等(不是人为的调节),电动机转速发生变化,离开了原平衡状态,但系统在新的条件下仍能达到新的平衡,或者当外界的扰动消失后,系统能恢复到原来的转速,就称该系统能稳定运行;否则就称为不能稳定运行,这时即使外界的扰动已经消失,系统速度也会无限制地上升或者是一直下降,直到停止运行。

2. 电力拖动系统稳定运行的分析

由电力拖动系统的运动方程$T-T_L=\dfrac{GD^2}{375}\dfrac{dn}{dt}$可知,$\dfrac{dn}{dt}=0$,$T=T_L$时,系统处于稳定运行状态。所以,为使拖动系统能稳定运行,电动机机械特性和生产机械的负载特性必须配合得当,有交点。

如图1-50所示,设某电力拖动系统在A点稳定转动,由于某种原因,电网电压升高了,相应地,电动机的机械特性曲线变为直线2。在此瞬间,系统由于惯性转速来不及变化,从A点瞬间过渡到直线2的B点。这时$T>T_L$,使原来的平衡状态受到了破坏,电动机的转速将沿线段BC上升。随着转速的升高,电动机的反电动势增大,电枢电流减小,电磁转矩随之减小。一直到C点为止,电动机的电磁转矩又和负载转矩平衡,系统在C点重新稳定运行。原因消失后,即电网电压恢复原来的数值,机械特性曲线又恢复到原来的曲

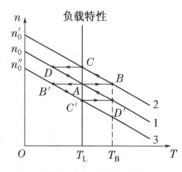

图1-50　稳定系统

线1。这时电动机的运行点,瞬间由C点过渡到D点,由于$T<T_L$,转速开始下降,一直回复到A点,重新达到平衡。同理,可分析电网电压降低时的情况(见图1-50中直线3),通过以上分析可知,拖动系统在交点A上具有抗干扰能力,此系统是稳定的。

如图 1-51 所示,电动机的机械特性曲线往上翘,与恒转矩负载交于 A 点运行。这时由于外界扰动,系统转速升高,如机械特性曲线上的 D 点,使得 $T_D > T_L$,由拖动系统的运动方程可知,电动机将继续加速,而电动机的转矩又随转速升高而增大,使电动机进一步加速,直至"飞车";反之,转速由于外界扰动稍有减小,会导致停车。由此看出,这个系统没有恢复到原来平衡运行的能力,所以这样的拖动系统是不稳定的。

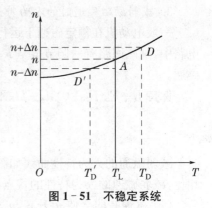

图 1-51　不稳定系统

3. 电力拖动系统稳定运行条件

通过以上分析,得出电力拖动系统稳定运行的必要和充分条件是:

(1) 电动机的机械特性与生产机械的负载特性有交点,即存在 $T = T_L$;

(2) 在交点所对应的转速之上($\Delta n > 0$),应保证 $T < T_L$(使电动机减速),在这一转速之下($\Delta n < 0$),则要求 $T > T_L$(使电动机加速)。多数情况下,只要电动机具有下降的机械特性,就能满足稳定运行条件(个别情况除外,如通风机负载)。

上述电力拖动系统的稳定运行条件,无论对直流电动机还是交流电动机都是适用的,具有普遍的意义。

1.4.4　直流电动机的启动和反转

一、直流电动机的启动

直流电动机的启动是指电动机接通电源后,由静止状态到稳定运行状态的过程。启动初始,电动机转速 $n = 0$,电枢绕组感应电动势 $E_a = C_e \Phi n = 0$,从电动机电压平衡方程式 $U = E_a + I_a R_a$ 可知,$n = 0$ 时,

$$I_{st} = \frac{U_N}{R_a} \tag{1-48}$$

式中,I_{st} 为启动初始时的电枢电流,称为启动电流。

式(1-48)说明电动机刚开始启动时,电枢还未产生反电动势,电源电压全部加在电枢电阻上,而电枢电阻阻值很小,这样启动电流将 I_{st} 是一个极大的数值,可达到 $10 I_N \sim 20 I_N$。过大的启动电流将引起电网电压的过度下降,影响其他用电设备的正常工作,而对电动机自身的换向器也将产生剧烈的火花,过大的转矩使轴上也会受到过度的机械冲击。因此,直流电动机启动时的启动电流必须受到限制,除个别容量很小的电动机外,一般的直流电动机不允许直接启动。

为了缩短启动过程所需的时间,启动转矩却需要尽可能增大一些。从 $T_{st} = C_T \Phi I_{st}$ 来看,在 I_{st} 受限制的情况下,T_{st} 要足够大时,必须尽可能地加大 Φ 值。因此,启动前,首先必须调整励磁电阻至最小值,使 Φ 值最大。根据上述分析,对直流电动机的启动有下列要求:

(1) 启动电流要限制;

(2) 要有足够大的励磁电流,在启动电流受限制的情况下,也可以获得足够大的启动转矩;

(3) 启动设备要操作方便,运行可靠,成本低廉。

限制启动电流的大小有 2 种常方法,即电枢回路串电阻和降低电源电压。

1. 电枢回路串电阻启动

电动机启动前,应使励磁回路调节电阻 $R_{sf}=0$,这样励磁电流 I_f 最大,使磁通 Φ 最大。电枢回路串接启动电阻 R_{st},在额定电压下的启动电流为

$$I_{st}=\frac{U_N}{R_a+R_{st}} \tag{1-49}$$

式中,R_{st} 值应使 I_{st} 不大于允许值。对于普通直流电动机,一般要求 $I_{st}\leqslant(1.5\sim2)I_N$。

在启动电流产生的启动转矩作用下,电动机开始转动并逐渐加速。随着转速的升高,电枢反电动势增大,使电枢电流减小,电磁转矩也随之减小,这样转速的上升就缓慢下来。为了缩短启动时间,保持电动机在启动过程中的加速度不变,就要求在启动过程中电枢电流维持不变,因此随着电动机转速的上升,应将启动电阻平滑地切除,最后使电动机转速达到运行值。

实际上,平滑地切除电阻是不可能的,一般是在电阻回路中串入多级电阻,在启动过程中逐级切除。启动电阻的级数越多,启动过程就越快且平稳,但所需的控制设备也越多,投资也越大。下面对电枢串多级电阻的启动过程进行定性分析。

图 1-52 是采用三级电阻启动时电动机的电路原理图及机械特性。

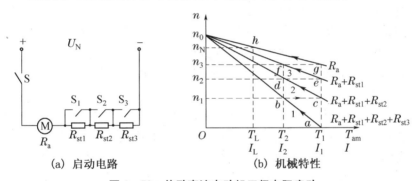

图 1-52　他励直流电动机三级电阻启动

启动开始时,接触器的触点 S 闭合,而 S_1、S_2、S_3 断开,如图 1-52(a),额定电压加在电枢回路总电阻 $R_3(R_3=R_a+R_{st1}+R_{st2}+R_{st3})$ 上,启动电流为 $I_1=\dfrac{U_N}{R_3}$,此时启动电流 I_1 和启动转矩 T_1 均达到最大值。接上全部启动电阻时的人为特性如图 1-52(b)中的曲线 1 所示。启动瞬间对应于 a 点,启动转矩 T_1 大于负载转矩 T_L,所以电动机开始加速,电动势 E_a 逐渐增大,电枢电流和电磁转矩逐渐减小,工作点沿曲线 1 箭头方向移动。当转速升到 n_1、电流降至 I_2、转矩减至 T_2(b 点)时,触点 S_3 闭合,切除电阻 R_{st3}。I_2 称为切换电流,一般取 $I_2=(1.1\sim1.2)I_N$,或 $T_2=(1.1\sim1.2)T_N$。切除 R_{st3} 后,电枢回路电阻减小为 $R_2=R_a+R_{st1}+R_{st2}$,与之对应的人为特性如图 1-52(b)中的曲线 2。在切除电阻瞬间,由于机械惯性,转速不能突变,所以电动机的工作点由 b 点沿水平方向跃变到曲线 2 上的 c 点。选择适当的各级启动电阻,可使 c 点的电流仍为 I_1,这样电动机又处在最大转矩 T_1 下进行加速,工作点沿曲线 2 箭头方向移动。当到达 d 点时,转速升至 n_2,电流又降至 I_2,转矩也降至 T_2,此时触点 S_2 闭合,将 R_{st2} 切除,电枢回路电阻变为 $R_1=R_a+R_{st1}$,工作点由 d 点平移到人为

特性曲线 3 上的 e 点。e 点的电流和转矩仍为最大值,电动机又处在最大转矩 T_1 上加速,工作点在曲线 3 上移动。当转速升至 n_3 时,即在 f 点切除最后一级电阻 R_{st1} 后,电动机将过渡到固有特性上,并加速到 h 点处于稳定运行,启动过程结束。

串电阻启动的缺点是启动过程很难做到完全平滑,并且要损耗电能。当电动机容量较大时,启动电阻十分笨重,尤其在频繁启动时,启动过程所消耗的能量相当可观,故在这种情况下,常采用降压启动。

2. 降压启动

降低电源电压 U,启动电流

$$I_{st}=\frac{U}{R_a} \tag{1-50}$$

负载 T_L 已知,根据启动条件的要求,可以确定电压 U 的大小。有时,为了保持启动过程中电磁转矩一直较大及电枢电流一直较小,可以逐渐升高电压 U,直至最后升到 U_N,特性如图 1-53 所示,A 点为稳定运行。

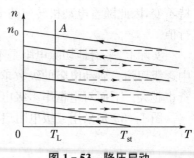

这种启动方法的优点是启动电流小,启动过程平滑,而且能量损耗小;缺点是设备复杂,初期投资大。因此,这种方法只用在需要经常启动的大容量直流电动机。

图 1-53 降压启动

二、直流电动机的反转

在生产实际中,许多生产机械要求电动机做正、反转运行,如直流电动机拖动龙门刨床的工作台往复运动,矿井卷扬机的上下运动,起重机的升、降等。

要改变直流电动机的旋转方向,就需要改变电动机的电磁转矩方向,而电磁转矩由主极磁通和电枢电流相互作用产生。由电动机电磁转矩的表达式 $T=C_T\Phi I_a$ 可知,改变电磁转矩方向的方法有 2 种:(1) 改变电枢电流方向,即改变电枢电压极性;(2) 改变励磁电流(主极磁场)方向。同时改变电枢电流和励磁电流的方向,则电动机的转向不变。

改变电动机转向中应用较多的是改变电枢电流的方向,即采用电枢反接法。原因一方面,并励直流电动机励磁绕组匝数多,电感较大,切换励磁绕组时会产生较大的自感电压,危及励磁绕组的绝缘;另一方面,励磁电流的反向过程比电枢电流反向要慢得多,影响系统快速性。所以,改变励磁电流方向只用于正、反转不太频繁的大容量系统。

1.4.5 直流电动机的调速

直流电动机的调速是指负载转矩不变的情况下,人为地改变电动机的转速。根据直流电动机的转速公式

$$n=\frac{U-I_a(R_a+R_S)}{C_e\Phi} \tag{1-51}$$

可以看出,在负载转矩不变的情况下,只要改变 R、U、Φ 中的任意 1 个参数值,都能使转速改变。因此,电动机的调速方法有电枢串电阻、降低电源电压和减弱磁通。

一、调速的评价指标

1. 调速范围

调速范围是指电动机在额定负载下可能运行的最高转速 n_{max} 与最低转速 n_{min} 之比,通常 D 用表示,即

$$D = \frac{n_{max}}{n_{min}} \tag{1-52}$$

不同的生产机械对电动机的调速范围有不同的要求。要扩大调速范围,必须尽可能地提高电动机的最高转速和降低电动机的最低转速。电动机的最高转速受到电动机的机械强度、换向条件、电压等级方面的限制,而最低转速则受低速运行时转速的相对稳定性的限制。

2. 静差率(相对稳定性)

转速的相对稳定性是指负载变化时转速变化的程度,用静差率 $\delta\%$ 表示。静差率是指电动机由理想空载到额定负载时的转速变化率,用百分数表示:

$$\delta\% = \frac{n_0 - n_N}{n_0} \times 100\% \tag{1-53}$$

静差率 $\delta\%$ 越小,转速的稳定性越好,负载波动时,转速变化越小。从式(1-53)中看出,静差率与以下两个因素有关。

(1)当 n_0 一定时,机械特性越硬,额定转矩时的转速降落 Δn 越小,静差率 $\delta\%$ 越小。图 1-54 中画出了他励直流电动机的固有特性与电枢串电阻的一条人为特性:当 $T = T_N$ 时,固有机械特性上转速降落为 $\Delta n_N = n_0 - n_N$,比较小;而人为机械特性上转速降落为 $\Delta n > \Delta n_N$,因此两条机械特性的静差率 $\delta\%$ 不一样大,固有特性上的 $\delta\%$ 较小,而电枢串电阻的机械特性上的 $\delta\%$ 较大。如果在电枢串电阻调速时,所串电阻最大的一条人为机械特性上的静差率 $\delta\%$ 满足要求时,其他各条特性上的静差率便都能满足要求,这条串电阻最大的机械特性上 $T = T_N$ 时的转速,就是串电阻调速时的最低转速 n_{min},而电动机的 n_N 是最高转速 n_{max}。

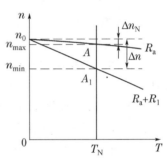

图 1-54　电枢串电阻调速时
静差率与调速范围

(2)机械特性硬度一定时,理想空载转速 n_0 越高,$\delta\%$ 越小。图 1-55 中画出他励直流电动机的固有特性与一条降低电源电压调速时的人为特性,当 $T = T_N$ 时,两条特性的转速降落都是 Δn_N,但是固有特性比人为特性上的理想空载转速高,即 $n_0 > n_{01}$,这样两条机械特性上静差率不同,降压的人为特性上的 $\delta\%$ 大,固有特性上的 $\delta\%$ 小。因此,在降低电源电压调速时,电压最低的一条人为机械特性上静差率满足要求时,其他各条机械特性上静差率就都满足要求,这条电枢电压最低的人为机械特性上 $T = T_N$ 时的转速,即为调速时的最低转速 n_{min},而 n_N 则为最高转速 n_{max}。

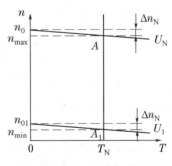

图 1-55　降低电源电压调速时
静差率与调速范围

调速范围 D 与静差率 $\delta\%$ 两项指标是相互制约的,两者之间的关系如下:

$$D=\frac{n_{\max}}{n_{\min}}=\frac{n_{\max}}{n_{01}-\Delta n_N}=\frac{n_{\max}}{\frac{\Delta n_N}{\delta}-\Delta n_N}=\frac{n_{\max}\delta}{\Delta n_N(1-\delta)} \qquad (1-54)$$

由式(1-54)可知,若对静差率这一指标要求过高,即$\delta\%$值越小,则调速范围D越小;反之,若要求调速范围D越大,则静差率$\delta\%$也越大,转速的相对稳定性越差。

不同的生产机械,对静差率的要求不同,普通车床要求$\delta\leqslant30\%$,而高精度造纸机则要求$\delta\leqslant0.1\%$。在保证一定静差率指标的前提下,要扩大调速范围,就必须减小转速降落Δn_N,也就是必须提高机械特性的硬度。

3. 调速的平滑性

在一定的调速范围内,调速的级数越多,就认为调速越平滑,相邻相级转速的比值称为平滑系数,用φ表示:

$$\varphi=\frac{n_i}{n_{i-1}} \qquad (1-55)$$

φ值越接近1,平滑性越好,当$\varphi=1$时,称为无级调速,即转速可以连续调节。调速不连续时,级数有限,称为有级调速。

4. 经济指标

经济指标主要指调速设备的投资、运行效率及维修费用等,应力求投资少,电能损耗小。

二、调速方法

1. 电枢回路串电阻调速

电枢回路串电阻调速的原理及调速过程可用图1-56说明。

设电动机拖动恒转矩负载T_L在固有特性上A点运行,其转速为n_N。若电枢回路串入电阻R_{S1},则达到新的稳态后,工作点变为人为特性上的B点,转速下降到n_1。从图中可以看出,串入的电阻越大,稳态转速越低。

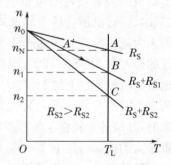

图1-56 电枢串电阻调速

现以转速由n_N降至n_1为例,说明其调速过程。电动机原来在A点稳定运行时,$T=T_L$,$n=n_N$,当串入R_{S1}后,电动机的机械特性变为直线n_0B,因串电阻瞬间转速不突变,故E_a不突变,于是I_a及T突然减小,工作点平移到A'点。在A'点,$T<T_L$,所以电动机开始减速,随着n的减小,E_a减小,I_a及T增大,即工作点沿$A'B$方向移动,当到达B点时,$T=T_L$,达到了新的平衡,电动机便在n_1转速下稳定运行。调速过程中转速n和电流i_a随时间的变化规律如图1-57所示。

串电阻调速的优点:设备简单,操作方便。串电阻调速的缺点:(1) 由于电阻只能分段调节,调速的平滑性差;(2) 低速时特性曲线斜率大,静差率大,所以转速的相对稳定性差;(3) 轻载时调速范围小,额定负载时调速范围一般为$D\leqslant2$;(4) 调速电阻的加入,使电能损耗增大,效率低,不经济。

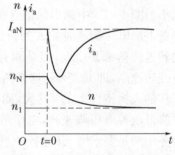

图1-57 恒转矩负载时电枢
串电阻调速过程

2. 降低电源电压调速

电动机的工作电压不允许超过额定电压,因此电枢电压只能在额定电压以下进行调节。降低电源电压调速的原理及调速过程可用图 1-58 说明。

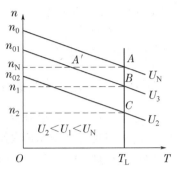

设电动机拖动恒转矩负载 T_L 在固有特性上 A 点运行,其转速为 n_N。若电源电压由 U_N 下降至 U_1,则达到新的稳态后,工作点将移到对应人为特性曲线上的 B 点,其转速下降为 n_1。从图中可以看出,电压越低,稳态转速越低。

图 1-58   降低电压调速

转速由 n_N 下降至 n_1 的调速过程如下。电动机原来在 A 点稳定运行时,$T=T_L$,$n=n_N$。当电压降至转速 n 不突变,E_a 不突变,所以 I_a 和 T 突然减小,电动机的机械特性变为直线 $n_{01}B$。在降压瞬间,工作点平移到 A' 点。在 A' 点,$T<T_L$,电动机开始减速,随着 n 减小,E_a 减小,I_a 和 T 增大,工作点沿 $A'B$ 方向移动,到达 B 点时,达到了新的平衡,$T=T_L$,此时电动机便在较低转速 n_1 下稳定运行。降压调速过程与电枢串电阻调速类似,调速过程中转速的电枢电流随时间的变化曲线也与图 1-57 相似。

降压调速的优点:(1)电源电压能够平滑调节,可以实现无级调速;(2)调速前后机械特性的斜率不变,硬度较高,负载变化时,速度稳定性好;(3)无论轻载或是负载,调速范围相同,一般可达 $D=2.5\sim12$;(4)电能损耗小。

降压调速的缺点是需要一套电压可连续调节的直流电源。

3. 减弱磁通调速

额定运行的电动机,其磁路已基本饱和,即使励磁电流增加很大,磁通也增加很少,从电动机的性能考虑也不允许磁路过饱和。因此,改变磁通只能从额定值往下调,调节磁通调速即是弱磁调速。其调速原理及调速过程可用图 1-59 说明。

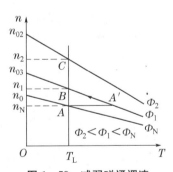

设电动机拖动恒转矩负载 T_L 在固特性曲线上 A 点运行,其转速为 n_N。若磁通由 Φ_N 减小至 Φ_1,则达到新的稳态后,工作点将移到对应人为特性上的 B 点,其转速上升为 n_1。从图中可见,磁通越小,稳态转速将越高。

图 1-59   减弱磁通调速

转速由 n_N 上升到 n_1 的调速过程如下。电动机原来在 A 点稳定运行时,$T=T_L$,$n=n_N$ 当磁通减弱到 Φ_1 后,电动机的机械特性变为直线 $n_{01}B$。在磁通减弱的瞬间,转速 n 不突变,电动势 E_a 随 Φ 而减小,于是电枢电流 I_a 增大。尽管 Φ 减小,但 I_a 增大很多,所以电磁转矩 T 还是增大的,因此,工作点移到 A' 点。在 A' 点,$T>T_L$,电动机开始加速,随着 n 上升,E_a 增大,I_a 和 T 减小,工作点沿 $A'B$ 方向移动,到达 B 点时,$T=T_L$,出现了新的平衡,此时电动机便在较高的转速 n_1 下稳定运行。调速过程中电枢电流和转速随时间的变化规律如图 1-60 所示。

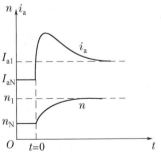

图 1-60   恒转矩负载时
弱磁调速过程

弱磁调速的优点:(1)在电流较小的励磁回路中进行调节,因而控制方便,能量损耗小,设备简单,而且调速平滑性好;(2)调速前后效率基本不变,所以也比较经济。

弱磁调速的缺点:(1)机械特性的斜率变大,特性变软;(2)转速的升高受到电机换向能力和机械强度的限制,因此升速范围不可能很大,一般 $D \leqslant 2$。

1.4.6 直流电动机的制动

根据电磁转矩 T 和转速 n 方向之间的关系,可以把电动机的运行分为 2 种状态。当 T 和 n 方向相同时,称为电动运行状态;当 T 和 n 方向相反时,称为制动运行状态。电动运行时,电磁转矩为拖动转矩,电动机将电能转换成机械能;制动运行时,电磁转矩为制动转矩,电动机将机械能转换成电能。

在电力拖动系统中,电动机经常需要工作在制动状态。例如,许多生产机械工作时,往往需要快速停车或由高速运行迅速转为低速运行,起重机等位能性负载的工作机构,为了获得稳定的下放速度,这都要求电动机必须工作在制动状态。因此,电动机的制动运行也是十分重要的。

电动机的制动方式包括能耗制动、反接制动和回馈制动。下面我们以直流他励电动机为例来讨论这 3 种制动方式。

一、能耗制动

1. 能耗制动实现的条件

将电动机电枢从直流电源中断开,但励磁部分保持不变,同时将电枢两端通过制动电阻 R_B 连接成闭合回路,如图 1-61 所示。

实现能耗制动之初,由于转速 n 不能突变,磁通 $\Phi = \Phi_N$ 不变,电枢感应电动势 E_a 保持不变,即 $E_a > 0$,而此刻电压 $U = 0$。因此,电枢电流

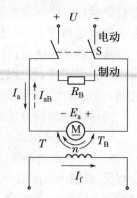

图 1-61 能耗制动接线图

$$I_{aB} = \frac{-E_a}{R_a + R_B} < 0, \quad T_B = C_T \Phi_N I_{aB} < 0$$

由上式可知,I_{aB} 的方向与电动状态时电枢电流 I_a 的方向相反,由此产生的电磁转矩 T_B 也与电动状态时 T 的方向相反,变为制动转矩,于是电动机处于制动运行。制动运行时,电动机靠生产机械惯性力的拖动发电,将生产机械储存的动能转换成电能,并消耗在电阻上,直到电动机停转为止,所以这种制动方式称为能耗制动。

2. 能耗制动的机械特性

能耗制动时的机械特性,就是在 $U = 0$、$\Phi = \Phi_N$、$R = R_a + R_B$ 条件下的一条人为机械特性,即

$$n = -\frac{R_a + R_B}{C_e C_T \Phi_N^2} T \tag{1-56}$$

或

$$n = -\frac{R_a + R_B}{C_e \Phi_N} I_a \tag{1-57}$$

可见,能耗制动时的机械特性是一条过坐标原点的直线,其理想空载转速为零,特性的斜率

$\beta = -\dfrac{R_a + R_B}{C_e C_T \Phi_N^2}$ 与电动机状态与电枢串电阻时的人为特性的

斜率相同。如图 1-62 中直线 2 所示。

3. 能耗制动过程

制动前工作在固有特性曲线 1 上的 A 点，T 为拖动转矩。开始制动瞬间，由于转速 n 不能突变，电动机的运行点从 $A \rightarrow B$，在 B 点电磁转矩 T_B 为制动转矩，使系统减速。在减速过程中，E_a 逐渐下降，I_a 及 T 逐渐增大（绝对值逐渐减小），电动机运行点沿着曲线 2 从 $B \rightarrow 0$，这时 $E_a = 0$，$I_a = 0$，$T = 0$，$n = 0$ 即停在原点上。

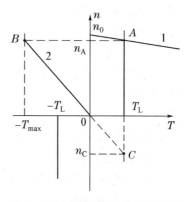

图 1-62　能耗制动时的机械特性

上述过程是把正转的拖动系统停车的制动过程。在整个过程中，电动机电磁转矩 $T < 0$，而转速 $n > 0$，T 与 n 方向相反，T 始终是起制动作用，是制动运行状态的一种。

他励直流电动机如果拖动位能性负载，本来运行在正向电动状态，突然采用能耗制动，如图 1-63(a) 所示，电动机的运行点从 $A \rightarrow B \rightarrow 0$，$B \rightarrow 0$ 是能耗制动过程，与拖动反抗性负载完全一样。但是到了 0 点以后，如果不采取其他办法（如抱闸抱住电动机轴）停车，则由于电磁转矩 $T = 0$，小于负载转矩，系统会继续减速，也就是开始反转了。电动机运行点沿着能耗制动机械特性曲线 2 从 $0 \rightarrow C$，C 点处 $T = T_L$，系统稳定运行于工作点 C。该处电动机电磁转矩 $T > 0$，转速 $n < 0$，T 与 n 方向相反，T 为制动转矩。在这种稳态运行状态下，T_{L2} 方向与系统转速 n 同方向，T_{L2} 为拖动转矩。

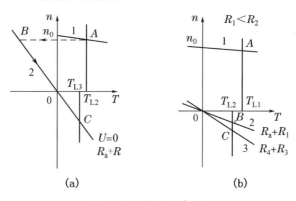

(a)　　　　　　　　　　(b)

图 1-63　能耗制动运行

能耗制动运行时电动机电枢回路串入的制动电阻不同时，运行转速也不同，制动电阻越大，转速绝对值越高，如图 1-63(b) 所示。减小制动电阻，可以增大制动转矩，缩短制动时间，提高工作效率，但制动电阻太小会造成制动电流过大，通常限制最大制动电流不超过 2～2.5 倍的额定电流。选择制动电阻的原则是满足

$$I_{aB} = \frac{E_a}{R_a + R_B} \leqslant I_{max} = (2 \sim 2.5) I_N$$

即

$$R_B \geqslant \frac{E_a}{(2 \sim 2.5) I_N} - R_a \qquad\qquad (1-58)$$

式中，E_a 为制动瞬间的电枢电动势。如果制动前电机处于额定运行，则 $E_a = U_N - R_a I_N \approx U_N$。

4. 能耗制动的功率关系分析

能耗制动过程中，电源输入的电功率 $P_1 = UI_a = 0$，电动机转速 $n > 0$，即 $\omega > 0$，电磁转矩 $T < 0$，则电磁功率 $P_M = T\omega < 0$，说明没有电源向电动机输入电功率，其机械能靠的是系统转速从高到低，制动时所释放出来的动能；电功率没有输出，而是将机械能转换成电能，消耗在电枢回路的总电阻 $(R_a + R_B)$ 上。

二、反接制动

反接制动分为电压反接制动和倒拉反转反接制动。

1. 电压反接制动

1）电压反接制动的实现条件

将电源极性反接于电动机的电枢，同时电枢要串接调节电阻 R_B，如图 1-64 所示，电压反接制动时，$U = -U_N$，此时电枢回路内，U 与 E_a 顺向串联，共同产生很大的反向电流

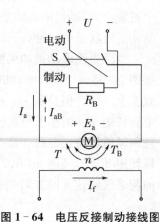

$$I_{aB} = \frac{-U_N - E_a}{R_a + R_B} = -\frac{U_N + E_a}{R_a + R_B} < 0 \qquad T_B = C_T \Phi_N I_{aB} < 0$$

由反向的电枢电流 I_{aB} 产生很大的反向电磁转矩 T_B，从而产生很强的制动作用。

2）电压反接制动的机械特性

电压反接制动的机械特性就是在 $U = -U_N$、$\Phi = \Phi_N$、$R = R_a + R_B$ 条件下的一条人为机械特性，即

图 1-64 电压反接制动接线图

$$n = -\frac{U_N}{C_e \Phi_N} - \frac{R_a + R_B}{C_e C_T \Phi_N^2} T \qquad (1-59)$$

或

$$n = -\frac{U_N}{C_e \Phi_N} - \frac{R_a + R_B}{C_e \Phi_N} I_a \qquad (1-60)$$

可见，其特性曲线是一条通过 $-n_0$ 点，斜率为 $\dfrac{R_a + R_B}{C_e C_T \Phi_N^2}$ 的直线，如图 1-65 中曲线 BC 所示。

3）电压反接制动过程

电压反接制动时，电动机工作点的变化情况可用图 1-65 说明如下。电动机原来工作在 A 点，反接制动时，由于转速 n 不突变，工作点水平移动到 B 点，在制动转矩作用下，转速减小，直到 C 点（$n = 0$），电动机停止。对于反抗性负载，当减到零时若电磁转矩小于负载转矩，电动机停止；若电磁转矩大于负载转矩，则电动机反向启动并加速到 D 点稳定运行。在第Ⅲ象限，电动机工作处于反向电动运行状态。

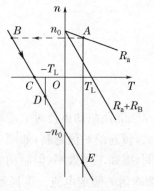

图 1-65 电压反接制动的机械特性

对于位能性负载，过 C 点以后电动机将反向加速，一直到达 E 点，即电动机最终进入回馈制动（后面将介绍）状态下稳定运行。

电压反接制动时,电枢电流的大小由 U_N 与 E_a 之和决定,因此,反接制动时的电枢电流是非常大的。为了限制过大的电枢电流,反接制动时必须在电枢回路中串接制动电阻 R_B。R_B 的大小应使反接制动时电枢电流不超过电动机的最大允许电流 $I_{max}=(2\sim2.5)I_N$,因此应串入的制动电阻值为

$$R_B \geqslant \frac{U_N+E_a}{(2\sim2.5)I_N}-R_a$$

4) 电压反接制动的功率关系分析

反接制动过程中(BC 段),电源输入的电功率 $P_1>0$,轴上 $P_2<0$,即输入机械功率,而且机械功率扣除空载损耗后,即转变成了电功率,$P_M<0$。由此可见,反接制动时,从电源输入的电功率和从轴上输入的机械功率转变成的电功率一起全部消耗在电枢回路的电阻 (R_a+R_B) 上。

2. 倒拉反转反接制动

1) 倒拉反转反接制动的条件

倒拉反转反接制动只适用于位能性恒转矩负载,同时,电枢回路串接足够大的电阻。

倒接反转反接制动时,$T>0$,$n<0$,T 与 n 的方向相反,即进入制动运行。

2) 倒拉反转反接制动的机械特性

倒拉反转反接制动的机械特性与电动机电枢回路串较大电阻的人为机械特性相同。

3) 倒拉反转反接制动的制动过程

其制动过程可用图 1-66 来说明。串电阻瞬间,由于 n 不能突变,工作点移动方向 A→B,在 B 点,由于 $T<T_L$,于是电动机转速 n 的减小,工作点移动方向 B→C,在 C 点,$n=0$,$T<T_L$,所以在重物的重力作用下电机将反向旋转。因为励磁不变,所以 E_a 随 n 的反向而改变方向,而 I_a 和 T 的方向不变。这样,电动机反转后,电磁转矩为制动转矩,电动机处于制动状态,如图 1-66 中的 CD 段。随着电动机反向转速的增加,E_a 增大,电枢电流 I_a 和制动转矩 T 也相应地增大,当到达 D 点时,$T=T_L$,电动机便以稳定的转速匀速下放重物。

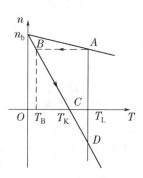

图 1-66　倒拉反转反接
制动时的机械特性

4) 倒拉反转反接制动的功率关系分析

倒拉反转反接制动的功率关系与电压反接制动的功率关系一样。二者之间的区别仅仅在于电压反接制动过程中,向电动机输入的机械功率是负载释放的动能提供的,而倒拉反转反接制动中,是位能性负载减少位能提供的。

三、回馈制动

1. 回馈制动实现的条件

由于外界原因,电动机的转速大于理想空载转速,即 $n>n_0$。

由电动机电压平衡方程式 $U=E_a+I_aR$ 得出

$$I_a=\frac{U-E_a}{R}$$

而

$$E_a=C_e\Phi n$$

电动运行时,$n<n_0$,$E_a<U$,$I_a>0$,$T>0$;$n=n_0$ 时,$I_a=0$,$T=0$,$E_a=U$;当 $n>n_0$ 时 $E_a>U$,$I_a<0$,$T<0$,电磁转矩由拖动转矩变成制动转矩。

2. 回馈制动的机械特性

由于回馈制动不改变电动机的接线,也不改变电动机的参数,机械特性与固有机械特性一样。

$$n=\frac{U_N}{C_e\varPhi_N}-\frac{R_a}{C_eC_T\varPhi_N^2}T \tag{1-61}$$

或

$$n=\frac{U_N}{C_e\varPhi_N}-\frac{R_a}{C_e\varPhi_N}I_a \tag{1-62}$$

此时,I_a 及 T 为负值,回馈制动工作点位于第 II 象限或者第 IV 象限。为限重物下放速度,以不串电阻为宜。

3. 回馈制动的制动过程

电力拖动系统在回馈制动状态下稳定运行有以下 2 种情况。

(1) 如图 1-65 中电压反接制动时,若电动机拖动位能负载,则电动机经过制动减速、反向电动加速、最后在重物的重力作用下,工作点通过-n_0 点进入第 IV 象限,出现运行转速超过理想空载转速的反向回馈制动状态,当到达 E 点时,制动的电磁转矩与重物作用力相平衡,电力拖动系统便在回馈制动状态下稳定运行,即重物匀速下放。

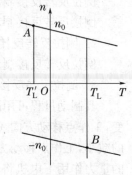

图 1-67 回馈制动机械特性

(2) 当电车下坡时,运行转速也可能超过理想空载转速,而进入第二象限运行,如图 1-67 中的 A 点,这时电动机处于正向回馈制动状态下稳定运行。

除以上 2 种回馈制动稳定运行外,还有一种发生在瞬态过程中的回馈制动过程。如降低电枢电压的调速过程和弱磁状态下增磁调速过程中都将会出现回馈制动过程,下面对这 2 种情况进行说明。

在图 1-68 中,A 点是电动状态运行工作点,对应电压为 U_1,转速为 n_A。当进行降压调速时,因转速不突变,工作点由 A 点平移到 B 点,此后工作点在降压人为特性的 Bn_{02} 段上变化过程即为回馈制动过程。

在图 1-69 中,磁通由 $\varPhi_1$ 增大到 $\varPhi_2$ 时,工作点的变化情况与图 1-67 相同,其工作点在 Bn_{02} 段上变化时也为回馈制动过程。

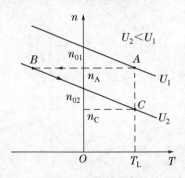

图 1-68 降压调速时产生回馈制动

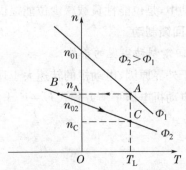

图 1-69 增磁调速时产生回馈制动

4. 回馈制动的功率关系分析

在第Ⅳ象限中，$T>0$，而 $n<0$，则电磁功率 $P_M<0$，说明电动机处于发电状态，将机械能转换为电能，一部分消耗在电枢回路电阻上，另一部分回馈到电网。因此，与能耗制动和反接制动相比，回馈制动是比较经济的。

到此为止，直流电动机的 4 个象限的运行状态逐个介绍过了。现在把四个象限运行的机械特性画在一起，如图 1-70 所示。第Ⅰ、Ⅲ象限内，T 和 n 同方向，是电动运行状态；第Ⅱ、Ⅳ象限，T 和 n 反方向，是制动运行状态。

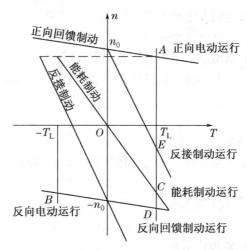

图 1-70 他励电动机的各种运行状态

为了比较电动机的电动状态及 3 种制动状态的能量传递关系，图 1-71 绘出了它们的功率流程图，图中各功率传递方向为实际方向。

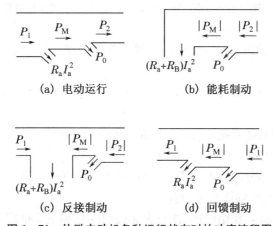

图 1-71 他励电动机各种运行状态时的功率流程图

1.4.7 直流电动机的使用与维护

一、使用

1. 使用前的准备及检查

（1）清扫电机内部灰尘、电刷粉末及污物等。

（2）检查电机的绝缘电阻，不应小于 $0.5\,M\Omega$；若低于 $0.5\,M\Omega$，烘干后才能使用。

（3）检查换向器表面是否光洁，如发现有机械损伤或火花灼痕，应对换向器表面进行保养。

（4）检查电刷是否磨损得太短，刷握的压力是否适当，刷架的位置是否符合规定的标记；如不符合规定需要更换电刷时，应按原尺寸和型号更换。

2. 发电机的启动和停车

（1）检查线路情况（接线及测量仪表的连接等），将磁场变阻器调节到开断位置。

（2）启动原动机，使其达到发电机的额定转速。

（3）调节磁场变阻器，使电压升至一定值。

（4）合上线路开关，逐渐增加发电机的负载，调节磁场变阻器使电压保持在额定值。

（5）如需发电机停车，逐渐切除发电机负载，同时调节磁场变阻器到开断位置。

（6）切断线路开关。

（7）停止原动机。

3. 电动机的启动和停车

（1）检查线路情况（接线及测量仪表的连接等），检查启动器的弹簧是否灵活，转动臂是否在开断位置。

（2）如是变速电动机，则将调速器调到最低转速位置。

（3）合上线路开关，电动机在负载下开动启动器，在每个触点上停留约 2 秒钟，直到最后一点，转动臂被低压释放器吸住为止。

（4）如是变速电动机，可调节调速器，直到转速达到需要的位置。

（5）如需要停车，先将转速降到最低（对变速电动机）。

（6）移去负载（除串励电机外）。

（7）切断线路开关，此时启动器的转动臂应立即被弹簧拉到开断位置。

二、运行中的维护

对运行中的直流电动机，必须经常进行维护，及时发现异常情况，消除设备缺陷，保证电机长期安全运行。

（1）电机在运行中应检查各部分的稳定、振动、声音和换向情况，并应注意有无过热变色和绝缘枯焦的气味。

（2）如果是压力油循环系统，还应检查油压和进出油的温度是否符合规定要求。一般进油温度 $\leqslant 40\,℃$，出油温度 $\leqslant 65\,℃$。

（3）用听棒检查各部分的部件的声音，测定转子、定子间隙电磁音响、通风音响外，有无其他摩擦声音；检查轴瓦或轴承有无异音。

（4）对主电路的连接点和绝缘体，注意有无过热变色和绝缘枯焦等不正常气味。

（5）对闭式冷却系统，应注意水温和风温，还应检查冷却器有无漏水和结露，补充风网有无堵塞不畅等情况。

（6）时刻注意电动机的电流和电压值，注意不要过负荷。具有绝缘检查装置的直流系统，应定期检查对地绝缘情况。

（7）换向器表面的氧化膜颜色是否正常，电刷与换向器间有无火花，换向器表面有无炭粉和油垢积聚，刷架和刷握上是否有积灰。

（8）电刷边缘是否碎裂，是否磨损到最短长度。

（9）电刷刷辫是否完整，有无断裂和断股情况，与刷架的连接是否良好，有无接地与短路的情况。

思考与训练

一、知识检验

1. 说明直流发电机的工作原理。

2. 说明直流电动机的工作原理。

3. 直流电动机的主要额定值有哪些？

4. 直流电动机的励磁方式有哪几种？

5. 直流电动机有哪些主要部件？各部件的作用是什么？

6. 直流电动机的换向装置由哪些部件构成，它们在电动机中分别起什么作用？

7. 直流电枢绕组由哪些部件构成？

8. 什么是电枢反应？对电动机有什么影响？

9. 电动机产生的电动势 $E_a = C_e \Phi n$ 对于直流发电机和直流电动机来说，所起的作用有什么不同？

10. 电动机产生的电磁转矩 $T = C_T \Phi I_a$ 对直流发电机和直流电动机来说，所起的作用有什么不同？

11. 说明直流电动机输入功率 P_1、电磁功率 P_m、输出功率 P_2 的含义，以及这 3 个物理量之间的关系。

12. 对于直流电动机和直流发电机来说，输入功率 P_1 代表的功率性质是否相同？区别在哪里？

13. 一台四极直流发电机，额定功率 P_N 为 55 kW，额定电压 U_N 为 220 V，额定转速 n_N 为 1 500 r/min，额定效率 η_N 为 0.9。求额定状态下电机的输入功率 P_1 和额定电流 I_N。

14. 一台直流电动机，额定功率 $P_N = 17$ kW，额定电压 $U_N = 220$ V，额定转速 $n_N = 1\,500$ r/min，额定效率 $\eta_N = 0.83$。求它的额定电流 I_N 及额定负载时的输入功率。

15. 什么是电力拖动系统？

16. 常见的生产机械的负载特性有哪几种？位能性恒转矩负载与反抗性恒转矩负载有何区别？

17. 运用拖动系统的运动方程式，说明系统旋转运动的 3 种状态。

18. 他励直流电动机的机械特性指的是什么？

19. 什么是他励直流电动机的固有机械特性？什么是人为机械特性？

20. 说明他励直流电动机三种人为机械特性的特点。

21. 电力拖动系统稳定运行的充分必要条件是什么？

22. 直流电动机为什么不能直接启动？如果直接启动会引起什么后果？

23. 直流电动机的启动方法有哪几种？

24. 当电动机拖动恒转矩负载时，应采用什么调速方式？拖动恒功率负载时，应采用什么样的调速方式？

25. 为什么恒转矩负载最好选用恒转调速方式？

26. 什么是回馈制动？有何特点？

27. 当提升机下放重物时,要使他励电动机在低于理想空载转速下运行,应采用什么制动方式? 若在高于理想空载转速下运行,又应采用什么制动方法?

二、技能测评

1. 电枢绕组接地故障的检查方法有哪几种? 各适用于什么情况?

2. 电枢绕组短路故障的检查方法有哪几种?

3. 怎样检查和判断电枢绕组断路故障?

4. 直流电动机励磁绕组的修理步骤是什么?

5. 换向过程中的火花是如何产生的,怎样改善换向?

答案? 扫扫看

项目 2   变压器的应用

任务 2.1   变压器的基本结构及工作原理

2.1.1   变压器工作原理与结构

一、变压器的工作原理

各种变压器虽然用途、电压等级和功率大小不同,但基本结构一样,主要是由磁路与电路组成。图 2-1 为变压器的示意图,它表示变压器在不同电路图中的代表符号。

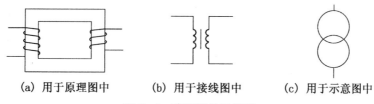

(a) 用于原理图中　　　(b) 用于接线图中　　　(c) 用于示意图中

图 2-1   变压器的示意图

由图 2-1 可知,最简单的变压器是由一个作为磁路的闭合铁芯和绕在铁芯柱上的 2 个或 2 个以上的独立绕组组成。变压器通过电磁感应原理来传递电能或传输讯号。图 2-2 表明,接入电源的线圈称一次绕组,与其相关的电磁量均加下角标"1"表之,与负载相接的线圈称二次绕组,其电磁量加下角标"2"表之。

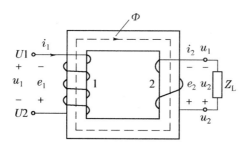

图 2-2   变压器工作原理示意图

当一次绕组接到交流电源时,绕组中流有电流 i_1,并在铁芯中产生交变磁通 Φ。若忽略绕组的电阻及漏磁影响,根据电磁感应定律,可列出下面的瞬时值方程式

$$u_1 = -e_1 = N_1 \frac{\mathrm{d}\Phi}{\mathrm{d}t} \qquad (2-1)$$

$$u_2 = e_2 = -N_2 \frac{\mathrm{d}\Phi}{\mathrm{d}t} \qquad (2-2)$$

由以上可知,绕组电势正比于匝数,改变匝数,就起到变压的作用,这就是变压器的变压原理。当二次绕组接上负载,便可向负载供电,传输电能,这就实现了能量从一次绕组到二次绕组的传递。

二、变压器的结构

变压器的基本结构部件有铁芯、绕组、油箱和冷却装置、绝缘套管和保护装置等。

图 2-3 为油浸式电力变压器结构示意图。铁芯和绕组是变压器通过电磁感应进行能量传递的部件,称为变压器的器身。油箱用于装油,同时起机械支撑、散热和保护器身的作用;变压器油起绝缘作用时也起冷却作用;套管的作用是使变压器引线与油箱绝缘;保护装置起保护变压器的作用。

1. 铁芯

铁芯是变压器的主磁路,又是变压器器身的骨架。铁芯由芯柱、铁轭和夹件组成。变压器的铁芯可以分为芯式铁芯和壳式铁芯 2 大类。

为了使变压器的铁芯具有良好的导磁性,并减少磁滞和涡流损耗,铁芯通常用厚度为 0.35 或 0.5 mm 的硅钢片(含硅量 4~5%)叠装而片间涂有绝缘漆或将硅钢片经过氧化处理使表面形成一层很薄的氧化膜,达到片间绝缘的目的。

为了保证良好的导磁性能,减少励磁电流,铁芯通常用条状的硅钢片分段交错叠装而成,如图 2-4 所示。

为了减少铁耗,大型变压器和近年来生产的节能变压器的铁芯,一般采用冷轧硅钢片顺辗方向,按图 2-4 的叠装。为了避免变压器的主磁通在铁芯柱到铁轭的拐弯处引起附加损耗,采用如图 2-5 所示的斜切片叠装法。

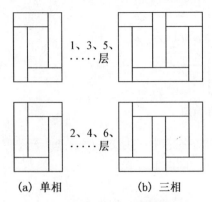

1—铭牌;2—信号式温度计;3—吸湿器;4—油表;5—储油柜;6—安全气道;7—气体继电器;8—高压套管;9—低压套管;10—分接开关;11—油箱;12—放油阀门;13—器身;14—接地板;15—小车

图 2-3 油浸式电力变压器

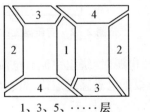

(a) 单相　　(b) 三相

图 2-4 叠片式铁芯交错叠装方法

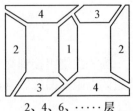

1、3、5、……层　　2、4、6、……层

图 2-5 斜切冷轧硅钢片的叠装法

当变压器的容量很小时,常采用图 2-6(a)所示的正方形芯柱;当变压器的容量较大时,常采用两级或多级阶梯形芯柱。图 2-6(b)所示为三级阶梯形芯柱。采用阶梯芯柱的级数多少是按芯柱的外接圆的直径决定的,芯柱外接圆的直径越大,选的级数越多。例如,当铁芯柱外接圆直径为 1 000 mm 时,则可取阶梯形铁芯柱截面的级数为 9 级。

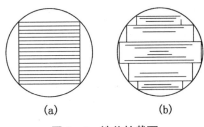

图 2-6　铁芯柱截面

在中小型电力变压器中还可以采用一种渐开线形铁芯,它和叠片铁芯结构相比,突出的特点是具有完全对称的铁磁回路。其铁芯柱是由渐开线形的硅钢片插装而成。在渐开线形铁芯中,铁轭截面只有铁柱截面的 $\frac{1}{\sqrt{3}}$,整个铁芯所用的硅钢片重量与同容量的叠片式相比可以减少 $10\%\sim20\%$,由于所用的硅钢片减少,所以铁耗相应降低,从而提高了变压器的运行效率;铁芯柱和铁轭都只有一种片宽,而且芯柱的片数也只有叠片式铁芯片数的 55%,又属对接结构,因此减少了剪切、叠装和线圈套装的工时,提高了工作效率;渐开线形铁芯的制造能采用机械化弯板的卷带。缺点是由于铁芯柱和铁轭之间采用对接,使励磁电流和噪声较大。

2. 绕组

绕组有同心式和交叠式两种。采用同心式绕组时低压绕组靠近铁芯放置(因低压绕组电压较低,容易与铁芯绝缘),高压绕组同心地套在低压绕组的外面。心式变压器常采用同心式绕组。采用交叠式绕组时,将高、低压绕组做成饼式,高、低压绕组互相交叠放置,如图 2-7 所示。交叠式绕组多用在低电压大电流的电焊、电炉变压器以及壳式大型变压器里。

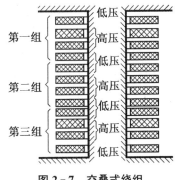

图 2-7　交叠式绕组

3. 变压器油

变压器油是从石油分馏出来的矿物油。变压器油在变压器中的作用:(1) 绝缘,变压器油具有较大的介质常数,可以增强绝缘;(2) 散热,通过对流作用把铁芯和绕组中的损耗产生的热量传递到铁箱表面,再由铁箱表面散发到空气中去。

4. 油箱

变压器的油箱有两种基本形式,即平顶油箱和拱顶油箱。平顶油箱的箱沿在上部,箱盖是平的。平顶油箱多用于 6 300 kVA 及以下容量的变压器;拱顶油箱的箱沿在下部,箱盖呈钟罩形,用于 8 000 kVA 及以上容量的变压器。为了减小油与空气的接触面积,从而降低油的氧化速度和减少浸入变压器油的水分,在变压器的顶部安装了储油柜。储油柜的结构如图 2-8 所示。

5. 绝缘导管

绝缘导管由中心杆和瓷套组成。导杆经过分接开关与绕

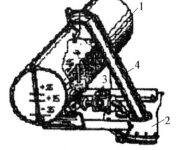

1—主油柜;2—储油柜;
3—气体继电器;4—安全气道
图 2-8　储油柜

组端子连接,上端与外电路连接。若电压等级不高,采用简单的瓷套管就能满足绝缘要求。随着电压等级的提高,导管的结构也较为复杂,尺寸也随之增大。为了加强绝缘,在瓷套管和导杆间设有油道,并充上油层,称为充油导管。当电压等级更高时,除充油层之外,在导杆外面加上几层绝缘纸筒,在每个绝缘纸筒上贴附一层铝箔。这样,沿导管径向,绝缘层和铝箔层构成串联电容器,使瓷套与导电杆之间的电场分布趋于均匀,能承受较高的电压。图2-9为35 kV 瓷质充油导管。

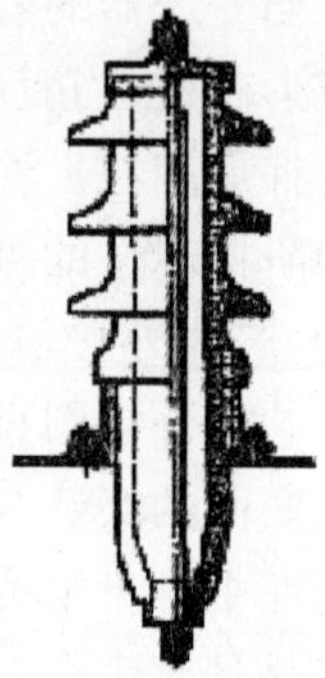

图 2-9　35 kV 瓷质充油导管

6. 分接开关

为了使运行于输配电线路中的变压器自身能在小范围内调压,以适应负载变化等原因所引起的电压上下波动。为了调压,通常在高压线圈的末端引出 3 个分接头,利用分接开关进行转换,以改变高压线圈的匝数,从而改变变压比,达到调节低压侧电压的目的。

三、变压器的分类

随着工农业及科学技术的不断发展,变压器获得了极为广泛的应用。由于应用范围的广泛,因此它的种类很多,容量小的只有几伏安,大的可到数十万千伏安;电压低的只有几伏,高的可达几十万伏。按照用途来分,常用的变压器有电力变压器、特殊用途变压器、测量用变压器、试验用高压变压器和控制用变压器。

1. 电力变压器

电力变压器主要用于输配电系统作升压、降压和联络用,是用途最广、生产量最大的变压器。电力变压器的分类见表2-1。

表 2-1　电力变压器的分类及其代表符号

分类	类别	代表符号
绕组耦合方式	自耦	O
相数	单相	D
	三相	S
冷却方式	油浸自冷	—(或 J)
	干式浇注绝缘	G
	干式空气自冷	C
	油浸风冷	F
	油浸水冷	S
	强迫油循环风冷	FP
	强迫油循环水冷	SP
绕组数	双绕组	—
	三绕组	S
绕组导线材质	铜	—
	铝	L
调压方式	无励磁调压	—
	有载调压	Z

2. 特殊用途变压器

特殊用途变压器如电焊变压器、电炉变压器、整流变压器等。

3. 测量用变压器

测量用变压器如电流互感器、电压互感器。

4. 试验用高压变压器

试验用高压变压器可以产生高达 750 kV 的电压,也可以按需要将两台或多台串联起来获得更高的试验电压。

5. 控制用变压器

控制用变压器主要是用于自控系统和无线电系统时的小功率变压器。

另外,若按相数来分,则分为单相变压器和三相变压器。按绕组来分,分为单绕组变压器、双绕组变压器、三绕组变压器和多绕组变压器等。按调压方式分,分为有无励磁调压变压器和有载调压变压器。

四、变压器的型号和铭牌数据

每一台变压器都有一个铭牌,铭牌上标注着变压器的型号、额定数据及其他数据。

1. 型号

变压器的型号用字母和数字表示,字母表示类型,数字表示额定容量和额定电压。例如

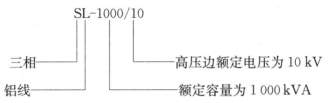

2. 额定数据

额定数据是制造厂根据设计或试验数据,对变压器正常运行状态所作的规定值,主要有:

1)额定容量 S_N(kV·A)

额定容量指铭牌规定在额定使用条件下所能输出的视在功率。对三相变压器而言,额定容量指三相容量之和。由于变压器效率很高,双绕组变压器原、副边的额定容量按相等设计。

2)额定电压 U_N(kV 或 V)

额定电压是变压器长时间工作所能承受的工作电压。一次额定电压 U_{1N} 是电源加到原绕组上的电压;二次额定电压 U_{2N} 是原边绕组加上额定电压后,副边开路即空载运行时副绕组的端电压。在三相变压器中,额定电压指的是线电压。

3)额定电流 I_N(A)

额定电流指变压器在额定容量下,允许长期通过的电流。三相变压器的额定电流也指的是线电流。

变压器额定容量、额定电压、额定电流之间的关系是:

(1)单相双绕组变压器,$S_N = U_{1N}I_{1N} = U_{2N}I_{2N}$

(2)三相双绕组变压器,$S_N = \sqrt{3}U_{1N}I_{1N} = \sqrt{3}U_{2N}I_{2N}$

4)额定频率 f(Hz)

我国规定标准工业用电频率为 50 Hz。

除了上述额定数据外,变压器铭牌上还标注有相数、效率、温升、短路电压或漏阻抗标幺值、使用条件、冷却方式、接线图及联结组别、总重量、变压器油重量及器身重量等。

2.1.2　变压器的拆装步骤

一、变压器绕组的解体步骤

(1) 拆除固定在变压器上的 4 颗螺丝,拿下固定钢片。一片一片地拆下硅钢片。

(2) 如果把线圈绕在线模上,则可以用绕线机来拆除,这样可大大提高拆线速度。在拆过程中可用螺丝刀将导线拉直(用螺丝刀在漆包线上打一个环用力拉导线或螺丝刀,可将漆包线拉直)。

(3) 变压器绝缘纸是用胶水粘住的,拆除时要注意,以便下次再次使用。变压器原副边及屏蔽层拆除时要把每个线圈分别放置,以免线圈间搅乱。把拆除下来的要归类存放好,以便绕线时再次使用。

(4) 绕组拆除后可将焊片与漆包线一起存放。

(5) 记录硅钢片数量并将其按顺序堆放好。

(6) 绝缘纸是变压器一部分也应将其存放好,不要有断裂现象。

二、变压器的组装步骤

(1) 硅钢片的镶嵌:镶片时要把 E 形片从线包一边一片一片对镶。镶片到最后时要紧,可用其中一硅钢片将其他硅钢片顶入。插入后用木锤轻轻敲打。最后将一字形硅钢片按顺序插入到 E 形空缺处,当线包过大时,切不可硬行插片,可将线包套上一定硬物,用两块木板夹住线包两侧,放在一平台上轻轻地将它锤扁一些。镶片完毕后,把变压器放在平板上,用木锤将硅钢片敲打平整,硅钢片接口间不能留有空隙。

(2) 用螺丝及夹板固定变压器铁芯。

任务 2.2　单相变压器性能检测

2.2.1　单相变压器的运行原理

单相变压器可以代表对称负载下运行的三相变压器中任意一相,它的运行原理及结论适用于三相变压器。为了分析问题的方便,主要讨论单相变压器的运行原理。

一、空载运行时的电磁关系

1. 空载运行时的物理情况

变压器的空载运行是指变压器一次绕组接在额定频率、额定电压的交流电源上,二次绕组开路时的运行状态。由于二次绕组开路,故 $\dot{I}_2=0$。

如图 2-10 所示,当一次绕组接入交流电压为 $\dot{U}_1$ 的电源后,一次绕组内便有一个交变电流 $\dot{I}_0$ 流过,此电流称为空载电流 $\dot{I}_0$。空载电流 $\dot{I}_0$ 在一次绕组中产生空载磁动势 $\dot{F}=N_1\dot{I}_0$,它建立交变的空载磁场。通常将它分成 2 部分进行分析:(1) 以铁芯作闭合回路的磁通,既交链于一次绕组又交链于二次绕组,称为主磁通,用 $\dot{\Phi}_0$ 表示;(2)只交链于一次绕组,以非磁性介质(空气或油)作闭合回路的磁通,称为一次漏磁通,用 $\dot{\Phi}_{1\sigma}$ 表示。根据电磁感应原理,主磁通 $\dot{\Phi}_0$ 将在一、二次绕组中感应主电动势 $\dot{E}_1$ 和 $\dot{E}_2$;漏磁通 $\dot{\Phi}_{1\sigma}$ 在一次绕组中感应一次漏磁电动势 $\dot{E}_{1\sigma}$。此外,空载电流 $\dot{I}_0$ 还将在一次绕组产生电阻压降 $r_1\dot{I}_0$。各电磁量的假定参考方向如图 2-10 所示。它们的关系关系如下:

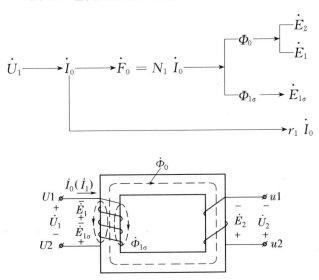

图 2-10　单相变压器空载运行示意图

由于路径不同,主磁通和漏磁通有很大差异,主要反映在以下 3 个方面。

(1)在性质上,主磁通磁路由铁磁材料组成,具有饱和特性,Φ_0 与 I_0 呈非线性关系;而漏磁通磁路不饱和,$\Phi_{1\sigma}$ 与 I_0 呈线性关系。

(2)数量上,因为铁芯的磁导率比空气(或变压器油)的磁导率大很多,铁芯磁通的绝大部分通过铁芯而闭合,故主磁通远大于漏磁通,一般主磁通可占总磁通的 99% 以上,而漏磁通占 1% 以下。

(3)作用上,主磁通在二次绕组中感应电动势,若接负载,就有电功率输出,故起传递能量的媒介作用;而漏磁通只在一次绕组中感应漏磁电动势,仅起漏抗压降的作用。

2. 感应电动势分析

1)主磁通感应的电动势

设主磁通按正弦规律变化,即

$$\Phi_0 = \Phi_m \sin \omega t$$

按照图 2-10 中参考方向的规定,一、二次绕组感应电动势瞬时值为

$$e_1 = -N_1 \frac{\mathrm{d}\Phi_0}{\mathrm{d}t} = -N_1 \omega \Phi_m \cos \omega t = 2\pi f N_1 \Phi_m \sin(\omega t - 90°)$$

$$= E_{1m} \sin(\omega t - 90°) \tag{2-3}$$

$$e_2 = -N_2 \frac{\mathrm{d}\Phi_0}{\mathrm{d}t} = -N_2 \omega \Phi_m \cos \omega t = 2\pi f N_2 \Phi_m \sin(\omega t - 90°)$$

$$= E_{2\mathrm{m}}\sin(\omega t - 90°) \tag{2-4}$$

一、二次感应电动势的有效值分别为

$$E_1 = \frac{E_{1\mathrm{m}}}{\sqrt{2}} = \frac{\omega N_1 \Phi_{\mathrm{m}}}{\sqrt{2}} = \frac{2\pi f N_1 \Phi_{\mathrm{m}}}{\sqrt{2}} = 4.44 f N_1 \Phi_{\mathrm{m}} \tag{2-5}$$

$$E_2 = \frac{E_{2\mathrm{m}}}{\sqrt{2}} = \frac{\omega N_2 \Phi_{\mathrm{m}}}{\sqrt{2}} = \frac{2\pi f N_2 \Phi_{\mathrm{m}}}{\sqrt{2}} = 4.44 f N_2 \Phi_{\mathrm{m}} \tag{2-6}$$

一、二次感应电动势的相量表达式为

$$\dot{E}_1 = -\mathrm{j}4.44 f N_1 \dot{\Phi}_{\mathrm{m}} \tag{2-7}$$

$$\dot{E}_2 = -\mathrm{j}4.44 f N_2 \dot{\Phi}_{\mathrm{m}} \tag{2-8}$$

由此可知,一、二次感应电动势的大小与电源频率、绕组匝数及主磁通最大值成正比,且在相位上滞后主磁通 90°。

2) 漏磁通感应的电动势

用同样的方法可推得

$$E_{1\sigma} = \frac{2\pi}{\sqrt{2}} f N_1 \Phi_{1\sigma\mathrm{m}} = 4.44 f N_1 \Phi_{1\sigma\mathrm{m}} \tag{2-9}$$

$$\dot{E}_{1\sigma} = -\mathrm{j}4.44 f N_1 \dot{\Phi}_{1\sigma\mathrm{m}} \tag{2-10}$$

式(2-10)也可用电抗压降的形式来表示,即

$$\dot{E}_{1\sigma} = -\mathrm{j}\frac{2\pi}{\sqrt{2}} f \frac{N_1 \dot{\Phi}_{1\sigma\mathrm{m}}}{\dot{I}_0} \dot{I}_0 = -\mathrm{j}2\pi f L_{1\sigma} \dot{I}_0 = -\mathrm{j}\dot{I}_0 x_1 \tag{2-11}$$

式中,$L_{1\sigma} = \dfrac{\Psi_{1\sigma}}{I_0} = \dfrac{N_1 \Phi_{1\sigma}}{I_0}$,称为一次绕组的漏感系数;$x_1 = 2\pi f L_{1\sigma}$,称为一次绕组漏电抗。

漏磁通主要经过非铁磁路径,磁路不饱和,故磁阻很大且为常数,漏电抗 x_1 很小也为常数,它不随电源电压及负载情况的变化而变化。

二、空载电流和空载损耗

1. 空载电流

1) 空载电流的作用与组成

变压器的空载电流 $\dot{I}_0$ 包含 2 个分量:(1) 励磁分量,其作用是建立主磁通 Φ_0,其相位与主磁通 Φ_0 的相位相同,为一无功电流,用 $\dot{I}_{0r}$,表示;(2) 铁损耗分量,其作用是供给主磁通在铁芯中交变时产生磁滞损耗和涡流损耗(统称为铁耗),此电流为一有功分量,用 $\dot{I}_{0a}$ 表示。空载电流 $\dot{I}_0$ 可写成

$$\dot{I}_0 = \dot{I}_{0a} + \dot{I}_{0r} \tag{2-12}$$

2) 空载电流的性质和大小

电力变压器空载电流的无功分量总是远远大于有功分量,故变压器空载电流可近似认

为是无功性质的。即 $I_{0r}\gg I_{0a}$，当忽略 I_{0a} 时，则 $I_0\approx I_{0r}$。故有时把空载电流近似称为励磁电流。空载电流越小越好，其大小常用百分值 $I_0\%$ 表示，即

$$I_0\%=\frac{I_0}{I_N}\times100\%\qquad\qquad(2-13)$$

由于采用导磁性能良好的硅钢片，一般的电力变压器，$I_0\%=0.5\%\sim3\%$。容量越大，I_0 相对越小，大型变压器的 $I_0\%$ 在 1% 以下。

3）空载电流的波形

空载电流波形与铁芯磁化曲线有关，由于磁路的饱和，空载电流 I_0 与由它所产生的主磁通呈非线性关系。由图 2-11 可知，当磁通按正弦规律变化时，由于受磁路饱和的影响，空载电流呈尖顶波形。尖顶波的空载电流除基波分量外，三次谐波分量为最大。

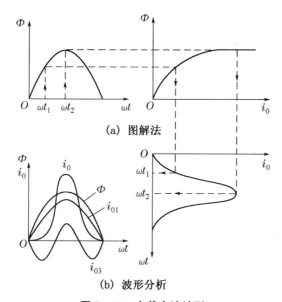

(a) 图解法

(b) 波形分析

图 2-11　空载电流波形

从上述分析可见，实际的空载电流并不是正弦波形。为了分析、测量和计算的方便，在相量图和计算式中，均用等效正弦电流来代替实际的空载电流。

2. 空载损耗

变压器空载运行时，一次绕组从电源中吸取了少量的电功率 p_0，这个功率主要用来补偿铁芯中的铁损耗 p_{Fe} 及少量的绕组铜损耗 $r_1\dot{I}_0^2$。由于 I_0 和 r_0 均很小，故 $p_0\approx p_{Fe}$ 即空载损耗可近似等于铁损耗。这部分功率变为热能散发至周围。

对已制成的变压器，p_{Fe} 可用试验方法测得，也可用如下的经验公式计算，即

$$p_{Fe}=p_{1/50}B_m^2\left(\frac{f}{50}\right)^{1.3}G\qquad\qquad(2-14)$$

式中，$p_{1/50}$ 为频率为 50 Hz、最大磁通密度力 1 T 时，每公斤材料的铁芯损耗，可从有关材料性能数据中查得；G 为铁芯质量，kg。

从式(2-14)可知，铁损耗与材料性能、铁芯中最大磁通密度、交变频率及铁芯质量等

有关。

对于电力变压器来说,空载损耗不超过额定容量的 1%,而且随变压器容量增大而下降。电力变压器在电力系统中的使用量大,且常年接在电网上,所以减少空载损耗具有重要意义。

三、空载时的电动势方程式、等效电路和相量图

1. 电动势平衡方程式和变比

1) 电动势平衡方程式

根据基尔霍夫第二定律,由图 2-10 得

$$\dot{U}_1 = -\dot{E}_1 - \dot{E}_{1\sigma} + r_1 \dot{I}_0 = -\dot{E}_1 + r_1 \dot{I}_0 + jx_1 \dot{I}_0 = -\dot{E}_1 + Z_1 \dot{I}_0 \tag{2-15}$$

式中,$Z_1 = r_1 + jx_1$,为一次绕组的漏阻抗。

由于 I_0 和 Z_1 均很小,故漏阻抗压降 $Z_1 I_0$ 更小($< 0.5\% U_{1N}$),分析时常忽略不计,式(2-15)可变成

$$\dot{U}_1 \approx -\dot{E}_1 \tag{2-16}$$

把式(2-16)改写成有效值为

$$U_1 \approx E_1 = 4.44 f N_1 \Phi_m$$

则

$$\Phi_m = \frac{E_1}{4.44 f N_1} \approx \frac{U_1}{4.44 f N_1} \tag{2-17}$$

由此可见,影响变压器主磁通大小的因素有电源电压 $\dot{U}_1$ 和频率 f_1,还有结构因素 N_1。当电源电压和频率不变时,变压器主磁通大小基本不变。

2) 变比

变比 k 定义为一、二次绕组主电动势之比称为变比,用 k 表示,即

$$k = \frac{E_1}{E_2} = \frac{N_1}{N_2} \approx \frac{U_1}{U_{20}} = \frac{U_{1N}}{U_{2N}} \tag{2-18}$$

由式(2-18)可知,变比也为两侧绕组匝数比或空载时两侧电压之比。

对三相变压器,变比是指一、二次侧相电动势之比,也就是一、二次侧额定相电压之比。而三相变压器的额定电压是指线电压,故其变比与原、副边额定电压之间的关系为

(1) Y,d 连接

$$k = \frac{U_{1N}}{\sqrt{3} U_{2N}} \tag{2-19}$$

(2) D,y 连接

$$k = \frac{\sqrt{3} U_{1N}}{U_{2N}} \tag{2-20}$$

对于 Y,y 和 D,d 连接,其关系式与式(2-18)相同。前面提到的符号 Y,y 是指三相绕组星形连接,而 D,d 则指三相绕组为三角形连接,逗号前面的大写字母表示高压绕组的接法,逗号后面的小写字母表示低压绕组的接法。

2. 空载时的等效电路和相量图

1) 空载时的等效电路

在变压器运行时,既有电路、磁路问题,又有电和磁之间的相互耦合问题,尤其当磁路存

在饱和现象时,将给分析和计算变压器带来很大困难。若能将变压器运行中的电和磁之间的相互关系用一个模拟电路的形式来等效,就可以使分析与计算大为简化。等效电路就是基于这一概念而建立起来的。

前已述及,空载电流 $\dot{I}_0$ 在一次绕组产生的漏磁通 $\dot{\Phi}_{1\sigma}$ 感应出一次漏磁电动势 $\dot{E}_{1\sigma}$,其在数值上可用空载电流 $\dot{I}_0$ 在漏抗 x_1 上的压降 $x_1 I_0$ 表示。同样,空载电流 $\dot{I}_0$ 产生主磁通 Φ_0 在一次绕组感应出主电动势 $\dot{E}_1$,它也可用某一参数的压降来表示,但交变主磁通在铁芯中还产生铁损耗,还需引入一个电阻参数 r_m,用 $r_m I_0^2$ 来反映变压器的铁损耗,因此可引入一个阻抗参数 Z_m,把 $\dot{E}_1$ 与 $\dot{I}_0$ 联系起来。此时,$-\dot{E}_1$ 可看作空载电流 $\dot{I}_0$ 在 Z_m 上的阻抗压降,即

$$-\dot{E}_1 = Z_m \dot{I}_0 = (r_m + jx_m)\dot{I}_0 \tag{2-21}$$

式中,Z_m 为励磁阻抗,$Z_m = r_m + jx_m$;r_m 为励磁电阻,对应于铁损耗的等效电阻;x_m 为励磁电抗,对应于主磁通的电抗。

把式(2-21)代入式(2-15),便得

$$\dot{U}_1 = -\dot{E}_1 + Z_1 \dot{I}_0 = Z_m \dot{I}_0 + Z_1 \dot{I}_0 = \dot{I}_0(r_1 + jx_1 + r_m + jx_m) \tag{2-22}$$

式(2-22)对应的电路即为变压器空载时的等效电路,如图 2-12 所示。

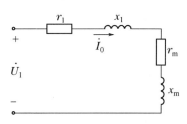

图 2-12　变压器空载等效电路

由前面分析可知,一次侧阻抗 $Z_1 = r_1 + jx_1$ 为定值。由于铁芯磁路具有饱和特性,励磁阻抗 $Z_m = r_m + jx_m$ 随着外加电压 U_1 增大而减小。在变压器正常运行时,外施电压 U_1 波动幅度不大,基本上为恒定值,故 Z_m 可近似认为是个常数。

对于电力变压器,由于 $r_1 \ll r_m$,$x_1 \ll x_m$,$Z_1 \ll Z_m$。例如,一台容量为 1 000 kVA 的三相变压器,其 $Z_1 = 2.75\ \Omega$,$Z_m = 2\ 000\ \Omega$,故有时可把一次漏阻抗 $Z_1 = r_1 + jx_1$ 忽略不计,则变压器空载等效电路就成为只有一个励磁阻抗 Z_m 元件的电路。所以,在外施电压一定时,变压器空载电流的大小主要取决于励磁阻抗的大小。从变压器运行的角度看,空载电流越小越好,因而变压器采用高磁导率的铁磁材料,以增大 Z_m,减小 I_0,从而提高其运行效率和功率因数。

2) 空载时相量图

为了直观地看出变压器空载运行时各电磁量的大小和相位关系,可画出变压器空载时的相量图,如图 2-13 所示。其作图步骤如下:

(1) 作出 $\dot{\Phi}_m$ 为参考相量,画在水平线上。

(2) 根据电动势 $\dot{E}_1$、$\dot{E}_2$ 滞后于 $\dot{\Phi}_m$ 90°,可作出 $\dot{E}_1$、$\dot{E}_2$。

(3) 作出无功分量 $\dot{I}_0$ 与 $\dot{\Phi}_m$ 同相;有功分量 $\dot{I}_{0a}$ 超前 $\dot{\Phi}_m$ 90°,两者相加即得空载电流 $\dot{I}_0$。

(4) 在 $-\dot{E}_1$ 相量末端作 $r_0 \dot{I}_0$ 与 $\dot{I}_0$ 同相,作 $jx_1 \dot{I}_0$ 超前 $\dot{I}_0$ 90°,其末端与原点相连即得电源电压 $\dot{U}_1$ 相量。

(5) 作出二次端电压 $\dot{U}_{20} = \dot{E}_2$。

$\dot{U}_1$ 与 $\dot{I}_0$ 之间的夹角 φ_0 即为变压器空载运行时的功率因数角,由图 2-13 可见,$\varphi_0 \approx 90°$,即变压器空载运行时的功率因数很低,一般 $\cos\varphi$ 在 $0.1 \sim 0.2$ 之间。

在相量图中,各相量均应按比例画得。但为清楚起见,相量 $r_1\dot{I}_0$ 和 $jx_1\dot{I}_0$ 被人为放大了。

例 2-1 某单相变压器的额定电压为 $U_{1N}/U_{2N} = 6\ 000\ \text{V}/400\ \text{V}$,$f = 50\ \text{Hz}$,测知磁通最大值为 $\Phi_m = 0.02\ \text{Wb}$,高压侧和低压侧的匝数各是多少?

解 设高压侧为一次侧,由 $U_1 \approx E_1 = 4.44 f N_1 \Phi_m$,得

$$N_1 = \frac{U_{1N}}{4.44 f \Phi_m} = \frac{6\ 000}{4.44 \times 50 \times 0.02} = 1\ 350 (\text{匝})$$

$$N_2 = \frac{U_{2N} N_1}{U_1} = \frac{400 \times 1\ 350}{6\ 000} = 90 (\text{匝})$$

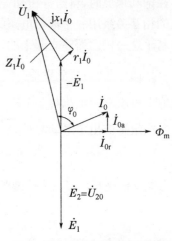

图 2-13 变压器空载相量图

2.2.2 单相变压器的负载运行

变压器的一次侧接在额定频率、额定电压的交流电源上,二次侧接上负载的运行状态,称为变压器的负载运行。此时,二次绕组有电流 $\dot{I}_2$ 流向负载,电能就从变压器的一次侧传递到二次侧。如图 2-14 所示。

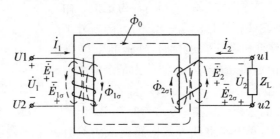

图 2-14 变压器负载运行示意图

一、负载运行时的电磁关系

变压器空载运行时,只在一次绕组中流过空载电流 $\dot{I}_0$,建立作用在铁芯上的磁动势 $\dot{F}_0 = N_1 \dot{I}_0$,它在铁芯中产生主磁通 $\dot{\Phi}_0$,而 $\dot{\Phi}_0$ 在一、二次绕组中感应主电动势 $\dot{E}_1$ 和 $\dot{E}_2$,电源电压 $\dot{U}_1$ 与一次绕组的反电动势 $(-\dot{E}_1)$ 和漏阻抗压降 $Z_1 \dot{I}_0$ 相平衡,此时变压器处于空载时的电磁平衡状态。

当变压器二次绕组接上负荷后,便有电流 $\dot{I}_2$ 流过,它将建立二次磁动势 $\dot{F}_2 = N_2 \dot{I}_2$,也作用于主磁路铁芯上。由于电源电压 $\dot{U}_1$ 为一常值,相应地,主磁通 Φ_0 应保持不变,产生主磁通的磁动势也应保持不变。因此,当二次磁动势力图改变铁芯中产生主磁通的磁动势时,一次绕组中会产生一个附加电流(用 $\dot{I}_{1L}$ 表示)。附加电流 $\dot{I}_{1L}$ 产生的磁动势为 $N_1 \dot{I}_{1L}$,恰好与二次磁动势 $N_2 \dot{I}_2$ 相抵消。此时一次电流就由 $\dot{I}_0$ 变成了 $\dot{I}_1 = \dot{I}_0 + \dot{I}_{1L}$,而作用在铁芯中的总

磁动势即为 $N_1\dot{I}_1+N_2\dot{I}_2$，它产生负载时的主磁通。

变压器负载运行时，除由合成磁动势 $\dot{F}_1+\dot{F}_2$ 或产生的主磁通在一、二次绕组中感应变变电动势 $\dot{E}_1$ 和 $\dot{E}_2$ 外，$\dot{F}_1$ 和 $\dot{F}_2$ 还分别产生只交链于各自绕组的漏磁通 $\dot{\Phi}_{1\sigma}$ 和 $\dot{\Phi}_{2\sigma}$，并分别在一、二次绕组中感应漏磁电动势 $\dot{E}_{1\sigma}$ 和 $\dot{E}_{2\sigma}$。

另外，由于绕组有电阻，一、二次绕组电流 $\dot{I}_1$ 和 $\dot{I}_2$ 分别产生电阻压降 $r_1\dot{I}_1$ 和 $r_2\dot{I}_2$。各电磁量之间的关系如下：

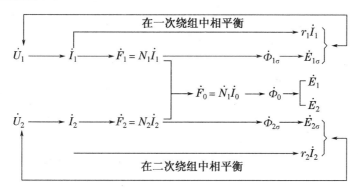

二、负载运行时的基本方程式

1. *磁动势平衡方程式*

综上分析可知，负载时产生主磁通的合成磁动势和空载时产生主磁通的励磁磁动势基本相等，即

$$\dot{F}_1+\dot{F}_2=\dot{F}_0 \tag{2-23}$$

或
$$N_1\dot{I}_1+N_2\dot{I}_2=N_1\dot{I}_0$$

将式(2-23)两边除以 N_1，便得
$$\dot{I}_1+\frac{N_2}{N_1}\dot{I}_2=\dot{I}_0$$

改写为
$$\dot{I}_1=\dot{I}_0+\left(-\frac{N_2}{N_1}\dot{I}_2\right)=\dot{I}_0+\left(-\frac{\dot{I}_2}{k}\right)=\dot{I}_1+\dot{I}_{1L} \tag{2-24}$$

式中，$\dot{I}_{1L}$ 为一次绕组的负载分量电流，$\dot{I}_{1L}=-\dfrac{\dot{I}_2}{k}$。

式(2-24)表明，变压器负载运行时，一次电流 $\dot{I}_1$ 由两个分量组成：一个是励磁电流 $\dot{I}_0$，用来建立负载时的主磁通 Φ_0，它不随负载大小而变动；另一个是负载分量电流 $\dot{I}_{1L}=-\dfrac{\dot{I}_2}{k}$，用以抵消二次磁动势的作用，它因负载大小的不同而不同。这说明，变压器负载运行时，通过磁势平衡关系将一、二次电流紧密联系起来了，二次电流增加或减少的同时必然引起一次电流的增加或减少，相应地当二次输出功率增加或减少时，一次侧从电网吸取的功率必然同时增加或减少。

变压器负载运行时，由于 $I_0 \ll I_1$，故可忽略 I_0，一、二次侧的电流关系就变为

$$\dot{I}_1 \approx -\frac{\dot{I}_2}{k}$$

或
$$\frac{I_1}{I_2} \approx \frac{1}{k} = \frac{N_2}{N_1} \tag{2-25}$$

式(2-25)表明,一、二次侧电流的大小近似与绕组匝数成反比。高压绕组匝数多,电流小;低压绕组匝数少,电流大。可见,两侧绕组匝数不同,不仅能变电压,同时也能变电流。

2. 电动势平衡方程式

根据基尔霍夫第二定律,可得

对于一次侧

$$\dot{U}_1 = -\dot{E}_1 - \dot{E}_{1\sigma} + r_1\dot{I}_1 = -\dot{E}_1 + (r_1 + jx_1)\dot{I}_1 = -\dot{E}_1 + Z_1\dot{I}_1 \tag{2-26}$$

式中,$\dot{E}_{1\sigma}$ 为一次漏磁电动势,$\dot{E}_{1\sigma} = -jx_1\dot{I}_1$;$Z_1$ 为一次漏阻抗,$Z_1 = r_1 + jx_1$。

对于二次侧

$$\dot{U}_2 = \dot{E}_2 + \dot{E}_{2\sigma} - r_2\dot{I}_2 = \dot{E}_2 - \dot{I}_2(r_2 + jx_2) = \dot{E}_2 - Z_2\dot{I}_2 \tag{2-27}$$

式中,$\dot{E}_{2\sigma}$ 为二次漏磁电动势,$\dot{E}_{2\sigma} = -jx_2\dot{I}_2$;$x_2$ 为二次漏电抗;Z_2 为二次漏阻抗,$Z_2 = r_2 + jx_2$。

变压器二次端电压$\dot{U}_2$ 也可写成

$$\dot{U}_2 = Z_L\dot{I}_2 \tag{2-28}$$

式中,Z_L 为负载阻抗。

综上所述,将变压器负载时的基本电磁关系归纳起来,可得以下基本方程式组,即

$$\left.\begin{array}{l} \dot{U}_1 = -\dot{E}_1 + (r_1 + jx_1)\dot{I}_1 \\ \dot{U}_2 = \dot{E}_2 - (r_2 + jx_2)\dot{I}_2 \\ \dot{I}_1 = \dot{I}_0 + (-\dot{I}_2/k) \\ E_1/E_2 = k \\ \dot{E}_1 = -Z_m\dot{I}_0 \\ \dot{U}_2 = Z_L\dot{I}_2 \end{array}\right\} \tag{2-29}$$

三、变压器的等效电路

变压器的基本方程式反映了变压器内部的电磁关系,利用式(2-29)便能对变压器进行定量计算。一般已知外加电源电压$\dot{U}_1$、变压器变比 k、阻抗 Z_1、Z_2、Z_m 及负载阻抗 Z_L,便可解出 6 个未知数$\dot{I}_0$、$\dot{I}_1$、$\dot{I}_2$、$\dot{E}_1$、$\dot{E}_2$ 和$\dot{U}_2$。但联立复数方程的求解是相当繁琐的,并且由于电力变压器的变比 k 较大,使一、二次侧的电动势、电流、阻抗等相差很大,计算时精确度降低,也不便于比较,特别是画相量图更是困难。为此希望用一个纯电路来代替实际变压器,这种电路称为等效电路。要想得到等效电路,首先需对变压器进行折算。

1. 折算

负载时变压器有两个独立的电路,相互间靠磁路联系在一起,主磁通作为媒介。折算就

是假想二次匝数(或电动势)与一次匝数相等,即 $N_2' = N_1$,$\dot{E}_2' = \dot{E}_1$,实际上是看成变比 $k=1$ 的变压器,与此同时,须对变压器二次侧的各电磁量均做相应的变换,以保持变压器两侧的电磁关系不变,即把二次侧的量折算到一次侧。为区别起见,便在二次侧量的右上角加一撇,如 $\dot{U}_2'$、$\dot{I}_2'$、$\dot{E}_2'$ 等。当然也可把一次侧的量往二次折算,图 2-15 所示中二次侧各量,其中标注"'"的为折算后的电磁量,而不标注"'"的为折算前的电磁量。

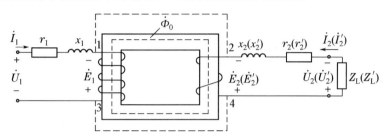

图 2-15 变压器折算时等效电路示意图

如何能把二次绕组匝数看成等于一次绕组匝数,且又保持其电磁关系不变呢?这就需遵循如下原则:(1)保持二次磁通势 $\dot{F}_2$ 不变;(2)保持副边各功率(或损耗)不变。这样就可保证变压器主磁通、漏磁通不变,保证原边从电网吸取同样的功率传递到副边,从而使得折算对原边物理量毫无影响,不致改变变压器的原电磁关系。

下面根据上述 2 项原则,可导出各量的折算值。

1)二次电动势的折算值

由于折算前后主磁场和漏磁场均不改变,根据电动势与匝数成正比关系,得

$$\frac{E_2'}{E_2} = \frac{N_2'}{N_2} = \frac{N_1}{N_2} = k$$

则
$$E_2' = kE_2 \tag{2-30}$$

同理
$$E_{2\sigma}' = kE_{2\sigma} \tag{2-31}$$

即二次电动势的折算值为原二次电动势乘以 k。

2)二次电流的折算值

根据折算前后二次磁通势 $\dot{F}_2$ 不变的原则,可得

$$N_1 I_2' = N_2 I_2$$

则
$$I_2' = \frac{N_2}{N_1} I_2 = \frac{1}{k} I_2 \tag{2-32}$$

即二次电流的折算值为原二次电流除以 k。

3)二次漏阻抗的折算值

折算前后二次绕组铜损耗保持不变,便得

$$r_2' I_2'^2 = r_2 I_2^2$$

则
$$r_2' = r_2 \left(\frac{I_2}{I_2'}\right)^2 = k^2 r_2 \tag{2-33}$$

折算前后二次绕组无功损耗不变,有

$$x_2' I_2'^2 = x_2 I_2^2$$

则
$$x_2' = \left(\frac{I_2}{I_2'}\right)^2 x_2 = k^2 x_2 \tag{2-34}$$

即二次漏阻抗的折算值为原二次漏阻抗乘以 k^2。

4) 二次电压的折算值

$$\dot{U}_2' = \dot{E}_2' - Z_2' \dot{I}_2' = k\dot{E}_2 - k^2 Z_2 \frac{1}{k}\dot{I}_2 = k(\dot{E}_2 - Z_2 \dot{I}_2) = k\dot{U}_2 \tag{2-35}$$

即二次电压的折算值为原二次电压乘以 k。

5) 负载阻抗的折算值

因阻抗为电压与电流之比,便有

$$Z_L' = \frac{U_2'}{I_2'} = \frac{kU_2}{\frac{1}{k}I_2} = k^2 \frac{U_2}{I_2} = k^2 Z_L \tag{2-36}$$

即负载阻抗折算方法与二次漏阻抗的相同。

综上所述,把变压器二次侧折算到一次侧后,电动势和电压的折算值等于实际值乘以变比 k,电流的折算值等于实际值除以变比 k,而电阻、漏抗及阻抗的折算值等于实际值乘以 k^2。折算以后,变压器负载运行时的基本方程式变为

$$\left.\begin{array}{l} \dot{U}_1 = -\dot{E}_1 + r_1 \dot{I}_1 + jx_1 \dot{I}_1 \\[6pt] \dot{U}_2' = \dot{E}_2' - r_2' \dot{I}_2' - jx_2' \dot{I}_2' \\[6pt] \dot{I}_1 + \dot{I}_2' = \dot{I}_0 \\[6pt] \dot{E}_1 = \dot{E}_2' = -Z_m \dot{I}_0 \\[6pt] \dot{U}_2' = Z_L' \dot{I}_2' \end{array}\right\} \tag{2-37}$$

2. 等效电路

进行折算后,就可以将两个独立电路直接连在一起了,然后再把铁芯磁路的工作状况用纯电路的形式代替,即得变压器负载时的等效电路。

1) T 形等效电路

首先按式(2-37)分别画出一次侧、二次侧的电路,如图 2-16(a)所示。图中二次侧各量均已折算到一次侧,即 $N_2' = N_1$、$\dot{E}_2' = \dot{E}_1$,也就是说图 2-16 中 3 与 4、1 与 2 点为等电位点,可用导线把它们连接起来,将两个绕组合并成一个绕组,这对一、二次回路无任何影响。如此就将磁耦台变压器变成了直接电联系的等效电路。合并后的绕组中有励磁电流 $\dot{I}_0 = \dot{I}_1 + \dot{I}_2'$ 流过,称为励磁支路,如图 2-16(b)所示。如同在空载时的等效电路一样,它可用等效阻抗 $Z_m = r_m + jx_m$ 来代替。这样就从物理概念导出了变压器负载运行时的 T 形等效电路,如图 2-16(c)所示。

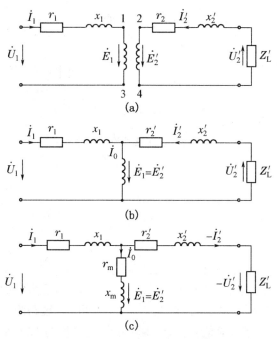

图 2 – 16　变压器 T 形等效电路的形成过程

T 形等效电路也可用数学方法导出,这里从略。

2) 近似等效电路

T 形等效电路能正确反映变压器内部的电磁关系,但其结构为串、并联混合电路,计算比较繁杂,为此提出在一定条件下将等效电路简化。

在 T 形等效电路中,因 $I_0 \ll I_1$,$Z_1 \ll Z_m$,故 $Z_1 I_0$ 很小,可略去不计;而 $Z_1 I_1$ 也很小(其 $< 5\% U_{1N}$),也可忽略不计,这样便可把励磁支路从 T 形电路的中部移至电源端,得到如图 2 – 17 所示的近似等效电路。由于其阻抗元件支路构成一个"Γ",故亦称 Γ 形等效电路。

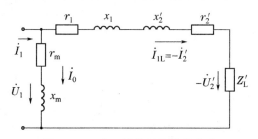

图 2 – 17　变压器的近似等效电路

3) 简化等效电路

由于一般变压器 $I_0 \ll I_N$,通常 I_0 约占 I_N 的 $0.5\% \sim 3\%$,在进行工程计算时,可把励磁电流 I_0 忽略,即去掉励磁支路,而得到一个由一、二次侧的漏阻抗构成的更为简单的串联电路,如图 2 – 18 所示,称为变压器的简化等效电路。

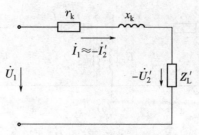

图 2-18　变压器的简化等效电路

图 2-18 中：

$$\left.\begin{aligned}r_k &= r_1 + r_2' \\ x_k &= x_1 + x_2' \\ Z_k &= r_k + \mathrm{j}x_k\end{aligned}\right\}\qquad(2-38)$$

式中，r_k 为短路电阻；x_k 为短路电抗；Z_k 为短路阻抗。

变压器的短路阻抗即为原、副边漏阻抗之和，其值较小且为常数。由简化等效电路可见，如变压器发生稳定短路，则短路电流 $I_k = U_1/Z_k$。可见，短路阻抗能起到限制短路电流的作用。由于 Z_k 很小，短路电流值较大，一般可达额定电流的 10～20 倍。

四、变压器负载时的相量图

变压器负载运行时的电磁关系，除了用基本方程式和等效电路表示外，还可以用相量图表示。相量图根据基本方程式画出，其特点是从图中可直观地看出变压器中各物理量的大小和相位关系，相量图的画法视给定的条件而定。

1. 变压器对应 T 形等效电路带感性负载时的相量图

如图 2-19(a)所示，假如已知 $\dot U_2$、$\dot I_2$、$\cos\varphi_2$ 及变压器的各个参数，画图的步骤如下：

(1) 根据变比 k 求出 $\dot U_2'$、$\dot I_2'$、r_2'、x_2'，按比例尺画出 $\dot U_2'$ 和 $\dot I_2'$ 相量，以及它们的夹角 φ_2。

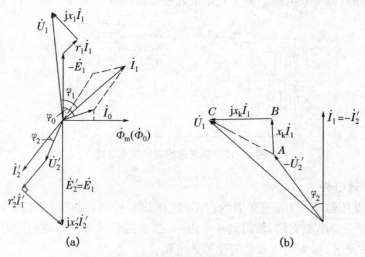

(a)　　　　　　　　(b)

图 2-19　变压器感性负载时的相量图

（2）在 $\dot{U}_2$ 的末端加上二次漏阻抗压降 $r_2'\dot{I}_2'$ 和 $jx_2'\dot{I}_2'$，便得到电动势 $\dot{E}_2'$，其中 $r_2'\dot{I}_2'$ 平行 $\dot{I}_2$，$jx_2'\dot{I}_2'$ 超前于 $\dot{I}_2'$ 90°。

（3）由于 $\dot{E}=\dot{E}_2'$，将它转 180°便得 $-\dot{E}_1$ 相量。

（4）主磁通 $\dot{\Phi}_m$ 领先 $\dot{E}_1$ 90°，其大小由 $\Phi_m=\dfrac{E_1}{4.44fN_1}$ 算出。

（5）励磁电流 $\dot{I}_0$ 大小为 E_1/Z_m，相位落后 $-\dot{E}_1$ 一个角度 $\varphi=\arctan\dfrac{x_m}{r_m}$。

（6）根据 $\dot{I}_1=\dot{I}_0+(-\dot{I}_2')$ 求出 $\dot{I}_1$ 相量。

（7）在 $-\dot{E}_1$ 上加上一次漏阻抗压降 $r_1\dot{I}_1$ 和 $jx_1\dot{I}_1$，画出原边端电压 $\dot{U}_1$，其中 $r_1\dot{I}_1$ 与 $\dot{I}_1$ 平行，$jx_1\dot{I}_1$ 比 $\dot{I}_1$ 超前90°。$\dot{U}_1$ 与 $\dot{I}_1$ 之间的夹角 φ_1 是原边输入功率的功率因数角。

2. 变压器带感性负载时的简化相量图

从简化等效电路中看出，$\dot{U}_2'=Z_L'\dot{I}_2'$，$\dot{I}_1=-\dot{I}_2'$，$\dot{U}_1=-\dot{U}_2'+r_k\dot{I}_1+jx_k\dot{I}_1$，这三个关系式是画简化相量图的依据。如图 2-19(b)所示，短路阻抗 $Z_k=r_k+jx_k$ 的压降构成一个三角形 ABC，称为短路阻抗压降三角形。对已制成的变压器，这个三角形的形状是固定的，但它的大小和方位随负载变化而变化。

2.2.3 单相变压器参数的测定

一、变压器绝缘电阻的测量

1. 绕组对地绝缘电阻的测量

放置好变压器，用 500 V 兆欧表的地端夹住变压器外壳，用兆欧表的另一端充分接触变压器原边绕组的一端。摇动兆欧表，使兆欧表的转速达到 120 r/min，当仪表指针指示稳定后再读数。使用同样方法测量副边绕组对地电阻，将数据记录于表 2-2 中。

表 2-2 绕组对地绝缘电阻

	原边	副边
$R(M\Omega)$		

2. 绕组间绝缘电阻的测量

放置好变压器后，用兆欧表地端夹住变压器原边一侧，再用兆欧表的另一端充分接触变压器副边一侧，摇动兆欧表，使兆欧表的转速达到 120 r/min，当仪表指针指示稳定后再读数。将数据记录于表 2-3 中。

表 2-3 相间绝缘电阻

原边与副边绝缘电阻(MΩ)	

3. 注意事项

（1）变压器原边比副边流经的电流要小的多，所以原边要比副边细而电阻值较副边大，且原边一般放在变压器内部。

（2）在测量相与相之间电阻时，切不可用摇表把原边（或副边）两端同时接起来测量。

（3）测量绕组对地绝缘电阻时地端要充分接触的变压器外壳。

二、单相变压器直流电阻的测量

变压器各部分的温度与冷却介质温度之差，不超过 $\pm 2\,\mathrm{K}$ 时，称为实际冷态电阻。

如测量线路图 2-20 所示，其中 R 选 900 Ω，电流表用屏上直流电流表。电压表用屏上直流电压表，量程选 20 V。

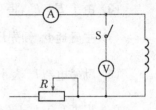

图 2-20 直流电阻的测量

测量直流电阻时，测量电流不能超过线圈额定电流的 10%，以防止应实验电流过大而引起绕组温度的上升影响实验结果。

把 R 调节到最大，使变压器原边绕组接入电路中，启动控制屏打开电枢电源开关。缓慢调节电枢电压使直流电流表显示 30 mA 时，停止电源调节。把 R 逐渐减小，直到电流表显示 45 mA 时，记录电流并合上电压表开关 S，记录此时电压。读完后，先断开开关 S 再断电。用同种方法记录 3 组数据，填到表 2-3 中。电流不能超过 45 mA。

同理，把 R 调节到最大，把变压器副边接入电路中，启动控制屏缓慢调节电枢电压使直流电流表显示 30 mA 时，停止电源调节。把 R 逐渐减小，直到电流表显示 100 mA 时，记录电流并合上开关 S_1，记录此时电压，读完后，先打开开关再断电。用同种方法记录 3 组数据，填到表 2-4 中，电流不能超过 180 mA。

表 2-4 直流电阻的测量

	原边			副边		
U(V)						
I(A)						
R(Ω)						
$R_{平均}$						

注意事项：（1）开启电源时不要先把电压表接到电路中；（2）注意电压表及电流表的位置。

三、单相变压器变比试验

按图 2-21 接线，把变压器原边接入屏上三相交流电中，在原边并联交流电压表，变压器副边开路。

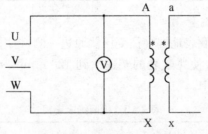

图 2-21 变压器变比实验

把三相调压器逆时针旋到最小，合上屏上空气开关，按下启动按钮接通交流电源。调节三相交流调压器，使 U、W 之间加入 220 V 交流电压，再用交流电压表测量变压器副边电压。记录此时交流电压表读数于表 2-5 中。

表 2-5　变压器变比试验测试记录

U_1(V)	U_2(V)	K

根据公式 $K = U_1/U_2$(U_1 为原边 U_2 为副边),计算变压器变比。

四、单相变压器空载试验

按图 2-22 接线,变压器副边接入三相电源输出端,变压器原边开路。

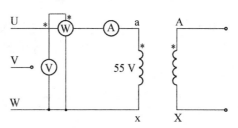

图 2-22　变压器空载实验

把三相调压器逆时针调到最小,合上空气开关,按下启动按钮接通交流电源。调节三相调压器旋钮,使变压器副边电压达到额定电压的 1.2 倍(即 66 V)。记录此时电流、电压和功率。然后再逐次降低电源电压,在 1.2~0.2 额定电压的范围内,测取变压器的 U_0、I_0、P_0 记录到表 2-6 中。

表 2-6　单相变压器空载试验记录　　　　　　　　　　室温:

序号	U_0(V)	I_0(A)	P_0(W)
1			
2			
3			
4			
5			
6			
7			

测取数据时,$U_0 = U_N$ 点必须测,并在该点附近测的点较密。测量完填写以上表格。根据测量数据,画空载特性曲线。

注意事项:(1)空载试验是判断变压器内在性能的重要项目,应了解空载试验的目的和方法;(2)空载试验是带电作业,接线是关键,所以必须检查其安全及可靠性;(3)为了确保安全,接线时应不带电操作,而且应按带电作业的方法进行操作。

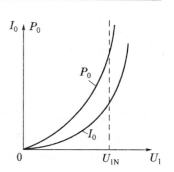

图 2-23　变压器空载
实验特性曲线

五、变压器短路试验

按图 2-24 接线,将变压器的一次边接电源,二次边直接短路。

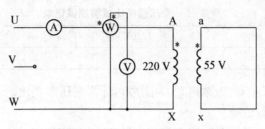

图 2-24　变压器短路试验

先将三相交流调压器旋钮逆时针调到最小,启动控制屏接通交流电源,逐次缓慢增加输入电压,直到短路电流等于 $1.1I_N$ 为止,在 $(0.2\sim1.1)I_N$ 范围内测取变压器的 U_K,I_K,P_K 记录数据到表 2-7 中。

表 2-7　变压器短路试验记录　　　　　　　　　　　　　　　　室温:

	$U_K(V)$	$I_K(A)$	$P_K(W)$
1			
2			
3			
4			
5			
6			
7			

测取数据时,$I_K=I_N$ 的点必须测,并在该点附近测的点较密。测量完填写以上表格。根据测量数据,画短路特性曲线。

注意事项:做短路实验操作要快,否则线圈发热引起电阻变化影响实验结果。

任务 2.3　三相变压器性能检测

2.3.1　三相变压器的原理

现代电力系统均采用三相制,因而三相变压器的应用极为广泛。从运行原理来看,三相变压器在对称负载下运行时,各相电压、电流大小相等,相位上彼此相差 120°,就其一相来说,和单相变压器没有什么区别。因此单相变压器的基本方程式、等效电路,相量图及运行特性的分析方法及其结论等完全适用于三相变压器。本节主要讨论三相变压器的磁路系统、电路系统等几个特殊问题。

一、三相变压器的磁路系统

三相变压器的磁路系统按其铁芯结构可分为组式磁路和心式磁路。

1. 组式(磁路)变压器

由 3 台单相变压器组成的三相变压器称为三相变压器组,其相应的磁路称为组式磁路,每相的主磁通 Φ 各沿自己的磁路闭合,彼此不相关联。三相组式变压器的磁路系统如图 2-25 所示。

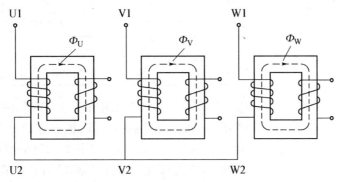

图 2-25　三相组式变压器的磁路系统

2. 心式(磁路)变压器

用铁轭把 3 个铁芯柱连在一起的变压器称为三相心式变压器,三相心式变压器每相有一个铁芯柱,3 个铁芯柱用铁轭连接起来,构成三相铁芯,如图 2-26 所示。这种磁路的特点是三相磁路彼此相关。

三相心式变压器可以看成是由三相组式变压器演变而来的,如果把三台单相变压器的铁芯合并成图 2-26(a) 的形式,在外施对称三相电压时,三相主磁通是对称的,中间铁芯柱的磁通为 $\dot{\Phi}_U + \dot{\Phi}_V + \dot{\Phi}_W = 0$,即中间铁芯柱无磁通流过,则可将中间铁芯柱省去,结果如图 2-26(b) 所示。为制造方便和降低成本,把 V 相铁轭缩短,并把三个铁芯柱置于同一平面,使得到三相心式变压器铁苍结构,如图 2-26(c) 所示。

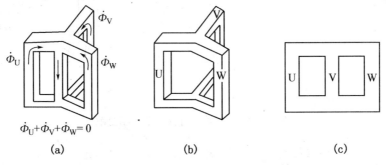

图 2-26　三相心式变压器的磁路系统

与三相组式变压器相比,三相心式变压器省材料,效率高,占地少,成本低,运行、维护方便,故应用广泛。只是在超高压、大容量巨型变压器中或受运输条件限制或为减少备用容量才采用三相组式变压器。

二、三相变压器的电路系统——连接组别

1. 三相绕组的连接方法

为了在使用变压器时能正确连接,变压器绕组的每个出线端都给予一个标志,电力变压器绕组首、末端的标志如表 2-8 所示。

表 2-8　绕组的首端和末端的标志

绕组名称	单相变压器		三相变压器		中性点
	首端	末端	首端	末端	
高压绕组	U1	U2	U1、V1、W1	U2、V2、W2	N
低压绕组	u1	u2	u1、v1、w1	u2、v2、w2	n
中压绕组	$U1_m$	$U2_m$	$U1_m$、$V1_m$、$W1_m$	$U2_m$、$V2_m$、$W2_m$	N_m

在三相变压器中,不论一次绕组或二次绕组,主要采用星形和三角形两种连接方法。把三相绕组的 3 个末端 U2、V2、W2(或 u2、v2、w2)连接在一起,而把它们的首端 U1、V1、W1(或 u1、v1、w1)引出,便是星形连接,用字母 Y 或 y 表示,如图 2-27(a)所示。把一相绕组的末端和另一相绕组的首端连在一起,顺次连接成一闭台回路,然后从首端 U1、V1、W1(或 u1、v1、w1)引出,如图 2-27(b)、(c)所示,便是三角形连接,用字母 D 或 d 表示。其中,在图 2-27(b)所示中,三相绕组按 U1—U2W1—W2V1—V2U1 的顺序连接,称为逆序(逆时针)三角形连接;在图 2-27(c)所示中,三相绕组按 U1—U2V1—V2W1—W2U1 的顺序连接,称为顺序(顺时针)三角形连接。

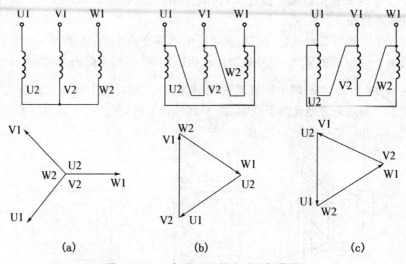

图 2-27　三相绕组连接方法及相量图

2. 单相变压器的连接组别

单相变压器连接组别反映变压器原、副边电动势(电压)之间的相位关系。

单相变压器(或三相变压器任一相)的主磁通及原、副绕组的感应电动势都是交变的,无固定的极性。这里所讲的极性是指瞬间极性,即任一瞬间,高压绕组的某一端点的电位为正(高电位)时,低压绕组必有一个端点的电位也为正(高电位),这两个具有正极性或另两个具有负极性的端点,称为同极性端,用符号"·"表示,同极性端可能在绕组的对应端,如图 2-28(a)所示,也可能在绕组的非对应端,如图 2-28(b)所示,这取决于绕组的绕向。当原、副绕组的绕向相同时,同极性端在两个绕组的对应端;当原、副绕组的绕向相反时,同极性端在两个绕组的非对应端。

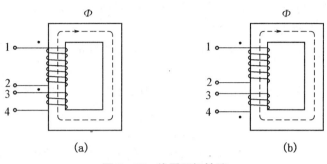

图 2-28 线圈同极性端

单相变压器的首端和末端有 2 种不同的标法:(1) 将原、副绕组的同极性端都标为首端(或末端),如图 2-29(a)所示,这时原、副绕组电动势$\dot{E}_U$与$\dot{E}_u$同相位(感应动势的参考方向均规定从末端指向首端);(2) 把原、副绕组的异极性端标为首端(或末端),如图 2-29(b)所示,这时$\dot{E}_U$与$\dot{E}_u$反相位。

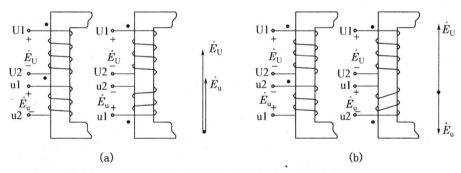

图 2-29 不同标志和绕向时原、副绕组感应电动势之间相位关系

综上分析可知,在单相变压器中,原、副绕组感应电动势之间的相位关系要么同相位,要么反相位,它取决于绕组的绕向和首末端标记,即同极性端子同样标号时电动势同相位。

为了形象地表示高、低压绕组电动势之间的相位关系,采用所谓时钟表示法,即把高压绕组电动势相量$\dot{E}_U$作为时钟的长针,并固定指在"12"上,低压绕组电动势相量$\dot{E}_u$作为时钟的短针,其所指的数字即为单相变压器连接组的组别号,图 2-29(a)可写成 I,I0,图 2-29(b)可写成 I,I6。其中,I 表示高、低压线圈均为单相线圈,0 表示两线圈的电动势(电压)同相,6 表示两线圈的电动势(电压)反相。我国国家标准规定,单相变压器 I,I0 作为标准连接组。

3. 三相变压器的连接组别

前已述及,三相变压器原、副边三相绕组均可采用 Y(y)连接或 YN(yn)连接,也可以采用 D(d)连接,括号内为低压三相绕组连接方式的表示符号。因此,三相变压器的连接方式有 Y,yn;Y,d;YN,d;Y,y;YN,y;D,yn;D,y;D,d 等多种组合,其中前 3 种为最常见的连接方式,逗号前的大写字母表示高压绕组的连接,逗号后的小写字母表示低压绕组的连接,N(或 n)表示有中性点引出。

由于三相绕组可以采用不同连接，使得三相变压器原、副绕组的线电动势之间出现不同的相位差，三相变压器连接组别由连接方式和组别号两部分组成，分别表示高、低压绕组连接方式及其应线电动势之间相位关系。

三相变压器连接组别不仅与绕组的绕向和首末端的标记有关，而且还与三相绕组的连接方式有关。

三相绕组接线图规定高压绕组画在上方，低压绕组画在下方。判断连接组别号的方法步骤如下：

（1）按三相变压器绕组接线方式画出高低压接线图。

（2）按三相变压器高绕组接线图，画出高压侧的电势和线电动势相量图。

（3）低压侧首端 u 点与高压侧首端 U 点画在一点上，按三相变压器低压绕组接线圈，根据高、低压侧对虚绕组的相电动势的相位关系（同相位或反相位），画出低压侧相电动势和线电动势相量图。

（4）时钟表示法，即把高压绕组线电动势相量 $\dot{E}_{UV}$ 作为时钟的长针，并固定指在"12"上，其对应的低压绕组线电动势相量 $\dot{E}_{uv}$ 作为时钟的短针，这时短针所指的数字即为三相变压器连接组别的组别号。

将该数字乘以 30°，就是副绕组线电动势滞后于原绕组相应线电动势的相位角。

下面具体分析不同连接方式变压器的连接组别。

1）Y，y 连接

图 2-30(a)为三相变压器 Y，y 连接时的接线图。在图中，同极性端子在对应端，这时原、副边对应的相电动势同相位，同时原、副边对应的线电动势 $\dot{E}_{UV}$ 与 $\dot{E}_{uv}$ 也同相位，如图 2-30(b)所示。这时如把 $\dot{E}_{UV}$ 指向钟面的 12 上，则 $\dot{E}_{uv}$ 也指向 12，故其连接组就写成 Y，y0。如高压绕组三相标志不变，而将低压绕组三相标志依次后移 1 个铁芯柱，在相量图上相当于把各相应的电动势顺时针方向转了 120°（即 4 个点），则得 Y，y4 连接组；如何移 2 个铁芯柱，则得 8 点钟接线，记为 Y，y8 连接组。

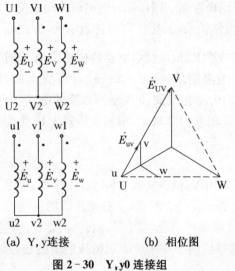

(a) Y，y 连接　　　(b) 相位图

图 2-30　Y，y0 连接组

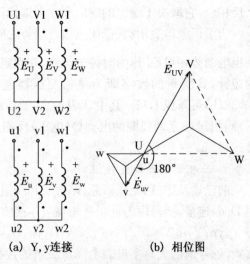

(a) Y，y 连接　　　(b) 相位图

图 2-31　Y，y6 连接组

在图 2-31(a)中,如将原、副绕组的异极性端子标在对应端,如图 2-31(a)所示,这时原、副边对应的相电动势反向,则线电动势$\dot{E}_{UV}$与$\dot{E}_{uv}$连接的相位相差 180°,如图 2-31(b)所示,因而就得到了 Y,y6 连接组。同理,将低压侧三相绕组依次后移 1 个或 2 个铁芯柱,便得 Y,y10 或 Y,y2 连接组。

2) Y,d 连接

图 2-32(a)所示为三相变压器 Y,d 连接时的接线图。将原、副绕组的同极性端标为首端(或末端),副绕组则按 U1—U2W1—W2V1—V2U1 顺序作三角形连接,这时原、副边对应相的相电动势也同相位,但线电动势$\dot{E}_{UV}$与$\dot{E}_{uv}$的相位差为 330°,如图 2-32(b)所示,当$\dot{E}_{UV}$指向钟面的 12 时,则$\dot{E}_{uv}$,指向 11,故其级别号为 11,用 Y,d11 表示。同理,高压侧三相绕组不变,而相应改变低压侧三相绕组的标志,则得 Y,d3 和 Y,d7 连接组。

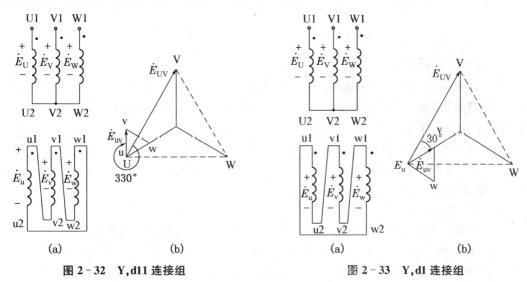

图 2-32 Y,d11 连接组　　　　　图 2-33 Y,d1 连接组

如将副绕组按 U1—U2V1—V2W1—W2U1 顺序作三角形连接,如图 2-33(a)所示,这时原、副边对应相的相电动势也同相,但线电动势$\dot{E}_{UV}$与$\dot{E}_{uv}$的相位差为 30°,如图 2-33(b)所示,故其组别号为 1,则得到 Y,d1 连接组。同理,高压侧三相绕组不变,而相应改变低压侧三相绕组的标志,则得到 Y,d5 和 Y,d9 连接组。

综上所述,对 Y,y 连接而言,可得 0、2、4、6、8、10 等 6 个偶数组别;而对 Y,d 连接而言,可得 1、3、5、7、9、11 等 6 个奇数组别。

变压器连接组别的种类很多,为便于制造和并联运行,国家标准规定 Y,yn0;Y,d11;YN,d11;YN,y0 及 Y,y0 这 5 种作为三相双绕组电力变压器的标准连接组。其中,前 3 种最为常用。Y,yn0 连接组的二次绕组可引出中性线,成为三相四线制,用作配电变压器时可兼供动力和照明负载。变压器的容量可选 1 800 kVA,高压边的额定电压不超过 35 kV。Y,d11 连接组用于低压侧电压超过 400 V 的线路中,最大容量为 31 500 kVA。YN,d11 连接组主要用于高压输电线路中,高压侧接地且低压侧电压超过 400 V。

三、变压器的并联运行

变压器的并联运行是指将 2 台以上变压器的一、二次绕组分别连接到一、二次侧的公共母线上,共同向负载供电的运行方式,如图 2-34 所示。在现代电力网中,变压器常采用并联运行方式。

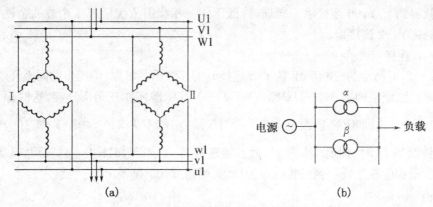

图 2-34　Y,y 连接三相变压器的并联运行

1. 并联运行的优点

(1) 提高供电的可靠性:并联运行时,如果某台变压器故障或检修,另几台可继续供电。

(2) 提高供电的经济性:并联运行时,可根据负载变化的情况随时调整投入变压器的台数,以提高运行效率。

(3) 对负荷逐渐增加的变电所,可分批增装变压器,以减少初装时的一次投资。

当然,并联的台数过多也是不经济的,因为一台大容量变压器的造价要比总容量相同的几台小变压器的造价低,占地面积也小。

2. 变压器并联运行的理想情况

(1) 空载时并联运行的各变压器绕组之间无环流,以免增加绕组铜损耗;

(2) 带负载后,各变压器的负载系数相等,即各变压器所分担的负载电流按各自容量大小成正比例分配,即所谓"各尽所能",以使并联运行的各台变压器容量得到充分利用;

(3) 带负载后,各变压器所分担的电流应与总的负载电流同相位,这样在总的负载电流一定时,各变压器所分担的电流最小,如果各变压器的二次电流一定,则共同承担的负载电流为最大,即所谓"同心协力"。

3. 并联运行的理想条件

若要达到理想并联运行的情况,并联运行的变压器需满足如下条件:

(1) 各变压器一、二次侧的额定电压应分别相等,即变比相同;

(2) 各变压器的连接组别必须相同;

(3) 各变压器的短路阻抗(或短路电压)的标幺值要相等,且短路阻抗角也要相等。

如满足了前 2 个条件,则可保证空载时变压器绕组之间无环流。满足第 3 个条件时各台变压器能合理分担负载。在实际并联运行时,同时满足以上 3 个条件不容易也不现实,所以除第 2 条必须严格保证外,其余 2 条允许稍有差异。

2.3.2　电力变压器交流耐压试验

一、交流耐压试验的目的

交流耐压试验是鉴定电力设备绝缘强度最有效和最直接的方法。电力设备在运行中,绝缘长期受着电场、温度和机械振动的作用会逐渐发生劣化,其中包括整体劣化和部分劣化,形成缺陷。

各种预防性试验方法各有所长,均能分别发现一些缺陷,反映出绝缘的状况,但其他试验方法的试验电压往往都低于电力设备的工作电压,但交流耐压试验一般比运行电压高,因此通过试验已成为保证变压器安全运行的一个重要手段。

二、试验对象

绕组连同套管的交流耐压试验,应符合下列规定:

(1) 容量为 8 000 kW 以下、绕组额定电压在 110 kV 以下的变压器,线端试验应按表 2-10 进行交流耐压试验;

(2) 容量为 8 000 kW 及以上、绕组额定电压在 110 kV 以下的变压器,在有试验设备时,可按表 2-10 验电压标准,进行线端交流耐压试验;

(3) 绕组额定电压为 110 kV 及以上的变压器,其中性点应进行交流耐压试验,试验耐受电压标准为出厂试验电压值的 80%(表 2-11)。

三、准备工作

(1) 填写第一种工作票,编写作业控制卡、质量控制卡,班里工作许可手续。

(2) 向工作班组人员交危险点告知,交代工作内容、人员分工、带电部位,并履行确认手续后开工。

(3) 准备试验用仪器、仪表、工具,所用仪器仪表良好,所用仪器、仪表、工具在合格周期内。

(4) 检查变压器外壳,应可靠接地。

(5) 利用绝缘操作杆带地线上去将变压器带电部位放电。

(6) 放电后,拆除变压器高压、中压低压引线,其他作业人员撤离现场。

(7) 检查变压器外观,清洁表面污垢。

(8) 接取电源,先测量电源电压是否符合实验要求,电源线必须牢固,防止突然断开,检查漏电保护装置是否灵敏动作。

(9) 试验现场周围装设试验围栏,并派专人看守。

四、试验器材

表 2-9　试验器材

序号	设备名称	数量	序号	设备名称	数量
1	高压试验控制箱	1	7	接地线	若干
2	充气式试验变压器	1	8	放电棒	1
3	保护球隙	1	9	温湿度计	1
4	阻容分压器	1	10	围栏	1
5	保护水阻	1	11	警示牌	3
6	高压引线	3			

五、试验步骤

(1) 先将被试品绕组 A、B、C 三相用裸铜线短路连接。

(2) 其余绕组也用裸铜线短路连接,并与外壳一起接地。

（3）将变压器、保护球隙、分压器、接地棒可靠接地（接地线采用 4 mm 及以上的多股裸铜线或外覆透明绝缘层的铜质软绞线）。

（4）将高压控制箱的接地线接到变压器高压尾上。

（5）连接控制箱与试验变压器的高压侧接线。

（6）导线连接变压器高压端、保护球隙高压端和分压器高压端。

（7）连接分压器和测量仪器。

（8）接线完毕，检查所有接线是否正确。

（9）调节保护球隙间隙，与试验电压的 1.1～1.2 倍相应，连续 3 次不击穿。每次从零开始升压，每次耐压调整球隙时要放电。

（10）高压引线连接变压器高压端、变压器绕组。

（11）开始从零升压，升压时应相互呼唱，监视电压表、电流表的变化，升压时，要均匀升压，升至规定试验电压时，开始计时，1 min 时间到后，缓慢均匀降压，降至零点，再依次关闭电源。

（12）试验中若发现表针摆动或被试品有异常声响、冒烟、冒火等，应立即降下电压，拉开电源，在高压侧挂上接地线后，再查明原因。

（13）试验完毕，整理现场。

六、试验标准

《输变电设备状态检修试验规程 Q/GDW 168—2008》耐压试验要求：仅对中性点和低压绕组进行，耐受电压为出厂试验值的 80%，时间 60 s。

《电气装置安装工程电气设备交接试验标准 GB 50150—2006》绕组连同套管的交流耐压试验，应符合下列规定：

（1）容量为 8 000 kVA 以下、绕组额定电压在 110 kV 以下的变压器，线端试验应按表 2-10 进行交流耐压试验；

（2）容量为 8 000 kVA 及以上、绕组额定电压在 110 kV 以下的变压器，在有试验设备时，可按表 2-10 验电压标准，进行线端交流耐压试验；

（3）绕组额定电压为 110 kV 及以上的变压器，其中性点应进行交流耐压试验，试验耐受电压标准为出厂试验电压值的 80%（表 2-11）。

表 2-10　电力变压器和电抗器交流耐压试验电压标准 kV

系统标称电压	设备最高电压	交流耐压	
		油浸式电力变压器和电抗器	干式电力变压器和电抗器
<1	≤1.1	—	2.5
3	3.6	14	8.5
6	7.2	20	17
10	12	28	24
15	17.5	36	32
20	24	44	43
35	40.5	68	60

续表

系统标称电压	设备最高电压	交流耐压	
		油浸式电力变压器和电抗器	干式电力变压器和电抗器
66	72.5	112	—
110	126	160	—
220	252	316(288)	—
330	363	408(368)	—
500	550	544(504)	—

注：① 上表中，变压器试验电压是根据现行国家标准《电力变压器第3部分：绝缘水平和绝缘试验和外绝缘空气间隙》GB 1094.3规定的出厂试验电压乘以0.8制定的；② 干式变压器出厂试验电压是根据现行国家标准《干式电力变压器》GB 6450规定的出厂试验电压乘以0.8制定的。

表2-11　额定电压110 kV及以上的电力变压器中性点交流耐压试验电压标准 kV

系统标称电压	设备最高电压	中性点接地方式	出厂交流耐受电压	交流耐受电压
110	126	不直接接地	95	76
220	252	直接接地	85	68
		不直接接地	200	160
330	363	直接接地	85	68
		不直接接地	230	184
500	550	直接接地	85	68
		经小阻抗接地	140	112

七、综合分析方法及注意事项

1. 综合分析方法

1) 仪表指示异常时的分析

(1) 若给调压器加上电源，电压表就有指示，可能是调压器不在零位。若此时电流表也出现异常读数，调压器输出侧可能有断路和类似短路的情况。

(2) 调节调压器、电压表无指示，可能是自耦调压器碳刷接触不良或电压表回路不通，或变压器的一次绕组、测量绕组有断线的地方。

(3) 若随着调压器往上调节，电流增大，电压基本不变或有下降的趋势，可能是被试品容量较大或实验变压器容量不够或调压器容量不够，可改用大容量的实验变压器或调压器。

(4) 试验过程中，电流表的指示突然上升或下降，电流表指示突然下降，都是试品被击穿的象征。

2) 放电或击穿声音的分析

(1) 在升压阶段或耐压阶段，发生像金属碰撞的清脆响亮的"当当"的放电声音，往往是由于油间隙不够或电场畸变造成油隙一类绝缘结构击穿。当重复实验时，放电电压下降不明显。

（2）放电声音也是清脆响亮的"当当"声，但比前一种小，仪表摆动不大，在重复实验时放电现象消失，这种现象是被试品油中气泡放电所致。

（3）放电声音如果是"吱"，或是很沉闷的响声，电流表的指示立即超过最大偏转指示，这往往是固体绝缘的爬电引起的。

（4）加压过程中，充油试品内部有如炒豆般响声，电流指示却很稳定，这可能是金属件对地的放电。

2. 注意事项

（1）大型变压器试验前先排除被试变压器的内部气体。

（2）在试验过程中，若由于空气湿度、温度、表面脏污等的影响，引起被试品表面滑散放电或空气放电，不应认为被试品的内绝缘不合格，需经清洁、干燥处理之后，再进行试验。

（3）高压引线与其他接地体之间应保持足够的安全距离。

（4）高压引线、测量线、接地线等必须连接可靠，并有足够的量。

（5）操作人员应穿绝缘鞋，并站在绝缘垫上。

（6）应采用高压数字伏表从高压侧直接测量试验电压。

（7）升压必须零开始，不可冲击合闸。升压速度在 40% 试验电压以内可不受限制，然后均匀升压，速度约为每秒 3% 的试验电压。

任务 2.4　其他用途变压器

2.4.1　自耦变压器

一、结构特点

原边和副边共用一部分绕组的变压器称为自耦变压器。自耦变压器有单相的，也有三相的。与双绕组变压器一样，单相自耦变压器的电磁关系也适用于对称运行的三相自耦变压器的每一相。

如果将双绕组变压器的一、二次绕组串联起来作为新的一次侧，而二次绕组仍作二次侧与负载阻抗 Z_L 相连接，便得到一台降压自耦变压器，如图 2-35 所示。U1、U2 为高压绕组；u1、u2 为低压绕组，又称公共绕组；U1、u1 为串联绕组。显然，自耦变压器一、二次绕组之间不但有磁的联系，而且还有电的联系。

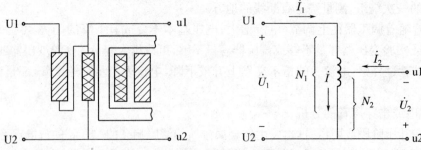

图 2-35　降压自耦变压器的结构图与接线图

二、电压、电流及容量关系

1. 电压关系

自耦变压器也利用电磁感应原理工作。当一次绕组 U1、U2 两端加交变电压 $\dot{U}_1$ 时,铁芯中产生交变磁通,并分别在一、二次绕组中产生感应电动势,若忽略漏阻抗压降,则有

$$\left.\begin{array}{l} U_1 \approx E_1 = 4.44 f N_1 \Phi_{\mathrm{m}} \\ U_2 \approx E_2 = 4.44 f N_2 \Phi_{\mathrm{m}} \end{array}\right\} \tag{2-39}$$

自耦变压器的变比为

$$k_{\mathrm{m}} = \frac{E_1}{E_2} = \frac{N_1}{N_2} \approx \frac{U_1}{U_2} \tag{2-40}$$

2. 电流关系

负载运行时,外加电压为额定电压,主磁通近似为常数,总的励磁磁动势仍等于空载磁动势。即

$$N_1 \dot{I}_1 + N_2 \dot{I}_2 = N_1 \dot{I}_0 \tag{2-41}$$

若忽略励磁电流,得

$$N_1 \dot{I}_1 + N_2 \dot{I}_2 = 0$$

则

$$\dot{I}_1 = -\frac{N_2}{N_1} \dot{I}_2 = -\dot{I}_2 / k_2 \tag{2-42}$$

可见,一、二次绕组电流的大小与匝数成反比,在相位上互差 $180°$。因此,公共绕组中的电流

$$\dot{I} = \dot{I}_1 + \dot{I}_2 = -\frac{\dot{I}_2}{k_2} + \dot{I}_2 = \left(1 - \frac{1}{k_a}\right)\dot{I}_2 \tag{2-43}$$

在数值上, $\qquad I = I_2 - I_1$ 或 $I_2 = I + I_1$ $\qquad$ (2-44)

式(2-44)说明,自耦变压器的输出电流为公共绕组中电流与一次绕组电流之和。由此可知,流经公共绕组中的电流总是小于输出电流。

3. 容量关系

普通双绕组变压器的铭牌容量(又称通过容量)和绕组的额定容量(又称电磁容量或设计容量)相等,但自耦变压器的两者却不相等。以单相自耦变压器为例,其铭牌容量为

$$S_{\mathrm{N}} = U_{1\mathrm{N}} I_{1\mathrm{N}} = U_{2\mathrm{N}} I_{2\mathrm{N}} \tag{2-45}$$

而串联绕组 U1、u1 段额定容量为

$$S_{\mathrm{U1u1}} = U_{\mathrm{U1u1}} I_{1\mathrm{N}} = \frac{N_1 - N_2}{N_1} U_{1\mathrm{N}} I_{1\mathrm{N}} = \left(1 - \frac{1}{k_{\mathrm{a}}}\right) S_{\mathrm{N}} \tag{2-46}$$

公共绕组 u1、u2 段额定容量为

$$S_{\mathrm{u1u2}} = U_{\mathrm{u1u2}} I = U_{2\mathrm{N}} I_{2\mathrm{N}} \left(1 - \frac{1}{k_{\mathrm{a}}}\right) = \left(1 - \frac{1}{k_{\mathrm{a}}}\right) S_{\mathrm{N}} \tag{2-47}$$

比较式(2-45)、式(2-46)和式(2-47)可知,串联线圈 U1、u1 段额定容量与公共线圈

u1、u2 段额定容量相等,并均小于自耦变压器的铭牌容量。

自耦变压器工作时,其输出容量

$$S_2 = U_2 I_2 = U_2(I + I_1) = U_2 I + U_2 I_1 \tag{2-48}$$

式(2-48)说明,自耦变压器的输出功率由 2 部分组成,其中 $U_2 I$ 为电磁功率,是通过电磁感应作用从原边传递到负载中去的,与双绕组变压器传递方式相同。$U_2 I_1$ 为传导功率,它是直接由电源经串联绕组传导到负载中去的,它不需要增加绕组容量,也正因为如此,自耦变压器的绕组容量才小于其额定容量。而且,自耦变压器的变比 k_a 愈接近 1,绕组容量愈小,其优越性就愈显著,因此,自耦变压器主要用于 $k_a < 2$ 的场合。

三、自耦变压器的主要优缺点

与普通双绕组变压器相比较,自耦变压器有以下主要优点和缺点。

(1) 主要优点由于自耦变压器的设计容量小于额定容量,故在同样的额定容量下,自耦变压器的尺寸小,有效材料(硅钢片和铜线)和结构材料(钢材)都较节省,成本较低,效率较高,重量较轻,故便于运输和安装,占地面积也小。

(2) 主要缺点由于一、二次绕组间有电的直接联系,在运行时一、二次侧都需装设避雷器,以防高压侧产生过电压时引起低压绕组绝缘的损坏。同时自耦变压器中性点必须可靠接地。

四、用途

目前,在高电压、大容量的输电系统中,自耦变压器主要用于连接两个电压等级相近的电力网,作联络变压器之用,三相自耦变压器如图 2-36 所示。在实验室中还常采用如图 2-37 所示二次侧有滑动接触的自耦变压器作调压器。三相自耦变压器还可用做异步电动机的启动补偿器。

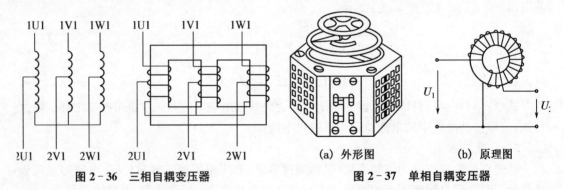

图 2-36　三相自耦变压器　　　　(a) 外形图　　　(b) 原理图　　图 2-37　单相自耦变压器

2.4.2　仪用互感器

仪用互感器是一种供测量用的变压器,分为电流互感器和电压互感器。仪用互感器的工作原理与变压器相同。

使用互感器的目的:(1) 为了工作人员的安全,使测量回路与高压电网隔离;(2) 可以使用普通量程的电流表、电压表分别测量大电流和高电压。互感器的规格各种各样,但电流互感器副边额定电流都是 5 A 或 1 A,电压互感器副边额定电压都是 100 V。

互感器除了用于测量电流和电压外,还用于各种继电保护装置的测量系统,因此它的应用极为广泛。下面分别介绍电流互感器和电压互感器。

一、电流互感器

电流互感器利用原、副边匝数不等,把原边的大电流变成副边的小电流,送到电流表或功率表的电流绕组进行测量。

图 2-38 所示为电流互感器的原理图,其结构与普通变压器类似。但电流互感器的一次绕组匝数少,二次绕组匝数多。它的一次侧串联接入被测线路,流过被测电流 $\dot{I}_1$。二次侧接内阻抗极小的电流表或功率表的电流线圈,近似于短路状态,二次侧电流为 $\dot{I}_2$。因此电流互感器的运行情况相当于变压器的短路运行。

如果忽略励磁电流,由变压器的磁动势平衡关系可得

$$\frac{I_1}{I_2} = \frac{N_2}{N_1} = k_i \quad \text{或} \quad I_1 = k_i I_2 \tag{2-49}$$

式中,k_i 为电流变比,是个常数。也就是说,把电流互感器的副边电流数值乘上一个常数就是原边被测电流数值。

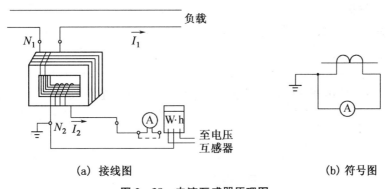

(a) 接线图   (b) 符号图

图 2-38　电流互感器原理图

因此,量测 I_2 的电流表按 $k_i I_2$ 来刻度,从表上直读出被测电流 $\dot{I}_1$。

由于互感器总有一定的励磁电流,一、二次电流比只是近似一个常数,把一、二次电流比按一个常数 k_i 处理的电流互感器就存在着误差,用相对误差表示为

$$\Delta I = \frac{k_i I_2 - I_1}{I_1} \times 100\% \tag{2-50}$$

根据误差的大小,电流互感器准确度分为下列各级:0.2、0.5、1.0、3.0、10.0。如 0.5 级的电流互感器表示在额定电流时误差最大不超过 ±0.5%。

使用电流互感器时,须注意以下 3 点。

(1) 二次侧绝对不许开路。因为副边开路时,电流互感器处于空载运行状态,此时一次侧被测线路电流全部为励磁电流,使铁芯中磁通密度明显增大。这一方面使铁损耗急剧增加,铁芯过热甚至烧坏绕组;另一方面将使二次侧感应出很高的电压,不但使绝缘击穿,而且危及工作人员和其他设备的安全。因此,其二次侧不能接熔断器,在一次电路工作时如需检修和拆换电流表或功率表的电流线圈,必须先将二次侧短路。

(2) 电流互感器的铁芯和二次绕组必须可靠接地,以防止绝缘击穿后,电力系统的高电压传到低压侧,危及二次设备及操作人员的安全。

（3）电流互感器有一定的额定容量,使用时二次侧不宜接过多的仪表,以免影响互感器的准确度。

为了可在现场不切断电路的情况下测量电流和便于携带使用,把电流表和电流互感器合起来制造成钳形电流表。图2-39所示为钳形电流表的实物图和原理电路图。互感器的铁芯成钳形,可以张开,使用时只要张开钳口,将待测电流的一根导线放人钳中,然后将铁苍闭合,钳形电流表就会显示出试测导线电流的大小,可直接读数。

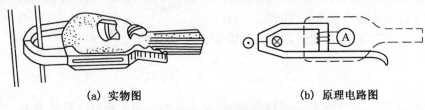

  （a）实物图   （b）原理电路图

图2-39 钳形电流表的实物图及原理电路图

二、电压互感器

电压互感器利用原、副边匝数不同,把原边的高电压变为副边的低电压,送到电压表或功率表的电压绕组进行测量。

图2-40所示为电压互感器的原理图。一次侧直接并联在被测的高压电路上,二次侧接电压表或功率表的电压线圈,一次绕组匝数 N_1 多,二次绕组匝数 N_2 少。由于电压表或功率表的电压线圈阻抗很大,电压互感器二次近似开路,相当于一台二次处于空载状态的降压变压器。

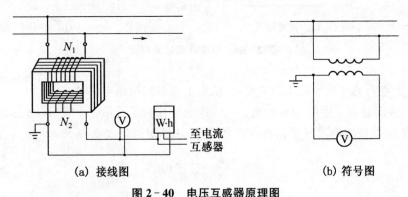

  （a）接线图   （b）符号图

图2-40 电压互感器原理图

如果忽略漏阻抗压降,则有

$$U_1/U_2=N_1/N_2=k_u \quad 或 \quad U_1=k_uU_2 \tag{2-51}$$

式中, k_u 为电压变比,是个常数。这就是说,把电压互感器的二次电压数值乘上常数 k_u 就是一次被测电压的数值。因此,测量 U_2 的电压按 k_uU_2 来刻度,从表上直接读出被测电压 U_1 。

实际的电压互感器中,一、二次漏阻抗上都有压降,因此,一、二次绕组电压比只是近似数,必然存在误差。根据误差的大小,电压互感器准确度分0.2、0.5、1.0、3.0几个等级。

使用电压互感器注意:

（1）电压互感器在投入运行前要按照规程规定的项目进行试验检查。例如,测极性、连接组别、摇绝缘、核相序等。

（2）电压互感器的接线应保证其正确性，一次绕组和被测电路并联，二次绕组应和所接的测量仪表、继电保护装置或自动装置的电压线圈并联，同时要注意极性的正确性。

（3）接在电压互感器二次侧负荷的容量应合适，接在电压互感器二次侧的负荷不应超过其额定容量，否则，会使互感器的误差增大，难以达到测量的正确性。

（4）电压互感器二次侧不允许短路。由于电压互感器内阻抗很小，若二次回路短路时，会出现很大的电流，将损坏二次设备甚至危及人身安全。电压互感器可以在二次侧装设熔断器以保护其自身不因二次侧短路而损坏。在可能的情况下，一次侧也应装设熔断器以保护高压电网不因互感器高压绕组或引线故障危及一次系统的安全。

（5）为了确保人在接触测量仪表和继电器时的安全，电压互感器二次绕组必须有一点接地。因为接地后，当一次和二次绕组间的绝缘损坏时，可以防止仪表和继电器出现高电压危及人身安全。

2.4.3 电焊变压器

交流电弧焊接在生产实际中的应用广泛。交流电弧焊接使用的电源通常是电焊变压器，实际上它是一种特殊的降压变压器。为了保证电焊的质量和电弧燃烧的稳定性，对电焊变压器有以下几点要求。

（1）电焊变压器应具有 $60\sim75$ V 的空载电压以保证容易起弧，但考虑操作者的安全，电压一般不超过 85 V。

（2）电焊变压器负载时应有迅速下降的外特性，如图 2-41 所示，以满足电弧特性的要求。

（3）为了满足焊接不同工件的需要，要求能够调节焊接电流的大小。

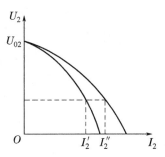

图 2-41 电焊变压器外特性

（4）短路电流不应太大，也不应太小。短路电流太大，会使焊条过热、金属颗粒飞溅，工件易烧穿；短路电流太小，引弧条件差，电源处于短路时间过长。一般短路电流不超过额定电流的 2 倍，在工作中电流要比较稳定。

为了满足上述要求，电焊变压器应有较大的可调电抗。电焊变压器的一、二次绕组一般分装在 2 个铁芯柱上，以使绕组的漏抗比较大。改变漏抗的方法很多，常用的有磁分路法和串联可变电抗法 2 种，如图 2-42 所示。

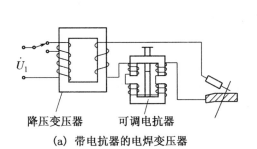

（a）带电抗器的电焊变压器   （b）磁分路电焊变压器

图 2-42 电焊变压器原理接线图

带电抗器的电焊变压器如图 2-42(a)所示,它在二次绕组中串接可调电抗器。电抗器中的气隙可以用螺杆调节,当气隙增大时,电抗器的电抗减小,电焊工作电流增大;反之,当气隙减小时,电抗增大,电焊工作电流减小。另外,在一次绕组中还备有分接头,以便调节起弧电压的大小。

磁分路电焊变压器如图 2-42(b)所示。在一、二次绕组铁芯柱中间加装一个可移动的铁芯提供了一个磁分路。当磁分路铁芯移出时,一、二次绕组的漏抗减小,电焊变压器的工作电流增大。当磁分路铁芯移入时,一、二次绕组间通过磁分路的漏磁通增多,总的漏抗增大,焊接时二次侧电压迅速下降,工作电流变小。这样,通过调节磁分路 WJ 磁阻即可调节漏抗大小和工作电流的大小,以满足焊件和焊条的不同要求。在二次绕组中还常备有分接头,以便调节空载时的起弧电压大小。

思考与训练

一、知识检验

1. 变压器是怎样实现变压的?

2. 变压器的主要用途是什么? 为什么要高压输电?

3. 变压器铁芯的作用是什么? 为什么要用厚 0.30 mm、表面涂有绝缘漆的硅钢片叠成?

4. 变压器有哪些主要部件,其功能是什么?

5. 变压器二次额定电压是怎样定义的?

6. 双绕组变压器一、二次侧的额定容量为什么按相等进行设计?

7. 变压器空载电流的性质和作用如何? 其大小与哪些因素有关?

8. 一台 380/220 V 的单相变压器,如不慎将 380 V 加在低压绕组上,会产生什么现象?

9. 为什么变压器的空载损耗可近似看成铁损耗,短路损耗可否近似看成铜损耗?

10. 试绘出变压器 T 形、近似和简化等效电路,并说明各参数的意义。

11. 变压器二次侧接电阻、电感和电容负载时,从一次侧输入的无功功率有何不同? 为什么?

12. 变压器空载试验一般在哪侧进行? 将电源加在低压侧或高压侧实验所计算出的励磁阻抗是否相等?

13. 变压器短路试验一般在哪一侧进行? 将电源加到高压侧或低压侧实验所计算出的短路阻抗是否相等?

14. 变压器外加电压一定,当负载(阻感性)电流增大,一次电流如何变化? 二次电压如何变化? 当二次电压偏低时,降压变压器该如何调节分接头?

15. 电力变压器的效率与哪些因素有关? 何时效率最高?

16. 什么是单相变压器的连接组别,影响其组别的因素有哪些? 如何用时钟法来表示?

17. 什么是三相变压器的连接组别,影响其组别的因素有哪些? 如何用时钟法来表示?

18. 变压器并联运行的理想条件是什么? 哪些条件必须严格遵守,哪些条件可略有变化?

19. 使用电流互感器时须注意哪些事项?

20. 使用电压互感器时须注意哪些事项?

21. 为了保证电焊的质量和电弧燃烧的稳定性,对电焊变压器有哪些具体要求?

22. 有一台单相变压器,$S_N = 50\ \text{kVA}$,$U_{1N}/U_{2N} = 10\ 500/230\ \text{V}$,试求一、二次绕组的额定电流。 、

二、技能测评

1. 维修变压器时应做好哪些原始记录?为什么?

2. 维修变压器时铁芯拆卸应注意哪些事项?

3. 维修变压器时绕线的工艺要点应注意什么?

4. 变压器重新绕制后还应进行哪些检查和试验?

答案?扫扫看

项目 3 异步电动机的应用

任务 3.1 三相异步电动机的基本结构

3.1.1 三相异步电动机的基本结构

一、三相异步电动机的组成

三相异步电动机由 2 个基本部分组成,固定不动的部分称为定子,可以旋转的部分称为转子。

1. 定子

定子由机座、定子铁芯、定子绕组和端盖等组成。

1) 机座

通常用铸铁制成,用于固定和支撑定子铁芯。机座的形式与电动机的防护方式、冷却方式和安装方式有关。

2) 定子铁芯

定子铁芯由 0.5 mm 厚的硅钢片叠压制成,片上涂有绝缘漆以减小涡流损耗。铁芯内圆周上有均匀分布的槽,槽内用来嵌放定子绕组。定子铁芯安放在机座内,是磁路的一部分。

3) 定子绕组

定子绕组共分三相,对中小型电动机一般由漆包线绕制而成,是定子的电路部分,分布在定子铁芯槽内,构成三相对称绕组。三相绕组共有 6 个出线端,三相绕组的首段分别用 U_1、V_1、W_1 表示,其对应的尾端分别用 U_2、V_2、W_2 表示,将它们引出接在电动机外壳上的接线盒中,通过接线盒上的 6 个出线端的不同连接,可将定子绕组连接成星形或三角形,如图 3-1 所示。

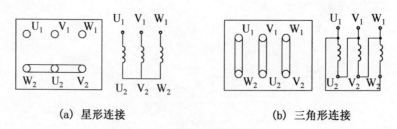

(a) 星形连接　　　　　　(b) 三角形连接

图 3-1 三相异步电动机接线方法

2. 转子部分

转子由转子铁芯、转子绕组、转轴、风扇等组成,如图 3-2 所示。

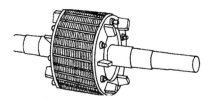

图 3-2　转子外形图

1）转子铁芯

转子铁芯为圆柱形，它一方面作为电动机磁路的一部分，另一方面用来安放转子绕组。转子铁芯也是用 0.5 mm 厚的硅钢片叠压制成，套在转轴上。转子铁芯与定子铁芯之间有很小的间隙，它们共同组成电动机的磁路。

2）转子绕组

异步电动机的转子绕组有绕线转子型和笼型 2 种。由此分为绕线转子异步电动机与笼型异步电动机。

（1）绕线转子绕组：与定子绕组相似，用绝缘导线做成线圈，嵌入转子槽中，再连接成三相绕组，一般都接成星形；3 个引出端分别接到装在转轴上的 3 个滑环上，通过电刷装置与外电路相连，如图 3-3 所示，供启动和调速用。

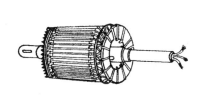

（a）绕线型转子　　　　　　　　（b）电刷装置

图 3-3　绕线型转子和电刷装置

（2）笼型绕组：在转子铁芯的每一个槽中放入一铜条，在铜条的两端各用一铜环将导体条连接起来；也可用铸铝的方法，把转子导条和端环、风扇叶片等用铝液一次浇铸而成。去掉转子铁芯后，整个绕组的外形像个鼠笼，故称为笼型绕组，如图 3-4 所示。

3．气隙

感应电动机的气隙是均匀的，气隙大小对异步电动机的运行性能

图 3-4　笼型绕组

和参数影响较大，励磁电流由电网供给，气隙越大，励磁电流也就越大，而励磁电流又属于无功性质，它要影响电网的功率因数。气隙过小，则装配困难，并导致运行不稳定。因此，感应电动机的气隙大小往往为机械条件所能允许达到的最小数值，中小型电机一般为 0.1～1 mm。

4．其他附件

包括轴承、轴承端盖、风扇等。

三相异步电动机的外形及基本结构如图 3-5、3-6 所示。

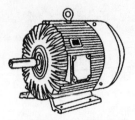
(a) 笼型异步电动机外形

(b) 绕线型异步电动机外形

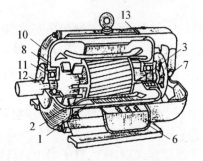
(c) 笼型异步电动机剖视图

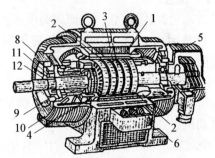
(d) 绕线型异步电动机剖视图

1—定子;2—定子绕组;3—转子;4—转子绕组;5—滑环;6—接线盒;
7—风扇,8—轴承,9—轴承盖,10—端盖,11—内盖,12—外盖,13—风扇罩

图 3-5　三相异步电动机的外形和剖视图

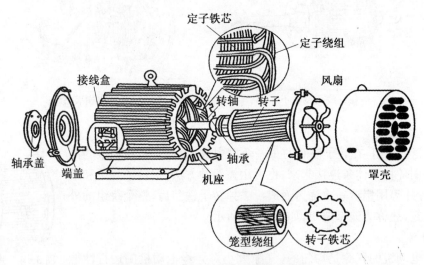

图 3-6　三相异步电动机的基本结构

二、三相异步电动机的铭牌数据

　　三相异步电动机的机座上都嵌有铭牌,上面标注有该电动机的一些主要技术参数,如表 3-1 所示。了解铭牌上参数的意义,才能正确选择、使用和维修电动机。

表 3-1 三相异步电动机的铭牌

三相异步电动机		
型号 Y132M-4	功率 7.5 kW	频率 50 Hz
电压 380 V	电流 15.4 A	接法△
转速 1 440 r/min	绝缘等级 B	工作方式连续
年 月 日 编号 ××电机厂		

1. 型号

异步电动机型号的表示方法是采用汉语拼音的大写字母和阿拉伯数字表示电动机的种类、规格等,其型号的意义如下:

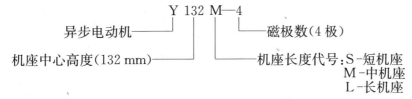

2. 额定值

额定值规定了电动机的正常运行状态和条件,是选用、维修电动机的依据。在铭牌上标注的主要额定值有:

(1) 额定功率 P_N:电动机在额定运行状态时轴上输出的机械功率,单位是 kW。三相异步电动机的额定功率为

$$P_N = \sqrt{3} U_N I_N \eta_N \cos \varphi_N \tag{3-1}$$

式中,η_N 为电动机的额定率;$\cos\varphi_N$ 为电动机的额定功率因数。

(2) 额定电压 U_N:电动机在额定运行状态下加在定子绕组出线端上的线电压,单位为 V。

(3) 额定电流 I_N:电动机在额定电压、额定频率、额定输出功率的情况下,电源供给电动机的线电流,单位为 A。

(4) 额定频率 f_N:电动机所接交流电源的频率,我国规定电力系统频率为 50 Hz。

(5) 额定转速 n_N:电动机定子在额定频率的额定电压下,电动机轴上输出额定功率时的转子转速,单位为 r/min;电动机的额定转速与定子三相绕组的接法无关。

(6) 接法:用 Y(星形)或△(三角形)表示;表示电动机在额定运行状态时定子绕组的连接方式。

(7) 绝缘等级:绝缘等级决定了电动机的允许温升,两者的关系如表 3-2 所示。

表 3-2 绝缘等级与允许温升的关系

绝缘等级	A	E	B	F	H	C
绝缘材料的允许温度/℃	105	120	130	155	180	180 以上
电动机的允许温升/℃	60	75	80	100	125	125 以上

三、三相异步电动机主要系列

我国电机的产品系列型号是根据机械工业部颁发的电工产品型号编制办法和申请办法

指导性文件统一编制的,以免同一产品型号各异或不同产品型号重复,便于使用、制造、设计部门等进行业务联系,简化技术文件中有关产品名称、规格、型式等的文字叙述。电机产品型号采用大写印刷体汉语拼音字母和阿拉伯数字表示。

Y 系列是一般用途的小型笼型异步电动机系列。额定电压 380 V,功率范围为 0.55~160 kW,同步转速范围为 750~3 000 r/min。

YD 系列是小型三相变极多速异步电动机系列,有双速、三速、四速 3 种类型,主要用于各式机床及起重传动设备等需要多种速度的传动装置。

YZR 系列是起重冶金用三相绕线转子异步电动机系列,功率范围为 1.5~200 kW。

YR 系列是中型高压三相绕线转子异步电动机系列,功率范围为 250~1 250 kW。主要用于磨机、造纸机械以及可满载启动的各种机械的电力传动;不适用于频繁启动及经常改变转向的场合。

例 3-1　某台四极三相异步电动机,$P_N = 11$ kW,△接线,$U_N = 380$ V,$\cos \varphi_N = 0.858$,$\eta_N = 89.07\%$,$n_N = 1\ 460$ r/min,$f_N = 50$ Hz,求定子绕组的额定电流 $I_{N\varphi}$。

解　定子额定电流

$$I_N = \frac{P_N}{\sqrt{3} U_N \cos \varphi_N \eta_N} = \frac{11 \times 10^3}{\sqrt{3} \times 380 \times 0.858 \times 0.890\ 7} = 21.87\ (\text{A})$$

定子绕组为△形接线,所以,定子绕组的额定电流为

$$I_{N\varphi} = \frac{I_N}{\sqrt{3}} = \frac{21.87}{\sqrt{3}} = 12.63\ (\text{A})$$

3.1.2　交流电动机的绕组

交流绕组是实现机电能量转换的重要部件,通过它可以感应电动势并对外输出电功率(发电机)或输入电流建立磁场产生电磁转矩(电动机)。因此,交流绕组被称为电动机的心脏。要了解交流电动机的原理和运行问题,首先必须对交流绕组的构成、连接规律和电磁现象有一个基本了解。

一、交流绕组的基本要求

交流绕组形式虽然有很多种,但其构成基本相同。交流绕组的基本要求主要是从运行方面和设计制造方面考虑的。

(1) 在导体数目一定的情况下,绕组的合成电动势和磁动势在波形上力求接近正弦波;在数量上力争获得较大的基波电动势和基波磁动势。

(2) 对于三相绕组,各相电动势和磁动势要对称,各相阻抗要平衡。

(3) 用铜量要少,绝缘性能和机械强度要高,散热要好。

(4) 制造、安装、检修要方便。

二、交流绕组的术语

1. 电角度与机械角度

电动机圆周在几何上分成 $360°$,这个角度称为机械角度。若电动机磁场在空间按正弦规律分布,当有导体经过 N、S 一对磁极时导体中所感应(正弦)电动势的变化为一个周期,即经过 $360°$ 电角度,这样,电动机若有 p 对磁极电动机圆周按电角度计算就为 $p \times 360°$,而机械角度

仍为 360°。故

$$电角度 = p \times 机械角度 \qquad (3-2)$$

2. 极距 τ

极距是指相邻的一对磁极轴线间沿气隙圆周即沿定子表面的距离，用 τ 表示。一般用每个极面下所占的槽数表示。

设定子槽数为 Z，极对数为 p（极数为 $2p$），则极距用槽数表示时为

$$\tau = \frac{Z}{2p} \qquad (3-3)$$

3. 线圈

线圈是组成绕组的基本单元，又称元件。线圈可以是单匝的，也可以是多匝的。每个线圈都有首端和尾端两根线引出。线圈的直线部分，即切割磁力线的部分，称为有效边，嵌在定子槽的铁芯中。连接有效边的部分称为端接部分，置于铁芯槽的外部。如图 3-7 所示，在双层绕组中，一条有效边在上层，则另一条有效边在下层，故分别称为上层边、下层边。

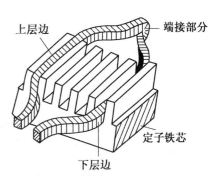

图 3-7　双层绕组元件的构成

4. 节距

线圈的 2 个边所跨定子圆周上的距离称为节距，节距的长短通常用元件所跨过的槽数表示。节距分为第一节距、第二节距和合成节距。

1）第一节距 y_1

同一线圈的两个有效边间的距离称为第一节距，用 y_1 表示。$y_1 = \tau$ 时称为整距绕组；$y_1 < \tau$ 时称为短距绕组；$y_1 > \tau$ 时称为长距绕组。

2）第二节距 y_2

第一个线圈的下层边与相连接的第二个线圈的上层边间的距离称第二节距，用 y_2 表示。

3）合成节距

第一个线圈与相连接的第二个线圈的对应边间的距离称合成节距用表示，如图 3-8 所示。

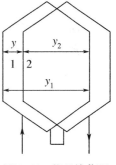

图 3-8　绕组的节距

5. 槽距角 α

槽距角是指相邻槽间的电角度。电机定子的内圆周是 $p \times 360$ 电角度，因此，槽距角为

$$\alpha = \frac{p \times 360°}{Z} \qquad (3-4)$$

槽距角表明，相邻两槽内导体的基波感应电动势在时间相位上相差 α 电角度。

6. 每极每相槽数 q

每相绕组在每个磁极下平均占有的槽数称为每极每相槽数 q，即

$$q = \frac{Z}{2mp} \qquad (3-5)$$

式中,Z 为总槽数;p 为极对数;m 为相数。

7. 相带

每个极下每相连续占有的电角度称为相带。由于每个磁极占 $180°$ 电角度,三相绕组的相带通常为 $60°$ 电角度,因此,交流旋转电机一般采用 $60°$ 相带。

8. 线圈组

将属同一相的 q 个线圈按一定规律连接起来就构成一个线圈组,也称为极相组。将属于同一相的所有极相组并联或串联起来就构成一相绕组。

例 3-2 有一台三相交流旋转电机,已知 $Z=48$ 槽,$2p=4$,求该交流旋转电机的极距 τ、机械角度、电角度、槽距角 α 和每极每相槽数 q。

解 极距:$\tau = \dfrac{Z}{2p} = \dfrac{48}{4} = 12$

机械角度:$360°$

电角度:电角度 $= p \times$ 机械角度 $= 2 \times 360° = 720°$

槽距角:$\alpha = \dfrac{p \times 360°}{Z} = \dfrac{2 \times 360°}{48} = 15°$

每极每相槽数:$q = \dfrac{Z}{2mp} = \dfrac{48}{2 \times 3 \times 2} = 4$

三、交流绕组的分类

按绕法分为叠绕组和波绕组。

按槽内元件边的层数分为单层绕组、双层绕组和单双层绕组。

按每极每相槽数是整数还是分数分为整数槽绕组和分数槽绕组。

按绕组节距是否等于极距可分为整距绕组、短距绕组和长距绕组。

按相数可分为单相绕组、二相绕组和三相绕组。

四、三相单层绕组

单层绕组的每个槽里只放一个线圈边,一个线圈的两个有效边就要占两个槽,所以线圈数等于槽数的一半。

单层绕组分为链式绕组、同心式绕组和交叉式绕组。

1. 单层链式绕组

单层链式绕组是由形状、几何尺寸和节距都相同的线圈连接而成的,整体外形像一条长链子。

下面以 $Z=24$,极数 $2p=4$ 的异步电动机定子绕组为例来说明链式绕组的构成。

例 3-3 设有一台极数 $2p=4$ 的异步电动机,定子槽数 $Z=24$,采用三相单层链式绕组,说明单层链式绕组的构成原理并绘出展开图。

解 (1)计算极距 τ、每极每相槽数 q 和槽距角 α。

$$\tau = \frac{Z}{2p} = \frac{24}{4} = 6$$

$$q = \frac{Z}{2mp} = \frac{24}{2 \times 3 \times 2} = 2$$

$$\alpha = \frac{p \times 360°}{Z} = \frac{2 \times 360°}{24} = 30°$$

（2）分相

将槽依次编号,绕组采用 60°相带,则每个相带包含 2 个槽,相带和槽号的对应关系如下,如表 3－3 所示。

表 3－3　相带和槽号的对应关系(三相单层链式绕组)

相带 槽号	U1	W2	V1	U2	W1	V2
第一对极	1.2	3.4	5.6	7.8	9.10	11.12
第二对极	13.14	15.16	17.18	19.20	21.22	23.24

（3）构成一相绕组,绘出展开图。

将属于 U 相导体的 2 和 7、8 和 13、14 和 19、20 和 1 相连,构成 4 个节距相等的线圈。当电动机中有旋转磁场时,槽内的导体切割磁力线而感应电动势,U 相绕组的总电动势将是导体 1、2、7、8、13、14、19、20 的电动势之和(相量和)。四个线圈按"尾—尾"、"头—头"相连的原则构成 U 相绕组,其展开图如图 3—9 所示。采用这种连接方式的绕组为链式绕组。

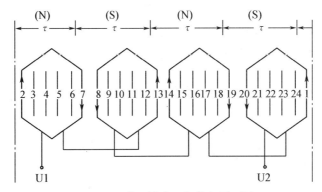

图 3－9　单层链式 U 相绕组展开图

用同样的方法可以得到另外两相绕组的连接规律。V、W 两相绕组的首端依次与 U 相绕组首端相差 120°和 240°电角度。图 3－10 所示为三相单层链式绕组的展开图。

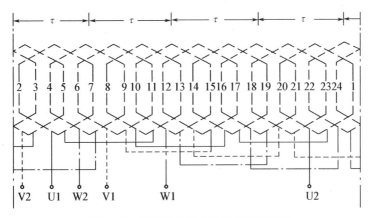

图 3－10　三相单层链式 U 相绕组展开图

链式绕组主要用于 $q=2$ 的 4、6、8 极的小型异步电动机中,具有工艺简单、制造方便、线圈端接连线少、节约材料等优点。

2. 单层交叉式绕组

交叉式绕组由线圈个数和节距都不等的两种线圈组构成,同一线圈组中的各个线圈的形状、几何尺寸和节距都相等,各线圈组的端接部分相互交叉。

例 3-4 设有一台极数 $2p=4$ 的异步电动机,定子槽数 $Z=36$,采用三相单层交叉式绕组,说明单层交叉式绕组的构成原理并绘出展开图。

解 （1）计算极距 τ、每极每相槽数 q 和槽距角 α。

$$\tau=\frac{Z}{2p}=\frac{36}{4}=9$$

$$q=\frac{Z}{2mp}=\frac{36}{2\times3\times2}=3$$

$$\alpha=\frac{p\times360°}{Z}=\frac{2\times360°}{36}=20°$$

（2）分相

将槽依次编号,绕组采用 60° 相带,则每个相带包含三个槽,相带和槽号的对应关系如下,如表 3-4 所示。

表 3-4 相带和槽号的对应关系(三相单层交叉式绕组)

槽号＼相带	U1	W1	V1	U2	W2	V2
第一对极	1,2,3	4,5,6	7,8,9	10,11,12	13,14,15	16,17,18
第二对极	19,20,21	22,23,24	25,26,27	28,29,30	31,32,33	34,35,36

（3）构成一相绕组,绘出展开图。

根据 U 相绕组所占槽数 t 把 U 相所属的每个相带内的槽数分成 2 部分:2~10、3~11,构成 2 个节距都为 $y_1=8$ 的大线圈,1~30 构成 1 个 $y_1=7$ 的小线圈。同理,20~28、21~29 构成 2 个大线圈,19~12 构成 1 个小线圈,即在两对极下依次布置两大一小线圈。根据电动势相加的原则,线圈之间的连接规律是:两个相邻的大线圈之间应"头—尾"相连,大小线圈之间应按照"尾—尾"、"头—头"规律相连。单层交叉式 U 相绕组展开图如图 3-11 所示。采用这种连接方式的绕组为交叉式绕组。

用同样的方法可以得到另外两相绕组的连接规律。图 3-12 为三相单层交叉绕组的展开图。

交叉式绕组不是等元件绕组,线圈节距小于极距,因此,端接部分连线较短,有利于节约原材料。当 $q=3、5、7$ 等奇数时一般均采用交叉式绕组。

3. 单层同心式绕组

同心式绕组由几个几何尺寸和节距不等的线圈建成同心形状的线圈组构成。

例 3-5 设有一台极数 $2p=2$ 的交流电机,定子槽数 $Z=24$,说明三相单层同心式绕组的构成原理并绘出展开图。

解 （1）计算极距 τ、每极每相槽数 q 和槽距角 α。

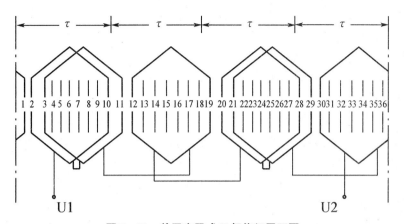

图 3－11　单层交叉式 U 相绕组展开图

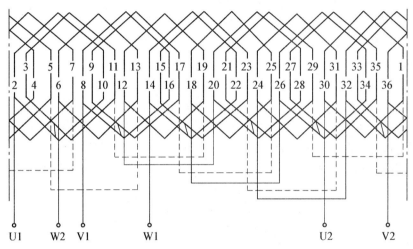

图 3－12　三相单层交叉式绕组的展开图

$$\tau=\frac{Z}{2p}=\frac{24}{2}=12$$

$$q=\frac{Z}{2mp}=\frac{24}{2\times3\times1}=4$$

$$\alpha=\frac{p\times360°}{Z}=\frac{1\times360°}{24}=15°$$

（2）分相

将槽依次编号,绕组采用 $60°$ 相带,则每个相带包含 4 个槽,相带和槽号的对应关系如表 3－5 所示。

表 3－5　相带和槽号的对应关系(三相单层同心式绕组)

相带	U1	W2	V1	U2	W1	V2
槽号	1,2,3,4	5,6,7,8	9,10,11,12	13,14,15,16	17,18,19,20	21,22,23,24

（3）构成一相绕组，绘出展开图

把 U 相的每一相带内的槽分成两半，3 和 14 槽内的导体构成一个节距为 11 的大线圈，4 和 13 槽内的导体构成一个节距为 9 的小线圈，把两个线圈串联成一个同心式的绕组，再把 15 和 2、16 和 1 槽内的导体构成另一个同心式线圈组。两个线圈组按"头—头"、"尾—尾"的反串联规律连接，得到 U 相同心式绕组的展开图，如图 3-13 所示。

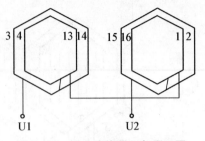

图 3-13　同心式线圈 U 相展开图

同心式绕组端接部分长，适用于 $q=4,6,8$ 等偶数两极小型三相异步电动机中。

综合以上分析可知，单层绕组的线圈节距在不同形式的绕组中是不同的，从电动势计算的角度看，每相绕组中的线圈感应电动势均是属于两个相差 $180°$ 空间电角度的相带内线圈边电动势的相量和，因此，仍可以看成是整距线圈。不能制成短距绕组来削弱高次谐波电动势和高次谐波磁动势。单层绕组一般用于功率在 10 kW 以下的异步电机中。单层绕组的优点是：槽内无层间绝缘，槽利用率较高，对小功率电机来说具有很大意义。

五、三相双层绕组

双层绕组的每个槽内分作上下两层，每个线圈的一个边在一个槽的上层，另一个边则在另一个槽的下层，线圈的形式相同，因此，线圈数等于槽数，比单层绕组的线圈效增加一倍。

双层绕组接连接方式分为叠绕组和波绕组，这里仅介绍双层叠绕组。

例 3-6　有一台 $Z=36,2p=4,a=1$ 的交流旋转电机，绘制三相双层叠绕组的展开图。

解　（1）计算极距 τ、每极每相槽数 q 和槽距角 α。

$$\tau=\frac{Z}{2p}=\frac{36}{4}=9$$

$$q=\frac{Z}{2mp}=\frac{36}{2\times3\times2}=3$$

$$\alpha=\frac{p\times360°}{Z}=\frac{2\times360°}{36}=20°$$

（2）分相

将槽依次编号，绕组采用 $60°$ 相带，则每个相带包含三个槽，相带和槽号的对应关系如表 3-6 所示。

表 3-6　相带和槽号的对应关系（三相双层叠绕组）

相带 槽号	U1	W1	V1	U2	W2	V2
第一对极	1,2,3	4,5,6	7,8,9	10,11,12	13,14,15	16,17,18
第二对极	19,20,21	22,23,24	25,26,27	28,29,30	31,32,33	34,35,36

（3）构成一相绕组，绘出展开图

以 U 相为例，分配给 U 相的槽为 1、2、3、10、11、12、19、20、21 和 28、29、30，共 4 组。若选

用短距绕组，$y_1 = \dfrac{7}{9}\tau = \dfrac{7}{9} \times 9 = 7$（槽），上层边选上述 4 组槽，则下层边按照第一节距为 7 选择，从而构造成线圈（上层边的槽号也代表线圈号。比如，第一个线圈的上层边在 1 槽中，则下层边 1＋7＝8 槽中，第二个线圈的上层边在 2 槽中，则下层边在 2＋7＝9 槽中，以此类推，得到 12 个线圈。这 12 个线圈构成 4 个线圈组，即 4 个极）。然后根据并联支路数来构成一相，这里 $a = 1$，所以讲 4 个线圈组串联起来，成为一相绕组，其他相绕组可按同样方法构成，结果如图 3－14 所示。

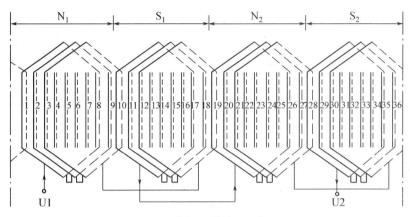

图 3－14　三相双层叠绕组 U 相展开图

从以上分析可以看出，双层绕组的每相绕组的线圈组数等于电机的磁极数，因此，每相绕组的最大并联支路数 $2a = 2p$。

叠绕组的优点是短距时能节省端部用铜和便于得到较多的并联支路数，缺点是线圈组间的连线较长，在多极电机中这些连接线的用铜量增加。

双层波绕组的相带划分和槽号的分配方法与双层叠绕组的相同，它们的差别在于线圈端部形状和线圈之间的连接顺序不同。波绕组的优点是可以减少线圈组间的连接线，故多用在水轮发电机的定子绕组和绕线式异步电动机的转子绕组中。

双层绕组的节距可以根据需要来选择，一般做出短距—削弱高次谐波，改善电动势波形。容量较大的电机均采用双层短距绕组。

3.1.3　绕组故障的分析与处理

一、定子绕组短路故障的检修

绕组短路的主要原因是电动机电流过大、电源电压变动过大、单相运行、机械碰伤、制造不良等造成绝缘破坏所致。绕组短路故障可分为相间短路、极相组间短路，线圈间短路以及匝间短路等。绕组短路后，定子的磁场分布不均匀、三相电流不平衡而使电动机运行时振动和噪声加剧，严重时电动机不能启动，而在短路线圈中产生很大的短路电流，导致线圈迅速发热，甚至烧坏。

1. 绕组短路检查方法

1）外部观察与探温检查

将电动机先空载运行几分钟，如有焦臭味或冒烟现象，则立即停机，迅速拆开电机，抽出转子,察看冒烟部位,并用手探测线圈端部温度,若某一部分线圈比邻近线圈温度要高,则可能即为短路处。也可以仔细观察线圈的端部绝缘有无焦脆等现象,若有这种现象,这只线圈可能存在短路故障。这种方法多用于缺乏仪器而应用于小电动机的检查。

2) 电流检查法

先将电动机空载运行,测量三相电流。影响电动机三相电流不平衡的原因可能是外电源电压不平衡或电动机绕组内部有缺陷,为此,可采取调换两相电源的方法来校验。若不随电源调换而改变,则较大电流的一相绕组可能有短路故障。用这种方法只能检查出有缺陷的相绕组,但不能找出故障点。

3) 电阻检查法

如果绕组短路比较严重,可测量各相绕组直流电阻值,阻值较小者,即可能是短路绕组。具体方法是先用万用表的欧姆挡找出每相绕组的两个线端,然后用直流电桥分别测量各相绕组的直流电阻值,并将它们加以比较,其中电阻值最小的一相,便是可能存在短路故障的一相。由于电动机每相绕组的阻值都很小,一般应用低阻欧姆表或电桥进行测量。为了方便和准确起见,可每次测量两相串联后的阻值,如系三角形连接时,可解开连接点进行,如图 3-15 所示。这时,各绕组的阻值可由下式计算:

$$\left.\begin{aligned} R_3 &= \frac{R_{1-3} + R_{2-3} - R_{1-2}}{2} \\ R_1 &= R_{1-3} - R_3 \\ R_2 &= R_{1-2} - R_1 \end{aligned}\right\} \tag{3-6}$$

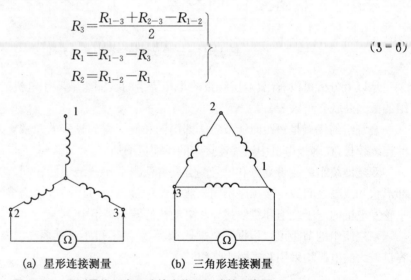

(a) 星形连接测量　　　(b) 三角形连接测量

图 3-15　用测量绕组电阻法检查绕组短路的示意图

4) 电压降法

把有故障一相绕组的各极相组连接线的绝缘剥开,在这相绕组的出线端通入低压交流电,电压一般为 50~100 V。然后测量各极相组的电压降,如读数相差较多且最小的即为短路故障的极相组。检查方法如图 3-16 所示。同理,测出读数最小的线圈即为短路线圈。

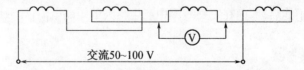

交流50~100 V

图 3-16　用电压降法测量检查绕组短路的示意图

5）短路探测器检查法

探测器是一只铁芯为 H 形硅钢片叠装而成的开口变压器,线圈绕在铁芯凹部。使用时将探测器开口部分放在被检查的定子铁芯槽口上,并在探测器线圈上串接一只电流表,再接到探测器规定的交流电源上,如图 3 - 17 所示。

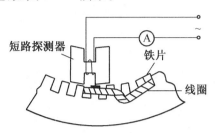

图 3 - 17　用短路探测器检查短路线圈的示意图

这样,探测器 H 形铁芯和定子铁芯齿部就构成变压器的闭合磁路;探测器的线圈相当于变压器一次绕组,被检查的定子槽内线圈便成为变压器二次绕组。这时,若槽内的线圈无短路现象,则电流表读数较小;若槽内线圈有短路故障时,即相当于变压器二次短路,反映到一次的电流表读数就很大。这时也可用一小块铁片(或旧钢锯片)放在被测绕组另一有效边所在的槽口,若被测绕组短路,则此小铁片会因线圈的短路电流所产生的磁性而被吸引振动,并发出强烈的吱吱声。

把探测器沿定子铁芯内圆逐槽移动检测,便可找到短路线圈。这种方法可以不使短路线圈受大电流的烧伤而避免扩大故障,是一种比较有效的检查方法。但使用时应注意以下几点:

(1)电动机引出线是三角形连接时,要将三角形拆开口。

(2)绕组是多路并联时,也要拆开并联支路。

(3)如电动机是双层绕组时,被测槽中有两个线圈,它们分别隔一个线圈节距跨于左右两边,这时要将探测器(或铁片)在左右两槽口都试一下,以便确定短路线圈。

以上介绍的各种检查方法都有局限性,也各具优点。应用哪种方法较好,则要根据具体情况和经验而定。

2. 短路故障修复方法

定子绕组短路,主要是相间短路或匝间短路。短路的原因通常是匝间或相间绝缘损坏。在查明短路故障后,应针对不同的情况进行修复。如果绕组没有烧毁,一般可以采用重新恢复局部绝缘的方法进行修理。如某绕组的个别线圈已烧毁,就需要局部调换线圈。定子绕组短路的修理方法主要有以下 4 种。

1）加强绝缘法

当相间短路、线圈间短路以及匝间短路时,经检查故障点能明显看出来,且破坏的程度尚未扩大,则可以把故障点垫上绝缘物加强绝缘,再涂绝缘漆后烘干,故障便可排除。

另外,也可采用环氧粉末溶敷修补工艺。首先将绝缘损坏处清除干净,然后将线圈加热到 100 ℃左右,将由环氧树脂、石英粉末和乙二胺按 100∶50∶8 的质量比配成的绝缘粘结剂,趁热滴入损坏处密封,在室温中固化。这种修补的绝缘性能较好,质量也较高,适用于高压电动机线圈的修补。

2）局部拆卸重修法

若故障发生在线槽里面，可参照绕组接地故障的修理方法进行局部拆修重嵌。若短路故障发生在底层，则必须把上边的线圈取出槽外，待有故障的线圈修好后，再顺序放回槽内。

3）跳接法

跳接法是把短路线圈从绕组中切除出去的一种应急措施。方法是把短路线圈导线全部切断，包好绝缘，把这个线圈原来的两个线头连接起来，跳过这个有故障的线圈。跳接法会破坏相电流的平衡。一相绕组中可跳过 10%～15% 的线圈，但必须减轻电动机负载。

当损坏线圈的故障点在槽内或无法确定时，可用如图 3-18 所示的办法，将故障线圈在端部剪断，包好绝缘，然后用导线把这个线圈的原两个线头连接起来，跳过这个线圈，这称为线圈跳接法。

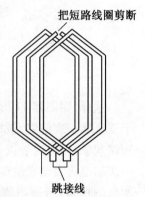

把短路线圈剪断

跳接线

图3-10 线圈跳接法处理短路故障示意图

跳接法适用于不满载运行的电动机中应急采用，有时它可以正常运行很长时间；跳接法不宜用于二极电动机。

4）穿绕修补法

电动机定子绕组个别线圈损坏后，如不宜采用上述方法处理时，可以考虑穿绕修补法。采用穿绕修补时，要先把绕组加热到 80 ℃左右，使线圈绝缘软化，取下坏线圈的槽楔，并剪断坏线圈的两边端部。然后用钳子从槽底把导线一根一根抽出（如果是上层线圈，则应从槽面抽出），注意不要碰伤其他线圈。再把槽中杂物清理干净，但不要破坏原来的槽绝缘，另用一层聚酯薄膜青壳纸卷成圆筒，插进槽内作新导线槽绝缘。把直径比导线略粗并打过蜡的竹签作为假导线插入绝缘套内，取略长于坏线圈总长的新导线，从新导线总长的中点开始穿线。穿线时，可以边抽出竹签假线，边跟随穿入新导线。如果新导线过长，也可以截为 2 段，分别穿绕好后，再在线圈端部连接。穿线完毕后进行接线和整理端部、检查绝缘和进行必要的试验，证明良好后方能浸漆烘干。

这种修补方法比全部拆换绕组节省工料，也没有局部拆换线圈时造成的损坏。如果损坏的线圈较多，不宜采用穿绕修补，只能全部拆换线圈。

二、定子绕组断路故障的检修

绕组的接头由于焊接不良，或使用腐蚀性焊剂，焊接后又未清除干净，就可能造成焊头虚焊或松脱。此外，绕组受机械应力或受机械碰撞也可能使线圈断路。有时，短路和接地故障也能把导线烧断。如果一相绕组烧断，电动机便成为单相而不能启动；若运行中烧断成单相，则在完好两相绕组中的电流将猛增，如不及时发现、停机，则电动机会很快烧坏。

1. 绕组断路故障检查方法

1）万用表检查法

对星形连接的电动机，可将万用表的转换开关旋到电阻挡，一根表棒接在星形中点上，另一根表棒依次接在三相绕组首端，若测得的电阻为无穷大，则被测相断路。对三角形连接的电动机，将三相绕组拆开，然后分别测量三相绕组电阻，电阻为无穷大的一相为断路。

2）试验灯检查法

对星形连接的电动机，可将试验灯的一根线接在绕组中点 N 上，另一根线依次和三相引出线相接，如图 3-19(a)所示，如果灯不亮，则该相断路。对三角形连接的电动机，将三相绕组拆开，然后分别对三相绕组通电试验，如图 3-19(b)所示，若灯不亮，则该相断路。

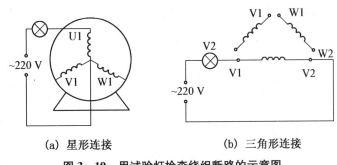

(a) 星形连接　　　　(b) 三角形连接

图 3 - 19　用试验灯检查绕组断路的示意图

3) 三相电流平衡法

对于星形连接的电动机,将三相绕组并联后,通入低电压大电流,如果三相电流值相差大于 5% 时,电流小的一相为断路相,如图 3 - 20(a)所示。对于三角形接法电动机,先要把三角形的接头拆开一个,然后用电流表逐相测量每相绕组的电流,其中电流小的一相为断路相,如图 3 - 20(b)所示。

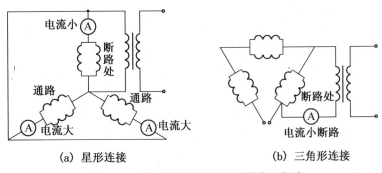

(a) 星形连接　　　　(b) 三角形连接

图 3 - 20　用电流平衡法检查并联绕组断路

4) 电桥检查法

用电桥测量三相绕组的电阻,如果电阻值相差大于 5%,则电阻较大的一相为断路相。

2. 绕组断路故障修复方法

绕组断路,多是焊接不良或机械损伤所造成,也有因接地、短路烧断导线造成断路的。因此,绕组断路的位置多发生在绕组端部、绕组接头及绕组与引出线的连接处。绕组断路的修理方法主要有 4 种。

1) 绕组焊接不良的修理方法

绕组焊接不良,可拆去包扎的绝缘物,脱开接头,仔细清理,去除接头上的油污或其他焊渣。若原是锡焊焊的,则先进行搪锡,再用烙铁重新焊接。若原是铜焊,则在接头之间夹放 BN-15 银焊片,然后进行电阻钎焊,或用"料 303"作焊料,进行气焊。但气焊容易损坏相邻的绕组绝缘,电阻钎焊则不会损坏绝缘。

2) 引出线断路的修理方法

引出线断路,可重新换线,或将引出线缩短,重新焊接接头。

3) 槽内线圈断线的修理方法

如果是槽内线圈断线,则打出槽楔,翻出断路线圈,然后进行焊接,并包好绝缘,再嵌回原线槽。也可以采用调换新线圈的方法。

如果是线圈断路故障，又查不到断裂点，就可试用线匝跳接法。刮开断路线圈的端部线匝绝缘，找出如图 3-21 所示 U2、U′2 互相不通的两点，但 U1 和 U2、U′1，和 U′2 应分别通路，且有尽量大的电阻值（可以多选几点测试），然后将 U2 与 U′2 连接起来，并包好绝缘。这样便可以跳过断路的一些线匝，并保证故障线圈有一定的匝数投入运行。

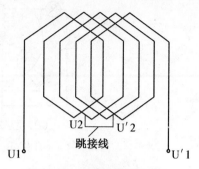

图 3-21　线匝跳接法处理断路故障示意图

4）绕组端部断路的修理方法

当绕组端部有一根断线时，可用吹风机对断线处加热，软化后把断头端挑出来，刮掉断头端的绝缘层，然后用 0.5 mm 左右厚的紫铜皮，弯在导线上制成与导线直径相应的套管，套管的长度约为导线直径的 8 倍。再将两个线端插入套管内，并顶接在套管的中间位置，进行焊接。如果线短，不能顶接，剪一段导线去掉绝缘层顶在两接头端的中间并在套管内，焊接后包扎绝缘或利用接线前穿好的绝缘套管移在接线位置上，作为接线后的绝缘。另外，还要检查邻近的导线，如有损伤，采用接线或绝缘包扎处理。

当绕组端部有多根断线时，必须细心查出哪两根断线对应相接，否则接线后将自行短路。然后再采用上述单根断线修理的方法进行修理。

三、定子绕组接错故障的检修

电动机定子绕组是按一定规律进行连接的，如果对绕组的连接规律不熟悉，或工作疏忽，就容易使绕组接错，形成不完整的旋转磁场，造成启动困难、三相电流不平衡、噪声难听等症状。严重时甚至无法启动，并发出低沉吼声和剧烈振动；电流急剧上升且严重不平衡。如不及时停机，很快就冒烟烧坏绕组。

1. 绕组接错的检查方法

1）滚珠检查法

把电动机转子取出来，用一粒钢珠（滚珠轴承的滚珠）放在定子铁芯内圆面上。当定子通入低电压三相交流电，如滚珠沿定子内圆周表面上旋转滚动，则定子绕组接线正确；若滚珠不滚动，则绕组有接错现象。但用此法只能确定是否有错接，而不能确定故障点。并且，要注意时间不能过长，否则就会烧坏定子绕组。

2）指南针检查法

把 3～6 V 直流电源（蓄电池或整流电源均可）通入绕组的一相，用指南针沿定子内圆周表面移动逐点检查，如图 3-22 所示。如绕组没有接错，则在一相绕组中，指南针经过相邻的极相组时，所指示的极性应相反；且在三相绕组中相邻的（不同相的）极相组极性也应相反。

若指南针点向相邻的两个极相组指示的极性方向不变，则有一极相组反接。若指南针经过某一极相组时指向不定，则该极相组内有反接的线圈。

2. 绕组头尾端接错

绕组头尾端接错所造成的后果与绕组接错的情况基本相同，但检查的方法可以不抽出转子，而在电动机接线板上检查出来，并进行调换。检查判断的方法很多，首先必须将三相

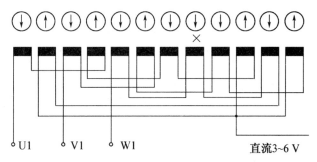

图 3 - 22　用指南针检查绕组接错的示意图

绕组按相分开,然后进行检查。

1) 万用电表电压法

将三相绕组接成 Y 形,把 36 V 交流电源通入其中的一相,用万用电表电压挡测量其余两相的出线,如图 3 - 23(a)所示,记下有无读数,然后换接成图 3 - 23(b)所示的接法,再记下有无读数。最后根据下述情况判断:

(1) 两次均无读数,表示绕组头尾端正确。

(2) 两次都有读数,表示两次中没有接电源的那一相绕组头尾端反接。

(3) 两次中有一次有读数,另一次无读数,表示无读数的那一次接电源的那一相绕组头尾端反接。

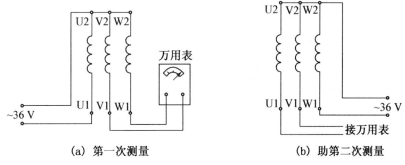

(a) 第一次测量　　　　　　　(b) 助第二次测量

图 3 - 23　用万用表判断绕组头尾端示意图

采用这种方法除了要使用万用电表(或交流电压表)外,还必须要有低压交流电源。

2) 干电池法

如图 3 - 24(a)所示,将一节干电池串联一开关接到其中一相,电压表(最好是毫伏表、毫安表、万用电表毫安挡或小量程直流电压挡)接另一相。合上开关 S 的瞬间,表头指针正向摆动。这时,电池的“+”极与表头的“-”极同为相头(或称同名端)。同理,把表接到另一未测相绕组,如图 3 - 24 (b)所示,经过 2 次试验,便可找出三相绕组的头尾端。采用此法,除万用电表外,只要一节干电池便可,较上法方便。

3) 毫安表剩磁法

将三相绕组任意接成并联,如图 3 - 25 所示。用万用电表毫安挡测试,用手转动电动机转子轴,如表头指针摆动,则绕组头尾连接错误。可将任一相两线头对调重试,直到指针不动,则表示三相绕组头尾端连接正确。

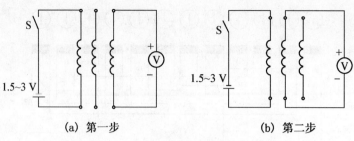

(a) 第一步　　　　(b) 第二步

图 3 - 24　用干电池判断绕组头尾端示意图

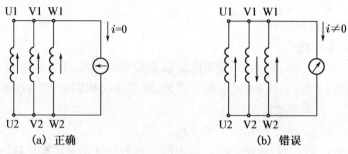

(a) 正确　　　　(b) 错误

图 3 - 25　用毫安表判断绕组头尾端示意图

采用此法测试的电动机必须是曾经运转过的,否则,电动机无剩磁,定子绕组不能感应出电动势,此法即无效。

4) 电动机转向法

如图 3 - 26 所示,将三相绕组的一端接成星点并接地(如供电电源变压器是中性点不接地系统时,则应接零),另外 3 根出线做好 U 1、V 1、W 1记号,2 根电源线也作 1、2 记号,并分别按顺序接到电动机的 2 根出线上,作 3 次试验,看电动机的旋转方向判断三相绕组的头尾端。

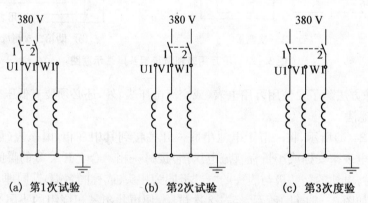

(a) 第1次试验　　(b) 第2次试验　　(c) 第3次度验

图 3 - 26　用电动机转向法判断绕组头尾端示意图

如果 3 次试验电动机的旋转方向都是一样,则三相绕组头尾端接线正确;如转向不一样,则参与过两次同方向的那相绕组头尾端反接。例如,试验中第二次 V 1、W 1 相和第三次 U 1、W 1 相是同向,W 1 相是参与这两次试验,所以是 W 1相绕组头尾端反接,将 W 1相两线头调换即可。

采用此法无需仪表和低压电源,只利用电动机原来的电源就可以进行,比较方便。电动机绕组的星点必须按规定接地或接零,否则,电动机将成单相而转不起来。

这种方法只适用于小容量电动机在空载状态下进行试验。由于试验时的电流较大,时间不宜太长。

四、转子绕组断路故障的检修

1. 转子绕组

转子主要由转子铁芯、转子绕组、转轴、风扇等组成。转子铁芯为圆柱形,通常由定子铁芯冲片冲下的内圆硅钢片叠成,压装在转轴上。转子铁芯与定子铁芯之间有微小的空气隙,它们共同组成电动机的磁路。转子铁芯外圆周上有许多均匀分布的槽,槽内安放转子绕组。

转子绕组有笼型和绕线型 2 种结构。笼型转子绕组是由嵌在转子铁芯槽内的若干铜条组成的,两端分别焊接在两个短接的端环上。如果去掉铁芯,整个转子绕组的外形就像一个笼子。中小型笼型异步电动机大都在转子铁芯槽中浇注铝液,铸成笼型绕组,同时在端环上铸出许多叶片,作为冷却的风扇。笼型转子的结构如图 3-27 所示。

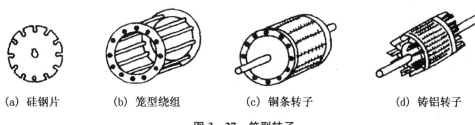

| (a) 硅钢片 | (b) 笼型绕组 | (c) 铜条转子 | (d) 铸铝转子 |

图 3-27　笼型转子

绕线转子的绕组与定子绕组相似,在转子铁芯槽内嵌放对称的三相绕组,星形连接。三个绕组的三个尾端连接在一起,三个首端分别接到装在转轴上的三个铜制集电环上,通过电刷与外电路的可变电阻器相连接,如图 3-28 所示,以便改善电动机的启动和调速性能。

| (a) 硅钢片 | (b) 转子 | (c) 电路 |

图 3-28　绕线转子

绕线转子异步电动机由于其结构复杂,价格较高,一般只用于对启动和调速有较高要求的场合,如立式车床、起重机等。在实际应用中,大多还是采用笼型异步电动机。

2. 转子绕组断路故障的检修

笼型转子比较坚固而不易损坏,但由于材料或制造质量不良、结构设计不佳,或者运行启动频繁、操作不当、急促的正反转造成剧烈冲击等原因也会致使转子损坏。

笼型转子的断条是比较常见的故障。转子断条后,电动机将发出强烈的周期电磁噪声和振动,启动也困难,反映在定子电流表的指针抖动,电动机转矩降低,负载运行时转速下降。

1) 检查转子断条的方法

（1）外表检查法：对防护式电动机，可在电动机启动时观察转子与定子的间隙处，如有火花出现，则转子有断条现象，然后把电机拆卸抽出转子，仔细检视转子铁芯表面和端环，检查有无过热变色点或断裂处。

（2）电流检测法：定子通入三相低压电流（电压约为 10% 的额定电压），在一相中串入电流表，用手将转子慢慢转动。若转子笼条完好，则电流表指针只有均匀的微弱摆动；笼条断裂，指针就会发生较大的周期性变化。

（3）铁粉检查法：利用磁场原理的方法。在转子端环两端通入电流，将铸铁粉撒在转子上，逐渐升高电压，使转子铁芯的磁场增强到能吸附铁粉为止。如果笼条没有断裂，则转子铁芯表面的铁粉就整齐地按槽的方向排列；若转子某槽不能粘附铁粉或粘附的铁粉很少，则该槽笼条断裂。

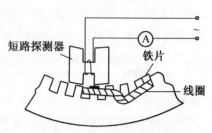

图 3 - 29　用短路探测器检查短路线圈的示意图

（4）探测器检查法：拆开电动机抽出转子，用特制转子短路探测器串联一只电流表，与图 3-29 相仿，不过铁芯的开口外缘形状呈凹弧形，适合转子圆周表面。沿转子表面逐槽检查，如检查到某一槽电流表读数明显下降，则表明该槽有断路故障。

（5）互感探测法：根据互感器原理设计而成，由大小两个开口铁芯组成，形状如图 3-30 所示。当绕组 1 接上电源，铁芯 1 与转子铁芯形成闭合磁路，其部分磁通交链到铁芯 2；若被测槽内的笼条完好时，笼条便流过电流，形成一只相当于铁芯 2 的短路线圈，其作用将阻止磁通通过铁芯 2，于是，这时线圈 2 的感应电动势很小。当移动铁芯 2 到断条槽口时，即相当于短路线圈开断，使通过铁芯 2 的磁通增加，因此，毫伏表的读数增大，由此说明笼条断裂。

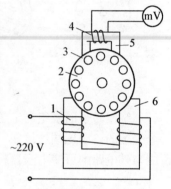

1—探测器线圈 1；2—转子；3—转子笼条；4—探测器线圈 2；5—铁芯 2；6—铁芯 1。

图 3 - 30　互感探测法检查笼条断裂示意图

2）转子断条的修复方法

转子断条检查出来后，可按下列几种方法进行修理：

（1）如果断裂现象发生在端环或槽外其他明显部位时，可将裂纹凿出 V 形槽，用气焊进行焊接修补。

（2）铜质笼条的个别断条，可把断条的端环两端开一缺口，凿去一边端环部分，把断条敲出，换上一条与原截面相同的新笼条，并要长出端环 15～20 mm，将伸出部分敲弯紧贴在短路环上，然后用气焊焊牢，在车床上光平、校正平衡即可。

（3）个别铸铝鼠笼条断条时，也可将断条钻掉，把槽清理干净，做一根与槽形相同的铝条打入槽内，再用铝焊药把铝条与端环用气焊焊牢即可。

（4）若转子笼条断裂较多，则应全部更换。先车去两边端环，用夹具将铁芯夹紧，以防铁芯松散。如系铜质笼条，即可依照方法（2）换上稍长的新铜条，在槽口两端向同一方向打弯，使其彼此重叠，再用气焊焊成端环并车削平整。

3）断裂较多的铸铝笼条拆除笼条的方法

（1）化学溶铝：将铸铝转子垂直浸入 30%～60% 浓度的工业烧碱中，并加热到 70～90 ℃，约经六七小时后即可将铝条腐蚀下来，然后投入清水中冲洗干净。

（2）加热熔铝：直接将转子加热至 700 ℃左右，使铝条全部熔化，再清理干净。

重新铸铝的工艺较复杂，一般由制造厂重铸，或考虑改用铜条。铜条的截面积应不少于槽面积的 60%，也不应大于槽面积的 70%。

任务 3.2　三相异步电动机的性能检测

3.2.1　三相异步电动机的工作原理

把三相定子绕组连接成星形（或三角形）接到对称三相电源，定子绕组中便有对称三相电流流过。

一、旋转磁场的产生

现向定子三相绕组中分别通入三相交流电 i_u、i_v、i_w，各相电流将在定子绕组中分别产生相应的磁场，如图 3-31 所示。

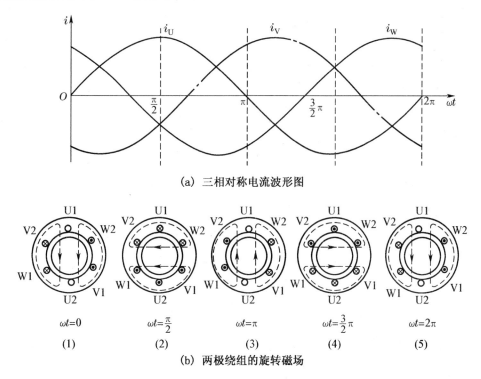

(a) 三相对称电流波形图

(b) 两极绕组的旋转磁场

图 3-31　三相异步电动机定子绕组产生的旋转磁场

二、旋转磁场的旋转方向

由图 3-31(a)可以看出，三相交流电的变化次序（相序）为 U 相达到最大值→V 相达到最大值→W 相达到最大值→U 相……将 U 相交流电接 U 绕组，V 相交流电接 V 相绕组，W 相交流电接 W 相绕组，则产生的旋转磁场的旋转方向为 U 相→V 相→W 相（顺时针旋转），即与三相交流电的变化相序一致。图 3-31 分别绘出 $\omega t=0$ 及 $\omega t=\pi/2$ 瞬时的合成磁场图,如图3-31(b)所示。

旋转磁场的旋转方向决定于通入定子绕组中的三相交流电源的相序,且与三相交流电源的相序 U→V→W 的方向一致。因此要改变电动机的转向,只要改变旋转磁场的转向即可。

只要任意调换电动机两相绕组所接交流电源的相序,旋转磁场即反转。

三、三相异步电动机的转动原理

静止的转子与旋转磁场之间有相对运动,在转子导体中产生感应电动势,并在形成闭合回路的转子导体中产生感应电流,其方向用右手定则判定。转子电流在旋转磁场中受到磁场力 F 的作用,F 的方向用左手定则判定。电磁力在转轴上形成电磁转矩,电磁转矩使转子以转速 n 旋转,方向与旋转磁场的方向一致,如图3-32所示。旋转磁场的转速称为同步转速。

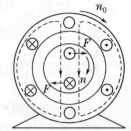

**图 3-32 三相异步
电动机的转动原理**

电动机在正常运转时,其转速 n 总是稍低于同步转速 n_1,因而称为异步电动机。产生电磁转矩的电流是电磁感应所产生的,所以也称为感应电动机。

1. 转差率

异步电动机同步转速和转子转速的差值与同步转速之比称为转差率,用 s 表示。

$$s=\frac{n_1-n}{n_1}\times 100\%\qquad\qquad(3-7)$$

转差率是异步电动机的一个重要参数,反映异步电动机的各种运行情况。对感应电动机而言,当转子尚未转动(如启动瞬间)时,n=0,此时转差率 s=1;当转子转速接近同步转速(空载运行)时,$n=n_1$,此时转差率 s=0。由此可见,作为感应电动机,转速在 0~n_1 范围内变化,其转差率 s 在 0~1 范围内变化。

异步电动机负载越大,转速越低,其转差率越大;反之,负载越小,转速越高,其转差率越小,因此,转差率可直接反映转速的高低。异步电动机带额定负载时,其额定转速很接近同步转速,转差率很小,一般在 1%~6%之间。

例3-7 一台 50 Hz、八极的三相异步电动机,额定转差率 $s_N=0.043$,该异步电动机的同步转速是多少? 当该机运行在 700 r/min,转差率是多少? 当该机运行在 800 r/min,转差率是多少?当该机运行在启动时,转差率是多少?

解 同步转速 $n_1=\dfrac{60f_1}{p}=\dfrac{60\times 50}{4}=750(r/min)$

额定转速 $n_N=(1-s_N)n_1=(1-0.043)\times 750=717(r/min)$

当 n=700 r/min 时,转差率 $s=\dfrac{n_1-n}{n_1}=\dfrac{750-700}{750}=0.067$

当 n=800 r/min 时,转差率 $s=\dfrac{n_1-n}{n_1}=\dfrac{750-800}{750}=-0.067$

当电动机启动时,n=0 时,转差率 $s=\dfrac{n_1-n}{n_1}=\dfrac{750}{750}=1$

四、异步电动机的三种运行状态

根据转差率大小和正负,异步电动机分为 3 种运行状态,即电动机运行状态、发电机运行状态和电磁制动运行状态。

1. 电动机运行状态

当定子绕组接至电源,转子会在电磁转矩的驱动下旋转,电磁转矩为驱动转矩,其转向与旋转磁场方向相同。此时,电机从电网中取得电功率转变成机械功率,由转轴传给负载。电动机转速 n 与定子旋转磁场转速 n_1 同方向,如图 3-33(b)所示。当电机静止时,$n=0$,$s=1$;当异步电动机处于理想空载运行时,转速 n 接近于同步转速 n_1,转差率接近于零。故异步电机作电动机运行时,转速变化范围为 $0<n<n_1$,转差率变化范围为 $0<s<1$。

2. 发电机运行状态

异步电动机定子绕组仍然接至电源,转轴上不再接负载,而是用原动机拖动转子以高于同步转速并顺着旋转磁场的方向旋转,如图 3-33(c)所示。此时磁场切割转子导体的方向与电动机状态时相反,因此,转子电势、转子电流及电磁转矩方向也与电动机运行状态时相反,电磁转矩变成制动转矩。为克服电磁转矩的制动作用,电机必须不断地从原动机输入机械功率,由于转子电流改变了方向,定子电流跟随改变方向,也就是说,定子绕组由原来从电网吸收电功率,变成向电网输出电功率,使电机处于发电机运行状态。异步电动机作发电机状态运行时,$n_1<n<+\infty$,则 $-\infty<s<0$。

3. 电磁制动状态

异步电动机定子绕组仍然接至电源,用外力拖动电动机逆着旋转磁场的方向转动,此时切割方向与电动机状态时相同,因此,转子电动势、转子电流和电磁转矩的方向与电动机运行状态时相同,但电磁转矩与转子转向相反,对转子的旋转起制动作用,故称为电磁制动运行状态,如图 3-33(a)所示。为克服这个制动转矩,外力必须向转子输入机械功率。同时电动机定子又从电动机吸收电功率,这两部分功率都在电动机内部以损耗的方式转化成热能消耗了。异步电动机作电磁制动状态运行时,转速变化范围为 $-\infty<n<0$,相应的转差率变化范围为 $1<s<\infty$。

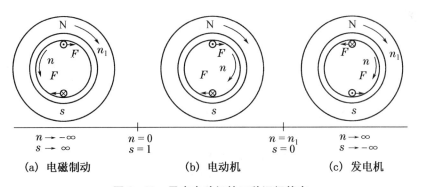

图 3-33　异步电动机的三种运行状态

由此可知,区分这 3 种运行状态的依据是转差率的大小。当 $0<s<1$ 时,电动机处于运行状态;当 $-\infty<s<0$ 时,发电机处于运行状态;当 $1<s<\infty$ 时,电磁处于制动状态。

综上所述,异步电动机既可以作电动机运行,又可以运行在发电机状态和电磁制动状态,但异步电动机主要作为电动机运行,异步发电机很少使用;而电磁制动状态往往只是异步电机在完成某一生产过程中而出现的短时运行状态,如起重机下放重物等。

3.2.2 三相异步电动机的功率和转矩平衡方程式

异步电动机通过转子上的电磁转矩将电能转变成机械能,因此,电磁转矩是异步电动机实现机电能量转换的关键,也是分析异步电动机的运行性能的一个很重要的物理量。

一、功率平衡方程式

异步电动机运行时,定子从电网中吸收电功率,转子拖动机械负载输出机械功率,电动机在实现能量转换过程中,必然会产生各种损耗。根据能量守恒定律输出功率应等于输入功率减去总损耗。

异步电动机的等效电路图入如 3-34 图所示。其中,r_m 为励磁电阻,是反映铁耗的等效电阻;x_m 为励磁电抗,是对应于主磁通的电抗;r_1 为定子绕组电阻;x_1 为定子绕组电抗;r_2' 为折算后转子电阻;x_2' 为折算后转子电抗。

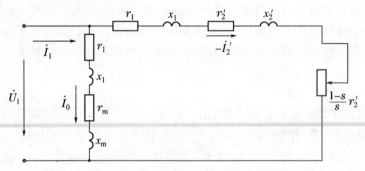

图 3-34 异步电动机的 T 形等效电路图

由等效电路可得出异步电动机的功率传递图,如图 3-35 所示,传递功率用 P 表示,而损耗用 p 表示。

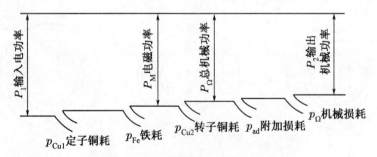

图 3-35 异步电动机的功率传递图

1. **输入功率 P_1**

输入功率是指电网向定子输入的有功功率,即

$$P_1 = m_1 U_1 I_1 \cos\varphi_1 \qquad (3-8)$$

式中,U_1、I_1 为定子绕组的相电压、相电流;$\cos\varphi_1$ 为异步电动机的功率因数。

2. **定子损耗**

(1) 定子铜损耗 p_{Cu1} 定子电流 I_1 流过定子绕组时,在定子绕组电阻上的功率损耗为

$$p_{Cu1} = m_1 I_1^2 r_1 \qquad (3-9)$$

（2）铁芯损耗 p_{Fe} 旋转磁场在定子铁芯中产生铁损耗，电动机铁耗可以看成励磁电流在励磁电阻上所消耗的功率

$$p_{Fe} = m_1 I_0^2 r_m \tag{3-10}$$

3. 电磁功率 P_M

从输入功率 P_1 中扣除定子铜耗 p_{Cu1} 和铁损耗 p_{Fe} 后，剩余的功率便由气隙旋转磁场通过电磁感应传递到转子侧，通常把这个功率称为电磁功率 P_M。

$$P_M = P_1 - p_{Cu1} - p_{Fe} \tag{3-11}$$

根据能量传递关系，输入功率 P_1 减去定子铜耗 p_{Cu1} 和铁损耗 p_{Fe} 后，应等于在电阻上所消耗的功率，即

$$P_M = m_1 E_2' I_2' \cos\varphi_2 = m_1 I_2'^2 \frac{r_2'}{s} \tag{3-12}$$

4. 转子损耗

（1）转子铁芯损耗 p_{Fe}：异步电动机正常运行时，额定转差率很小，转子频率很低，一般为 1～3 Hz，转子铁耗很小，可略去不计，所以整个电动机的铁芯损耗就是定子铁耗。

（2）转子铜耗 p_{Cu1}：转子电流通过转子绕组时，在转子绕组电阻 r_2 上的功率损耗为

$$p_{Cu2} = m_1 I_2'^2 r_2' \tag{3-13}$$

$$p_{Cu2} = s P_M \tag{3-14}$$

上式说明，转差率 s 越大，电磁功率消耗在转子铜耗中的比重越大，电动机效率就越低。异步电动机正常运行时，转差率较小，通常在 0.01～0.06 的范围内。

5. 总机械功率 P_Ω

传到转子侧的功率减去转子绕组的铜耗后，即是电动机转子上的总机械功率，即

$$P_\Omega = P_M - p_{Cu2} = m_1 I_2'^2 \frac{r_2'}{s} - m_1 I_2'^2 r_2' = m_1 I_2'^2 \frac{1-s}{s} r_2' \tag{3-15}$$

式(3-15)说明了 T 形等效电路中引入电阻 $\frac{1-s}{s} r_2'$ 的物理意义。

由式(3-12)和式(3-15)可得

$$P_\Omega = (1-s) P_M \tag{3-16}$$

从式(3-16)中可得，由定子经气隙传递到转子侧的电磁功率有一小部分 sP_M 转变为转子铜耗，其余绝大部分 $(1-s)P_M$ 转变为总机械功率。

6. 输出功率 P_2

输出功率是指由总机械功率 P_Ω 扣除机械损耗以及附加损耗 p_{ad} 后转轴上输出的机械功率 P_2。机械损 p_Ω 是电动机在运行时轴承及风阻等摩擦所引起的损耗；附加损耗 p_{ad} 是定子、转子开槽和谐波磁场等原因引起的损耗。

$$P_2 = P_\Omega - (p_\Omega - p_{ad}) = P_\Omega - p_0 \tag{3-17}$$

式中，p_0 为空载时的转动损耗。

由上可知，异步电动机运行时，从电源输入功率 P_1 到转轴上输出功率 P_2 的全部过程为

$$P_2 = P_1 - (p_{\text{Cu}1} + p_{\text{Fe}} + p_{\text{Cu}2} + p_{\Omega} + p_{\text{ad}}) = P_1 - \sum P \qquad (3-18)$$

式中，$\sum p$ 为电动机总损耗。

二、转矩平衡方程式

当电动机稳定运行时，作用在电动机转子上的转矩有 3 个：(1) 使电动机旋转的电磁转矩 T；(2) 电动机的机械损耗和附加损耗引起的空载制动转矩 T_0；(3) 电动机所拖动负载引起的负载转矩 T_2。

从动力学可知，旋转体的机械功率等于转矩与机械角速度的乘积，即 $P = T\Omega$，在式(3-16)两边同除以机械角速度 Ω，$\Omega = \dfrac{2\pi n}{60}$，可得转矩平衡方程式为

$$T_2 = T - T_0 \quad 或 \quad T = T_2 + T_0$$

$$T = \frac{P_{\Omega}}{\Omega}, \quad T_2 = \frac{P_2}{\Omega}, \quad T_0 = \frac{p_0}{\Omega} \qquad (3-19)$$

式中，T 为电磁转矩(驱动性质)；T_2 为负载转矩(制动性质)；T_0 为空载转矩(制动性质)。

式(3-19)表明，当 $T > T_2 + T_0$ 时电动机作加速运行，$T < T_2 + T_0$ 时电动机作减速运行，当 $T = T_2 + T_0$ 时电动机才能稳定运行。

三、电磁转矩 T

1. 电磁转矩物理表达式

$$T = \frac{P_{\Omega}}{\Omega} = \frac{(1-s)P_{\text{M}}}{\dfrac{2\pi n_1}{60}} = \frac{(1-s)P_{\text{M}}}{\dfrac{2\pi(1-s)n_1}{60}} = \frac{P_{\text{M}}}{\Omega_1} \qquad (3-20)$$

这是一个很重要的关系式，说明异步电动机的电磁转矩等于电磁功率除以同步角速度，也等于总机械功率除以转子的机械角速度。

由式(3-20)和式(3-12)可得

$$
\begin{aligned}
T &= \frac{P_{\text{M}}}{\Omega_1} = \frac{m_1 E_2' I_2' \cos\varphi_2}{\dfrac{2\pi n_1}{60}} = \frac{m_1 \times 4.44 f_1 N_1 k_{\text{w}1} \Phi_{\text{m}} I_2' \cos\varphi_2}{\dfrac{2\pi f_1}{p}} \\
&= \frac{m_1 \times 4.44 p N_1 k_{\text{w}1}}{2\pi} \Phi_{\text{m}} I_2' \cos\varphi_2 = C_{\text{T}} \Phi_{\text{m}} I_2' \cos\varphi_2 \\
C_{\text{T}} &= \frac{m_1 \times 4.44 p N_1 k_{\text{w}1}}{2\pi}
\end{aligned}
\qquad (3-21)
$$

式中，C_{T} 为转矩常数，与电动机结构有关。

式(3-20)表明，电磁转矩是转子电流的有功分量与气隙主磁场相互作用产生的。

若电源电压不变，每极磁通为一定值，则电磁转矩大小与转子电流的有功分量成正比。

2. 电磁转矩参数表达式

式(3-21)比较直观地表示出电磁转矩形成的物理概念，常用于定性分析。在实际计算和分析异步电动机的各种运行状态时，往往需要知道电磁转矩和电动机参数之间的关系，这就需推导出电磁转矩的另一表达式——参数表达式。

根据异步电动机简化等效电路，可得转子电流

$$I_2' = \frac{U_1}{\sqrt{\left(r_1 + \dfrac{r_2'}{s}\right)^2 + (x_1 + x_2')^2}} \tag{3-22}$$

将式(3-22)代入式(3-20)可得电功率磁转矩的参数表达式为

$$T = \frac{P_M}{\Omega_1} = \frac{m_1 I_2'^2 \dfrac{r_2'}{s}}{\dfrac{2\pi f_1}{p}} = \frac{m_1 p U_1^2 \dfrac{r_2'}{s}}{2\pi f_1 \left[\left(r_1 + \dfrac{r_2'}{s}\right)^2 + (x_1 + x_2')^2\right]} \tag{3-23}$$

式(3-23)是异步电动机电磁转矩的参数表达式,它表达了电磁转矩与电源参数(电压、频率)、电机参数和运行参数的关系。当电源及电动机参数不变时,电磁转矩 T 仅和转差率 s 或转速 n 有关,这种关系可用 T-s 曲线描述。

例 3-8　一台三相异步电动机,$P_N = 7.5$ kW,额定电压 $U_N = 380$ V,定子△形接法,频率为 50 Hz。额定负载运行时,定子铜耗为 474 W,铁耗为 231 W,机械损耗 45 W,附加损耗 37.5 W,$n_N = 960$ r/min,$\cos\varphi_N = 0.824$,试计算转子电流频率、转子铜耗、定子电流和电机效率。

解　转差率:$s_N = \dfrac{n_1 - n}{n_1} = \dfrac{1\,000 - 960}{1\,000} = 0.04$

转子电流频率:$f_2 = s f_1 = 0.04 \times 50 = 2$ (Hz)

总机械功率:$P_\Omega = P_2 + p_\Omega + p_{ad} = 7\,500 + 45 + 37.5 = 7\,583$ (W)

电磁功率:$P_M = \dfrac{P_\Omega}{1-s} = \dfrac{7\,583}{1 - 0.04} = 7\,898$ (W)

转子铜耗:$p_{Cu2} = s P_M = 0.04 \times 7\,898 = 316$ (W)

定子输入功率:$P_1 = P_M + p_{Cu1} + p_{Fe} = 7\,898 + 474 + 231 = 8\,603$ (W)

定子线电流:$I_1 = \dfrac{P_1}{\sqrt{3} U_N \cos\varphi_1} = \dfrac{8\,603.4}{\sqrt{3} \times 380 \times 0.824} = 15.86$ (A)

电动机效率:$\eta = \dfrac{P_2}{P_1} = \dfrac{7\,500}{8\,603} = 87.17\%$

3.2.3　三相异步电动机的运行特性

三相异步电动机的运行特性主要指三相异步电动机的机械特性和工作特性。

一、三相异步电动机的机械特性

在电源的电压和频率固定为额定值时,电动机产生的电磁转矩 T 与转子转速 n 的关系称为电动机的机械特性,这种关系用曲线表示称为电动机的机械特性曲线,三相异步电动机的机械特性曲线大致如图 3-36 所示。

机械特性曲线上值得注意的是 4 个特殊工作点和 2 段运行区。

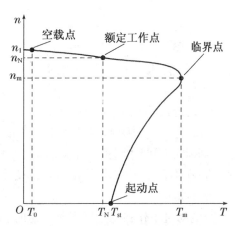

图 3-36　三相异步电动机的机械特性曲线

1. 特殊工作点

机械特性曲线上有 4 个特殊点,决定了曲线的基本形状和电动机的运行性能。

1) 空载点($T=T_0$,$n=n_0 \approx n_1$)

电动机空载是指电动机通电后已经转动但轴上没有带任何机械,此时电动机的电磁转矩 T_0 只是克服电动机本身的机械摩擦和风扇的阻力。空载转矩 T_0 很小,故空载转速 n_0 接近同步转速 n_1,同步转速又称为理想空载转速。

2) 额定工作点($T=T_N$,$n=n_N$)

电动机的电磁转矩为额定转矩 T_N 时,电动机的转速为额定转速 n_N。额定转矩是电动机在额定电压下,以额定转速运行,输出额定功率时,其轴上输出的转矩。电动机转轴上输出的机械功率等于角速度 ω 和转矩 T 的乘积,即 $P=T\omega$,故

$$T_N = \frac{P_N}{\omega_N} = \frac{P_N \times 10^3}{\frac{2\pi n_N}{60}} \approx 9\,550\,\frac{P_N}{n_N} \tag{3-24}$$

式中,ω 的单位为 rad/s;P_N 的单位为 kW;n 的单位为 r/min;T_N 的单位为 N·m。

异步电动机若运行于额定工作点或其附近,其效率及功率因数均较高。一般不允许电动机在超过额定转矩的负载下长期运行,以免电动机出现过热现象,但允许短时过载运行。

(3) 临界点($T=T_m$,$n=n_m$)

对应于临界点的电磁转矩是电动机的最大转矩 T_m,此时的转速为临界转速 n_m。为了描述电动机瞬间的过载能力,通常用最大转矩与额定转矩的比值 T_m/T_N 来表示,称为过载系数 λ_m,即

$$\lambda_m = \frac{T_m}{T_N} \tag{3-25}$$

(4) 启动点($T=T_{st}$,$n=0$)

电动机在被接通电源启动的最初瞬间,转速为零,这时电动机所产生的电磁转矩就是启动转矩 T_{st}。异步电动机的启动能力通常用于启动转矩与额定转矩的比值 T_{st}/T_N 来表示,称为启动系数 λ_{st},即

$$\lambda_{st} = \frac{T_{st}}{T_N} \tag{3-26}$$

启动系数 λ_{st} 越大,电动机带动负载启动的能力越强,启动过程历时就越短。启动系数 λ_{st} 值也可以在电动机的技术数据中查到。一般三相笼型异步电动机的启动系数约为 1.0~2.2。

2. 运行区

以临界工作点为界,机械特性曲线分为 2 个运行区,从空载点到临界点为稳定区,从启动点到临界点为不稳定区。在稳定区内,电动机的转矩随转速的升高而减小,随转速的降低而增大;在不稳定区内,转矩随转速的变化情况相反。

1) 稳定区

当电动机工作在稳定区上某一点时,电磁转矩 T 能自动地与轴上的负载转矩 T_L 相平衡(忽略空载损耗转矩 T_0)而保持匀速转动。如果负载转矩 T_L 变化,电磁转矩 T 将适应随

之变化,达到新的平衡而稳定运行,如图 3-37 示。

2) 不稳定区

如果电动机工作在不稳定区,则电磁转矩不能自动适应负载转矩的变化,因而不能稳定运行。例如,负载转矩 T_L 增大,使转速 n 降低时,工作点将沿机械特性曲线下移,电磁转矩反而减小,会使电动机的转速越来越低,直到停转,这种现象称为堵转(也称闷车);当负载转矩越来越小时,电动机转速又会越来越高,直至进入稳定区运行。

3. 影响机械特性的人为因素

每台电动机都有一定的机械特性,但可以通过降低外加电压和增大转子电阻来改变电动机的机械特性。

图 3-38 和图 3-39 分别为外加电压 U_1 降低时和转子电阻 R_2 增大时的机械特性曲线。可以看出,当外加电压 U_1 下降时,临界点左移,即最大转矩和启动转矩明显下降(电磁转矩与定子电压的平方成正比),但临界转速不变;当转子电路电阻 R_2 增大时,临界点下移,即最转矩 T_m 不变,但临界转速降低。

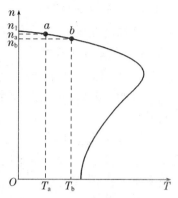

图 3-37　异步电动机自动适应机械负载的变化

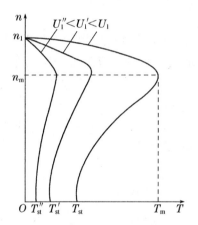

图 3-38　外加电压对机械特性的影响

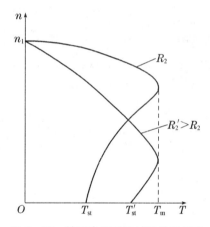

图 3-39　转子电阻对机械特性的影响

二、三相异步电动机的工作特性

为保证异步电动机运行可靠,使用经济,国家标准对电动机的主要性能指标做了具体的规定。异步电动机的工作特性是指在额定电压和额定频率下,电动机的转速、输出转矩 T_2、定子电流 n 功率因数 $\cos\varphi_1$ 及效率 η 等物理量随输出功率 P_2 变化而变化的关系。异步电动机的工作特性是合理使用异步电动机的重要依据,常用曲线来描述工作特性,如图3-40所示。

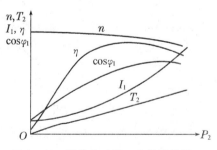

图 3-40　异步电动机工作特性曲线

异步电动机的工作特性可以通过加负载做实验方法获得,也可以通过等效电路计算得到。

1. 定子电流特性

在额定电压和额定频率下,异步电动机定子电流 I_1 与输出功率 P_2 之间的关系 $I_1 = f(P_2)$ 称为定子电流特性。

2. 转速特性

在额定电压和额定频率下,电动机转速 n 与输出功率 P_2 之间的关系 $n = f(P_2)$ 称为转速特性。

空载时,输出功率 $P_2 = 0$,转子转速接近同步转速 n_1,$s \approx 0$;当负载增加时,随着负载转矩增加,转速 n 下降。额定运行时,转差率较小,一般在 $0.01 \sim 0.06$ 范围内,相应的转速 n 随负载变化,但变化的量不大,与同步转速 n_1 接近,故转速特性曲线 $n = f(P_2)$ 是一条微微向下倾斜的曲线,如图 3-40 所示。

3. 转矩特性

在额定电压和额定频率下,输出转矩 T_2 与输出功率 P_2 之间的关系 $T_2 = f(P_2)$ 称为转矩特性。

异步电动机输出转矩为

$$T_2 = \frac{P_2}{\Omega} = \frac{P_2}{2\pi n/60} \tag{3-27}$$

空载时 $P_2 = 0$,$T_2 = 0$;随着输出功率 P_2 增加,转速 n 略有下降。由于电动机从空载到额定负载这一正常范围内运行时,转速 n 变化很小,转矩特性曲线 $T_2 = f(P_2)$ 近似为一稍微上翘直线,如图 3-40 所示。

4. 定子功率因数特性

在额定电压和额定频率下,异步电动机定子功率因数 $\cos\varphi_1$ 与输出功率 P_2 之间的关系 $\cos\varphi_1 = f(P_2)$ 称为定子功率因数特性。定子功率因数特性是异步电动机的一个重要性能指标。

异步电动机是从电网中吸收滞后的无功电流进行励磁,因此,异步电动机的功率因数总是滞后的。

空载时,定子电流基本为无功励磁电流,故功率因数很低,一般为 $0.1 \sim 0.2$。负载运行时,随着负载增加,转子电流增加,定子电流有功分量增加,功率因数逐渐上升。在额定负载附近,功率因数达到最高值,一般为 $08 \sim 0.9$。超过负载额定值后,由于转速下降,转差率 s 增大较多,转子频率、转子漏抗增加,转子功率因数下降,转子电流无功分量增大,与之相平衡的定子电流无功分量增大,致使电动机定子功率因数下降,如图 3-40 所示。

5. 效率特性

在额定电压和额定频率下,电动机效率 η 与输出功率 P_2 之间的关系 $\eta = f(P_2)$ 称为效率特性。效率特性也是异步电动机的一个重要性能指标。

效率等于输出功率 P_2 与输入功率 P_1 之比,即

$$\left. \eta = \frac{P_2}{P_1} = \frac{P_2}{P_2 + \sum P} \right\} \tag{3-28}$$

$$\sum p = p_{Cu1} + p_{Cu2} + p_{Fe} + p_{\Omega} + p_{ad}$$

式中，$\sum p$ 为异步电动机总损耗。

异步电动机从空载到额定运行，电源电压一定时，主磁通变化很小，故铁损耗 p_{Fe} 和机械损耗 P_{Ω} 基本不变，称为不变损耗；铜损耗 p_{Cu1}，p_{Cu2} 和附加损耗随负载变化而变化，称为可变损耗。

由于损耗有不变损耗和可变损耗两大部分，电动机效率随负载变化而变化，也随损耗变化而变化。当负载很小时，可变损耗很小。负载从零开始增加时，总损耗增加较慢，效率特性曲线上升较快。当不变损耗等于可变损耗时，电动机的效率达到最大值。以后负载继续增加，由于定子、转子电流增加，可变损耗增加很快，效率反而降低。通常，异步电动机最高效率发生在 $(0.75 \sim 1.1)P_N$ 范围内。

$\cos\varphi_1 = f(P_2)$ 和 $\eta = f(P_2)$ 是异步电动机两个重要特性。由以上分析可知，异步电动机的功率因数和效率都是在额定负载附近达到最大值。因此，选用电动机时，应使电动机容量与负载容量相匹配。如果电动机容量选择过大，不但造价高，而且电机长期处于欠载运行，其效率和功率因数都很低，非常不经济；若电动机容量选择过小，将使电动机过载而造成发热，影响其寿命，严重的时候还会烧坏。

三、三相异步电动机的空载试验和短路试验原理

1. 基本方程式和等效电路

三相异步电动机的运行状态如图 3-41 所示，T 形等效电路可以简化为图 3-42。

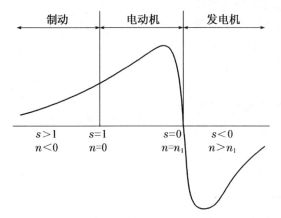

图 3-41 三相异步电动机的运行状态

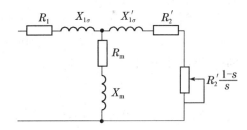

图 3-42 异步电动机的 T 形等效电路

异步电机定子绕组所产生的旋转磁场，以转差速度切割转子导体，在转子导体中感应电势，产生电流，转子导体中的电流与定子旋转磁场相互作用而产生电磁转矩，使转子旋转。当转子的转速 n 与定子旋转磁场的转速 n_1 相等时，定、转子之间没有相对切割，转子中就没有电流，也就不能产生转矩。因此，转子的转速一定要异于磁场的转速，故称异步电机。异步产生的转矩称为异步转矩。当 $n_1 > n > 0$ 时，为电动机运行；$n > n_1$ 时为发电机运行；当 $n < 0$ 即转子逆着磁场方向旋转时，它是制动运行。异步电动机绝大多数都是作为电动机运行，其转矩和转速（转差率）曲线，如图 3-41 所示。

将转子边的量经过频率折算和绕组折算，可得到异步电机的基本方程式

$$\left.\begin{array}{l} \dot{U}_1 = -\dot{E}_1 + \dot{I}_1(R_1 + jX_{1\infty}), \\[2mm] \dot{E}_2^t = \dot{I}_2^t\left(\dfrac{R_2^t}{s} + jX_{2\infty}^t\right) \\[2mm] \dot{I}_m = \dot{I}_1 + \dot{I}_2^t \end{array}\right\} \qquad (3-29)$$

式中，$s = \dfrac{n_1 - n}{n_1}$ 为转差率，是异步电机的重要运行参数；E_2^t、I_2^t、R_2^t、$X_{2\infty}^t$ 为折算到定子一边的转子参数，也就是从定子上测得转子方面的数值。

由方程式可以画出相应的等效电路，如图 3-42 所示。

当异步电动机空载时，$n \approx n_1$，$s \approx 0$，附加电阻 $R_2^t \dfrac{1-s}{s} \approx \infty$，图 3-42 中转子回路相当开路；当异步电动机堵转时，$n=0$，$s=1$，附加电阻 $R_2^t \dfrac{1-s}{s} = 0$，图 3-42 转子回路相当于短路，这就和变压器完全相同。因此，异步电机也可以通过空载实验和堵转（短路）实验来求出异步电动机的等效电路中的各参数。

2. 空载实验

由空载实验可以求得励磁参数 R_m、X_m，以及铁耗 p_{Fe} 和机械损耗 p_Ω。试验是在转子轴上不带任何机械负载，转速 $n \approx n_1$，电源频率 $f_1 = f_N$ 的情况下进行的。用调压器改变试验电压大小，使定子端电压从 $(1.1 \sim 1.3)U_N$ 逐步下降到 $0.3 U_N$ 左右，每次记录电动机的端电压 U_0、空载电流 I_0 和空载功率 P_0，即可得到异步电动机的空载特性 I_0、$P_0 = f(U_0)$，如图 3-43 所示。

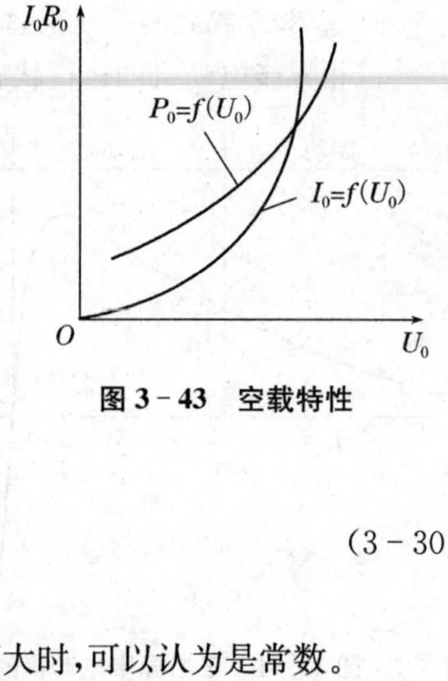

空载时，电动机的输入功率全部消耗在定子铜耗、铁耗和转子的机械损耗上。所以，从空载功率中减去定子铜耗，即得铁耗和机械耗之和 P_0^t，即

$$P_0^t = P_0 - 3I_0^2 R_1 = p_{Fe} + p_\Omega \qquad (3-30)$$

式中，R_1 为定子绕组每相电阻值，可直接用双臂电桥测得。

机械损耗仅与转速有关而与端电压无关，在转速变化不大时，可以认为是常数。

铁耗在低电压时可近似认为与磁通密度的平方成正比。机械耗和铁耗之和 p_0^t 与端电压的平方值 $p_0^t = f(U_0^2)$ 的曲线接近直线，如图 3-44 所示，把曲线延长与纵坐标交于 K 点，由 K 点作平行于横坐标的直线，此直线以下就表示与端点电压无关的机械损耗 p_Ω，直线以上的部分即为不同电压的铁耗。

由曲线 $p_0^t = f(U_0^2)$ 和 $I_0 = f(U_0)$ 上查得额定电压 U_N 时的 p_{Fe} 和 I_0，可知

图 3-43 空载特性

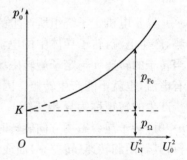

图 3-44 铁耗和机械耗分离

$$R_m = \frac{p_{Fe}}{3I_0^2}$$

定子空载阻抗　　　　　$Z_0 = \frac{U_N}{\sqrt{3}I_0}$　　　　　　　　(3-31)

空载电抗　　　　　　　$X_0 = \sqrt{Z_0^2 - R_0^2}$

式中，$X_0 = X_{1\infty} + X_m$，$R_0 = R_1 + R_m$；$X_{1\infty}$ 可由堵转实验确定。励磁电抗为

$$X_m = X_0 - X_{1\infty} \tag{3-32}$$

3. 堵转实验

异步电动机从堵转（短路）试验可以求出等效电路中的 Z_k、R_2^t 和 $X_{1\infty}$、$X_{2\infty}^t$。

调节试验电压，使 $U_k \approx U_N$，然后逐步减小电压，每次记录端电压 U_k、定子电流 I_k 和功率 P_k，即可得短路特性 I_k、$P_k = f(U_k)$ 曲线，如图 3-45 所示。

由于堵转时漏抗 X_k 随漏磁路饱和程度的增加而减小，I_k 与 U_k 不是直线关系，而是指数关系。对中型和小型电机，$I_k \propto U_k^{1.05 \sim 1.15}$，堵转转矩 $T_k \propto I_k^2 \propto U_k^{2.1 \sim 2.3}$。因此，如果在低于额定电压下进行堵转试验，为了准确地求得额定电压时的堵转电流、堵转转矩，须作双对数堵转曲线，向上推至额定电压时求得，如图 3-46 所示。

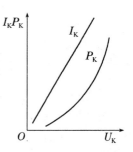

图 3-45　短路特性

根据堵转特性曲线，可查得对应于 $I_K = I_N$ 的 U_k、P_k，求出堵转阻抗 Z_k、电阻 R_k 和电抗 X_k，公式如下

$$\left. \begin{array}{l} Z_k = \dfrac{U_k}{\sqrt{3}I_k} \\[2mm] R_k = \dfrac{P_k}{3I_k^2} \\[2mm] X_k = \sqrt{Z_k^2 - R_k^2} \end{array} \right\} \tag{3-33}$$

图 3-46　对数坐标下的短路特性

此时，由于定子电压较低，磁通较小，铁耗可以忽略，即 $R_m = 0$，且短路时等效电路中的附加电阻 $\dfrac{1-s}{s}R_2^t = 0$，可以看出，

$$R_k + jX_k = R_1 + jX_{1\infty} + \frac{jX_m(R_2^t + jX_{2\infty}^t)}{R_2^t + j(X_m + X_{2\infty}^t)} \tag{3-34}$$

从上式中解出 R_k 和 X_k，得

$$\left. \begin{array}{l} R_k = R_1 + R_2^t \, \dfrac{X_m^2}{R_2^{t2} + (X_m + X_{2\infty}^t)^2} \\[3mm] X_k = X_{1\infty} + X_m \dfrac{R_2^{t2} + X_{2\infty}^{t2} + X_{2\infty}^t X_m}{R_2^{t2} + (X_m + X_{2\infty}^t)^2} \end{array} \right\} \tag{3-35}$$

进一步假设 $X_{1\infty} = X_{2\infty}^t$，并利用 $X_0 = X_{1\infty} + X_m = X_{2\infty}^t + X_m$，上式又可写为

$$R_k = R_1 + R_2^t \frac{(X_0 - X_{1\infty})^2}{R_2^{t2} + X_0^2} \left.\vphantom{\frac{(X_0 - X_{1\infty})^2}{R_2^{t2} + X_0^2}}\right\}$$
$$X_k = X_{1\infty} + (X_0 - X_{1\infty}) \frac{R_2^{t2} + X_{1\infty} X_0}{R_2^{t2} + X_0^2} \qquad (3-36)$$

由(3-36)第二式可知:$\dfrac{X_0 - X_k}{X_0} = \dfrac{(X_0 - X_{1\infty})^2}{R_2^{t2} + X_0^2}$,代入(3-35)第一式可解得

$$R_2^t = (R_k - R_1) \frac{X_0}{X_0 - X_k} \qquad (3-37)$$

还可证明,

$$X_{1\infty} = X_{2\infty}^t = \frac{X_\Omega}{1 + \sqrt{\dfrac{X_0 - X_\Omega}{X_0}}} \qquad (3-38)$$

式中,$X_\Omega = X_k - R_2^{t2} \dfrac{X_0 - X_k}{X_0^2}$

对于大、中型异步电动机,由于 $X_m \gg X_k$,等效电路中的励磁支路可近似认为无穷大,在堵转时的等效电路可简化为图 3-47 所示,这样可用下列简化公式来确定 R_2^t、$X_{1\infty}$ 和 $X_{2\infty}^t$:

$$R_2^t \approx R_k - R_1 \left.\vphantom{\frac{X_k}{2}}\right\}$$
$$X_{1\infty} \approx X_{2\infty}^t \approx \frac{X_k}{2} \qquad (3-39)$$

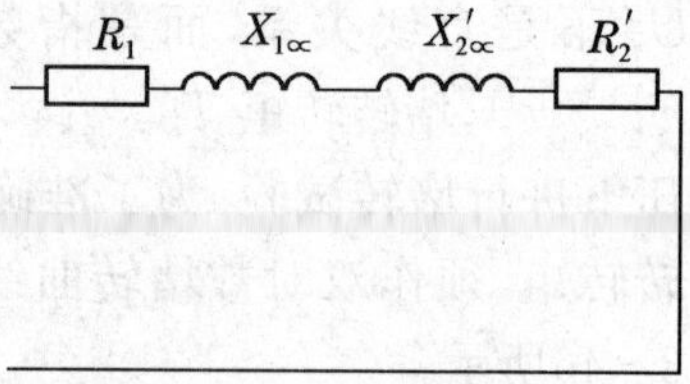

图 3-47 堵转时的等效电路

对于大、中型异步电动机,用以上简化后求得的参数作出等效电路与实际情况相差不大。

在正常工作情况下,定、转子漏电抗处于不饱和状态,为一常数。当电机堵转时(即启动情况)定、转子电流比额定电流大(5~7)倍,漏磁路饱和,漏电抗比正常工作时小 15%~30%,电机从启动到正常工作状态漏磁路饱和情况不同,漏电抗不是一个常数。为了计算上力求准确,堵转时应分别测取 $I_K = I_N$、$I_K = (2\sim3)I_N$ 和 $U_K = U_N$ 时的堵转数据,以便计算工作特性时用 $I_K = I_N$ 求得不饱和漏电抗,计算启动特性时,用 $U_K = U_N$ 求得的饱和漏电抗值,计算最大转矩时,采用 $I_K = (2\sim3)I_N$ 时的漏电抗值。因为最大转矩时 $s = s_m$,定子电流 $I_1 = (2\sim3)I_N$。等效电路没有考虑各种饱和情况引起电抗的变化,计算时要注意修正。

异步电动机在工厂的出厂试验中,必须每台进行空载和堵转试验。空载试验时,可以从空载电流和空载损耗中检查定子绕组、磁路、气隙、装配等方面的质量问题。堵转试验时,一般将堵转电流调到额定电流,从堵转电压、堵转功率中检查鼠笼转子的结构参数,若进一步求出 R_2^t 可以检查鼠笼转子铸铝质量的情况。

4. 直接法求取工作特性

在额定电压和额定频率下,电动机的转速(或转差率)、电磁转矩、定子电流、功率因数、效率与输出功率的关系 n、T_2、I_1、$\cos\varphi_1$、$\eta = f(P_2)$ 称为异步电动机的工作特性,是考核电动机性能的重要指标。直接法求取工作特性是指在电源电压 $U_1 = U_N$、频率 $f_1 = f_N$ 的条件下,直接给转子轴上加负载进行的。当改变电动机的负载时,分别记录 P_1、I_1、n、T_2,由此算

出输出功率、功率因数、效率等得到工作特性。

5. 损耗分析法计算电动机的效率

直接负载法适合于中小型电机,对大容量异步电动机,由于设备所限,直接加负载有一定困难,因此在参数和机械耗已知的情况下(根据空载、堵转实验或设计值)、给定转差率 s,根据 T 型等效电路,即可算出定、转子电流和励磁电流及各种功率损耗,进而算出输出功率和电动机的效率。总损耗有:

$$\sum p = p_{Fe} + p_{Cu1} + p_{\Omega} + p_{Cu2} + p_3 \tag{3-40}$$

式中,p_{Fe} 为铁耗;p_{Ω} 为机械耗,由空载试验中分析得出。铁耗和机械耗为基本不变的损耗。p_{Cu1} 为定子铜耗,$p_{Cu1} = 3I_1^2 R_1$;p_{Cu2} 为转子铜耗(铝耗),$p_{Cu2} = sP_M$,电磁功率 $P_M = P_1 - p_{Cu1} - p_{Fe}$,$s$ 是输入功率为 P_1 时的转差率。p_s 为杂散损耗。对铜条鼠笼转子,$p_s = 0.5\% P_N$。对铸铝鼠笼转子,$p_s = (1 \sim 3)\% P_N$(P_N 为额定输出功率)。由于杂散损耗与制造工艺直接有关,国家规定在现有的条件下必须实际测出。所以

$$\left. \begin{array}{l} P_2 - P_1 - \sum p \\ \eta = \dfrac{P_2}{P_1} \times 100\% = \left(1 - \dfrac{\sum p}{P_1}\right) \times 100\% \end{array} \right\} \tag{3-41}$$

3.2.4　三相异步电动机参数测定

一、三相鼠笼式异步电动机绝缘电阻的测量

电动机的绝缘是比较容易损坏的部分。电动机的绝缘不良会造成严重后果,如烧毁绕组、电动机机壳带电等。所以,经过修理的电动机和尚未使用过的新电动机,在使用之前都要经过严格的绝缘测试,以保证电动机的安全运行。绝缘实训包括绝缘电阻的测量和绝缘耐压实训。

正确选择兆欧表的规格:对于额定电压在 500 V 以下的电机,使用 500 V 兆欧表;对于额定电压在 500~3000 V 的电机使用 1 000 V 兆欧表,对于 3 000 V 以上的电机,使用 2 500 V 的兆欧表。

三相异步电动机的绝缘电阻包括相间绝缘电阻以及绕组对机壳的绝缘电阻。

绕组对地绝缘电阻的测量:放置好三相鼠笼式异步电动机;用 500 V 兆欧表的地端夹住三相鼠笼式异步电动机外壳,用兆欧表的另一端充分接触三相鼠笼式异步电动机绕组的一端;摇动兆欧表,使兆欧表的转速达到 120 r/min,持续 1 min,当仪表指针指示稳定后再读数;依次测量另外两组对地电阻,记录数据填写至表 3-7 中。

表 3-7　绕组对地绝缘电阻

	R_A	R_B	R_C
$R(M\Omega)$			

绕组与绕组之间绝缘电阻的测量:放置好三相鼠笼式异步电动机后,用兆欧表地端夹住三相鼠笼式异步电动机 A 相绕组一侧,再用兆欧表的另一端充分接触 B 绕组一侧,转速达到 120 r/min 持续 1 分钟记录此时电阻值;同理测量 A 相与 C 相,B 相与 C 相的电阻,记录

数据填写到表 3－8 中。

表 3－8　绕组间绝缘电阻

	R_{AB}	R_{AC}	R_{BC}
$R(\text{M}\Omega)$			

当绝缘电阻满足下式时视为符合要求

$$R_{\text{M}} \geqslant \frac{U_{\text{N}}}{1\,000 + \dfrac{P_{\text{N}}}{100}} \qquad (3-42)$$

式中，R_{M} 为绝缘电阻容许值，$\text{M}\Omega$；U_{N} 为被测绕组的额定电压，V；P_{N} 为被测电机的额定功率，KW；

二、三相鼠笼式异步电动机直流电阻的测量

将电机在室内静置一段时间，用温度计测量电动机绕组端部、铁芯或轴承的表面温度，若此时温度与周围空气温度相差不大于 2K，则称电动机绕组端部、铁芯或轴承的表面温度为绕组在冷态下的温度。

测量线路图如图 3－48 所示按图接线，电阻 R 选 900 Ω，电流表用屏上直流电流表，电压表用屏上直流电压表，量程选择 20 V 挡。

把 R 调节到最大，把三相鼠笼式异步电动机其中一个绕组接入电路中，启动控制屏打开电枢电源开关。调节控制屏左侧调压器，使可调电枢电源电压升高，直至测量回路的直流电流表显示 30 mA。把 R 顺时针慢慢旋，直到电流表显示 100 mA

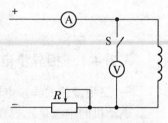

图 3－48　测量直流电阻线路图

时，合上电压表开关 S，将此时电压、电流记录于表 3－9 中。读完后，先断开开关 S，再切断可调电枢电源。

表 3－9　直流电阻测量数据

	绕 组 Ⅰ		绕 组 Ⅱ		绕 组 Ⅲ	
$I(\text{mA})$						
$U(\text{V})$						
$R(\Omega)$						
$R_{\text{平均}}(\Omega)$						

用同样方法分别在 80 mA、60 mA 电流下测量两组数据，将数据记录于表 3－9 中；用同样的方法测量另外两组线圈的直流电阻，将测量得到的数据记录于表 3－9 中。填写以上表格，根据 $R = U/I$ 计算电阻值。

测量绕组的直流电阻是为了检查绕组的接线情况、焊接质量，复查电机绕组的线径、匝数、并联支路数。同时为电阻法的温升试验提供计算依据。

三相电阻的不平衡度应符合标准要求为 $\pm 2\%$，其计算式为：

$$\delta\text{rp} = \frac{\Delta r}{(R_{\text{A}} + R_{\text{B}} + R_{\text{C}})/3} \times 100\% \qquad (3-43)$$

式中,δrp 为三相电阻的不平衡度,%;△r 为相电阻的最大值或最小值与三相电阻平均值的差,Ω;R_A、R_B、R_C 为三相电阻值,Ω。

测量中,应注意:即在测量冷态直流电阻时,测量电流不能超过线圈额定电流的 10%,以防止应实训电流过大而引起绕组温度的上升影响实训结果;启动电源时不要先把电压表接到电路中。

三、三相鼠笼式异步电动机交流耐电压测试

1. 相对地的耐电压测试

将耐电压测试仪的接地端接到三相鼠笼式异步电动机的外壳,把电压调节旋钮逆时针调节到最小,时间设置为 60 s。测试笔与三相鼠笼式异步电动机的一相绕组的一端连接到一起,按下测试笔按钮"测试"指示灯亮。慢慢调节调压旋钮,直到指示仪显示 1 kV 时测试一分钟(从 0~1 kV 调节过程至少要用 10 s)。在整个过程中观察绕组有无击穿现象发生,最后记录漏电流。用同样的方法测试三相鼠笼式异步电动机另外两组绕组对地的耐电压,并记录数据到表 3-10 中。

表 3-10 1 000 V 时各绕组对地漏电流

	A 相绕组	B 相绕组	C 相绕组
I_d(mA)			

2. 绕组间耐电压的测试

用耐电压测试仪的接地端把三相鼠笼式异步电动机 A 相绕组的一边夹住,把电压调节旋钮逆时针调节到最小,时间设置为 60 s。用测试笔接触三相鼠笼式异步电动机 B 相绕组,按下测试笔按钮【测试】指示灯亮。慢慢调节调压旋钮,直到指示仪显示 1 kV 时测试一分钟(从 0~1 kV 至少要用 10 s)。在整个过程中观察绕组有无击穿现象发生,记录数据到表 3-11 中。

表 3-11 1 000 V 时各绕组间漏电流

	I_{AB}	I_{AC}	I_{BC}
I_d(mA)			

3. 注意事项

在测试中,交流耐电压的接地端一定要可靠接地,注意人身安全,不要碰到测试笔;一般对异步电动机只进行一次交流耐压试验,如果必须进行第二次耐压测试时应降低到 80% 进行耐压测试。

四、三相鼠笼式异步电动机绕组首末端的判定

先用万用表测出各相绕组的两个线端,将其中的任意两相绕组串联;按图 3-49 所示接线。将控制屏左侧调压器旋钮调至零位,按下【启动】按钮,接通交流电源。调节调压旋钮,并在绕组端施以单相低电压 $U=80~100$ V,注意电流不应超过额定值,测出第三相绕组的电压,如测得的电压值有一定读数,表示两相绕组的末端与首端相联,如图 3-49(a)所示。反之,如测得电压近似为零,则两相绕组的末端与末端(或首端与首端)相联,如图 3-49(b)所示。用同样方法测出第三相绕组的首末端。

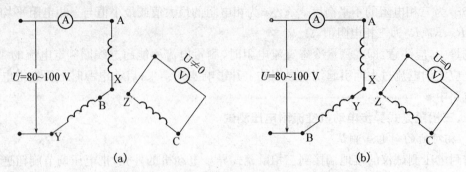

图3-49 三相鼠笼式异步电动机绕组首末端判定

五、三相鼠笼式异步电动机的空载试验

1. 试验目的

修理后的电机做空载试验的目的是:检查电机的装配质量;铁芯质量;电机的振动和噪声;测定空载损耗;空载电流大小及其平衡度等.

2. 试验方法

(1) 试验前,对电机进行检查,无问题后,通入三相电源,使电机在不拖动负载的情况下空转。

(2) 被试电机空转 20~60 min,目的是使机械损耗达到稳定状态。一切正常后升压到额定电压。

(3) 试验过程中,要记录各相电压(U_0),各相电流(i_0),功率(p_0)及转数。

(4) 任一相的空载电流与平均电流差,不得大于10％;空载电流和空载损耗的大小与出厂试验比较,不得超过 10％,实际应用中一般大容量高转速电动机的空载电流为其额定电流的 20~35％,小容量低转速电动机的空载电流为其额定电流的 35~50％。

(5) 平衡试验符合 GB 10068.1－88 标准.

(6) 试验过程中如果噪声过大,需要判断是机械装配质量引起的摩擦还是电气噪声,然后进行相应检查处理。

(7) 试验过程中注意测量电动机的温升,其温升按其绝缘等级不得超过允许限度。

(8) 空载特性曲线测试。

3. 注意事项

电源波形畸变不可超过 5％。各仪表指示值要同时读出,防止读数误差。高压电机可用低压电源做空载试验后换算到额定值。

六、三相鼠笼式异步电动机的堵转试验

堵转试验时电流很大,为了使电流不致过大,应降低电源电压进行。控制堵转电流 $I_k \approx 1.2 I_N$ 以下,电压约在 $0.4 U_N$ 以下。

堵转试验可以测取堵转特性和等效电路中 R_2'、$X_{2\infty}'$ 和 $X_{1\infty}$ 等参数。事先检查转子旋转方向,然后堵住转子。试验线路与空载时相同。

操作步骤如下:

(1) 用螺栓堵住转子(即 $s=1$),调压器输出电压调到零位置。

(2) 合上电源开关,以堵转电流为准,观察电流表,慢慢升高电压,在额定电流 I_N 左右

（此时电压大约 100 伏左右）观察仪表工作是否正常。调节外施电压，使电流升到 $1.2I_N$，迅速读取三相电流、功率、电压，从大约 $1.2I_N \sim 0.2I_N$ 之间均匀测取 5～7 个点，记录数据。此试验动作要迅速，因为此时电机不转，散热条件差，防止电机绕组过热。电压允许只测一相值。

（3）实验完毕立即断开电源，将堵转的螺栓取掉，以便以后的试验正常进行。

要注意记录室温及定子每相冷态电阻值 R_1。

任务 3.3　三相异步电动机的拖动控制

3.3.1　三相异步电动机的启动

异步电动机的启动指的是从异步电动机接通电源开始，其转速从零上升到稳定转速的运行过程。

在电力拖动系统中，不同种类的负载有不同的启动条件。有些生产机械如鼓风机类的负载转矩是随转速增加而增加的；有些生产机械，如起重机类负载在启动和额定运行时负载转矩的大小是一样的；有些生产机械，如机床等在启动过程中接近空载，等转速接近稳定运行时再加负载；此外，还有频繁启动的机械设备。这些因素对电动机启动性能提出了不同的要求。总的来说，对异步电动机启动主要有以下几点要求：（1）启动电流小，以减小对电网的冲击；（2）启动转矩要大，以加速启动过程，缩短启动时间；（3）启动设备尽量简单、可靠，操作方便。

一、三相鼠笼式异步电动机的启动

1. 直接启动

直接启动也称为全压启动。启动时通过接触器将电动机的定子绕组直接接在额定电压的电网上。这是一种最简单的启动方法，不需要复杂的启动设备，但是其启动性能不能满足实际要求，其原因如下。

（1）启动电流 I_{st} 过大。电动机启动瞬间的电流称为启动电流，用 I_{st} 表示。刚启动时，$n=0$，$s=1$，转子感应电动势很大，转子启动电流很大，一般可达转子额定电流的 5～8 倍。根据磁动势平衡关系，启动时定子电流也很大，一般可达定子额定电流的 4～7 倍。这么大的启动电流会带来许多不利影响：如使线路产生很大电压降，导致电网电压波动，影响线路上其他设备运行；另外，流过电动机绕组的电流增加，铜损耗必然增大，使电动机发热、绝缘老化，电机效率下降等。

（2）启动转矩 T_{st} 不大。虽然异步电动机的直接启动时启动电流很大，但由于启动时，$n=0$，$s=1$，$f_2=f_1$，转子漏抗很大，转子的功率因数很低；同时，由于启动电流大，定子绕组的漏抗压降大，使定子绕组感应电动势减少，导致对应的主磁通减少。由于这些因素，根据电磁转矩公式 $T=C_T\varphi_m I_2'\cos\varphi_2$ 可知，启动时虽然 I_2 很大，但异步电动机启动转矩并不大。

通过以上分析可知，鼠笼式异步电动机直接启动的主要缺点是启动电流大而启动转矩却不大，这样的启动性能是不理想的。

因此，直接启动一般只在小容量的电动机中使用。如容量在 7.5 kW 以下的三相异步电动机一般均可采用直接启动。如果电网容量很大,就可允许容量较大的电动机直接启动,通常也可用下面经验公式来确定电动机是否可以采用直接启动。

$$\frac{I_{st}}{I_N} < \frac{3}{4} + \frac{变压器容量(kVA)}{4 \times 电动机功率(kW)} \tag{3-44}$$

式中,I_{st}为电动机的启动电流;I_N为电动机的额定电流。

若不满足上述条件,则采用降压启动。

例3-9 有两台三相鼠笼式异步电动机,启动电流倍数都为$k_i = 6.5$,其供电变压器容量为560 kVA,两台电动机的容量分别为$P_{N1} = 22$ kW,$P_{N2} = 70$ kW 问这两台电动机能否直接启动?

解 根据经验公式,对于第一台电动机

$$\frac{3}{4} + \frac{变压器容量(kVA)}{4 \times 电动机功率(kW)} = \frac{3}{4} + \frac{560}{4 \times 22} = 7.11 > 6.5$$

所以,允许直接启动。

对于第二台电动机:

$$\frac{3}{4} + \frac{变压器容量(kVA)}{4 \times 电动机功率(kW)} = \frac{3}{4} + \frac{560}{4 \times 70} = 2.75 > 6.5$$

所以,不允许直接启动。

2. 降压启动

降压启动的目的是为了限制启动电流。启动设备使定子绕组承受的电压小于额定电压,从而减少启动电流,待电动机转速达到某一数值时,再让定子绕组承受额定电压,使电动机在额定电压下稳定运行。

由于电动机的转矩与电压的平方成正比,降压启动时,虽然启动电流减小,但启动转矩也大大减小,故此法一般只适用于电动机空载或轻载启动。降压启动的方法介绍如下。

1) 定子回路串接电抗(电阻)降压启动

定子回路串接电抗(或电阻)降压启动是启动时在鼠笼电动机的定子三相绕组上串接对称电抗(或电阻)的一种启动方法,如图3-50所示。

启动时,合上 S1,打开 S2,这样电抗串入定子回路中,较大的启动电流在启动电抗(或电阻)上产生较大的压降,从而降低了加载在定子绕组上的电压,达到了限制启动电流的目的。当转速升高到某一数值时候,再把 S2 合上,切除电抗(电阻)使电动机在全压下运行。

相对较大的启动电流而言,异步电动机的励磁电流可忽略不计。启动时的转差率$s = 1$,根据异步电动机简化等效电路可得

$$I_{st} = \frac{U_1}{\sqrt{(r_1 + r_2')^2 + (x_1 + x_2')^2}} \tag{3-45}$$

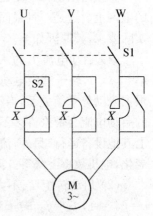

图3-50 用电抗器降压启动原理接线图

启动转矩为

$$T_{st}=\frac{m_1 p U_1^2 r_2'}{2\pi f_1\left[(r_1+r_2')^2+(x_1+x_2')^2\right]} \tag{3-46}$$

由以上 2 式可以看出,启动电流和电源电压成正比,而启动转矩和电压的平方成正比。

全压启动时的启动电流和启动转矩分别用 I_{stN} 和 T_{stN} 表示,设定子回路串电抗(电阻)后直接加在定子绕组上电压为 U_{st},令

$$k=\frac{U_N}{U_{st}(k>1)} \tag{3-47}$$

根据 $I_{st}\propto 6U$, $T_{st}\propto U^2$,则降压后启动电流和启动转矩分别为

$$I_{st}=\frac{I_{stN}}{k} \tag{3-48}$$

$$T_{st}=\frac{T_{stN}}{k^2} \tag{3-49}$$

由此可见,串接电抗(电阻)降压启动时,若加在电动机上的电压减小到额定电压的 $1/k$,则启动电流也减小到直接启动电流的 $1/k$,而启动转矩因与电源电压平方成正比,因而减小到直接启动的 $1/k^2$。

定子回路串接电抗(电阻)降压启动方式设备简单,操作方便,价格便宜,但串接电阻时要消耗大量电能,不能用于经常启动的场合,一般用于容量较小的低压电动机。串电抗器降压启动避免了上述缺点,但其设备费用较高,通常用于容量较大的高压电动机。

例 3-10　某台异步电动机的额定数据为:$P_N=125$ kW,$n_N=1\ 460$ r/min,$U_N=380$ V,Y 形连接,$I_N=230$ A,启动电流倍数 $k_i=5.5$,启动转矩倍数 $k_{st}=1.1$,过载系数 $k_m=2.2$,设供电变压器限制该电动机的最大启动电流为 900 A,(1) 该电动机可否直接启动? (2) 若采用定子串电抗启动使最大启动电流为 900 A,能否半载启动?

解　(1) 直接启动电流

$$I_{stN}=k_i I_N=5.5\times 230=1\ 265\ (A)>900\ (A)$$

所以,不能采用直接启动。

(2) 定子串电抗后,启动电流限制为 900 A,则

$$k=\frac{I_{stN}}{I_{st}}=\frac{1\ 265}{900}=1.4$$

$$T_{st}=\frac{T_{stN}}{k^2}=\frac{k_{st}\times T_N}{k^2}=\frac{1.1 T_N}{1.4^2}=0.56 T_N$$

由于 $1.1 T_L=1.1\times 0.5 T_N=0.55 T_N$,而 $T_{st}>1.1 T_L$,所以,可半载启动。

2) 星形—三角形(Y-△)换接降压启动

星形—三角形换接降压启动指的是启动时将定子绕组改接成星形连接,待电机转速上升到接近额定转速时再将定子绕组改接成三角形连接。其原理接线如图 3-51(a)所示。这种启动方法只适用于正常运行时定子绕组作三角形接法运行的异步电动机。

启动时先将开关 S2 投向"启动"侧,此时定子绕组接成星形连接,然后闭合开关 S1 进行启动。由于是星形连接,定子绕组的每相电压为电源电压的去,从而实现降压;待转速升高到某一数值,再将开关投向"运行"侧,恢复定子绕组为三角形连接,使电动机在全压下运行,

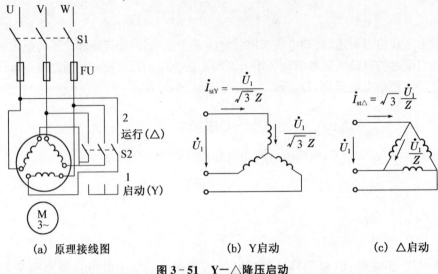

(a) 原理接线图　　　　(b) Y启动　　　　(c) △启动

图 3 - 51　Y—△降压启动

如图 3 - 51 所示。

设电动机的额定电压为 U_N，电动机每相阻抗为 Z。

(1) 直接启动：直接启动时定子绕组为三角形连接，此时绕组相电压为电源线电压 U_N，定子绕组每相启动电流为 $\dfrac{U_N}{Z}$，而电网供给的启动电流(线电流)为 $I_{st\triangle} = \sqrt{3}\,\dfrac{U_N}{Z}$。

(2) 降压启动：降压启动时定子为 Y 形，则绕组电压为 $\dfrac{U_N}{\sqrt{3}}$，定子绕组每相启动电流为 $\dfrac{U_N}{\sqrt{3}Z}$，故降压时电动机的启动(线电流)为 $I_{stY} = \dfrac{U_N}{\sqrt{3}Z}$。

Y 形与△形连接启动时，启动电流的比值为

$$\frac{I_{stY}}{I_{st\triangle}} = \frac{\dfrac{U_N}{\sqrt{3}Z}}{\sqrt{3}\,\dfrac{U_N}{Z}} = \frac{1}{3} \tag{3-50}$$

由于启动转矩与相电压的平方成正比，Y 形与△形连接启动的启动转矩的比值为

$$\frac{T_{stY}}{T_{st\triangle}} = \frac{\left(\dfrac{U_N}{\sqrt{3}}\right)^2}{U_N^2} = \frac{1}{3} \tag{3-51}$$

可见，Y—△降压启动的启动电流及启动转矩都减小到直接启动时的 1/3。

Y—△换接启动的最大的优点是操作方便，启动设备简单，成本低，但仅适用于正常运行时定子绕组作三角形连接的异步电动机，因此，一般用途的小型异步电动机，当容量大于 4 kW 时，定子绕组常采用三角形连接。由于启动转矩只有直接启动时的 1/3，启动转矩降低很多，而且是不可调的，只能用于轻载或空载启动的设备上。

3) 自耦变压器降压启动

　　自耦变压器降压启动通过自耦变压器把电压降低后再加到电动机定子绕组上,减小启动电流 U,如图 3-52 所示。

　　启动时,先合上开关 S1,再将开关 S2 掷于"启动"位置,这时电源电压经过自耦变压器降压后加在电动机上启动,限制了启动电流,待转速升高到接近额定转速时,再将开关 S2 掷于"运行"位置,自耦变压器被切除,电动机在额定电压下正常运行。

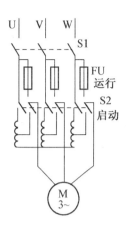

图 3-52　自耦变压器降压启动的原理接线图

　　设自耦变压器的变比为 k_a(变压器抽头比为 $k=1/k_a$),电网电压为 U_N,全压直接启动时的启动电流和启动转矩分别为 I_{stN} 和 T_{stN}。直接启动的启动电流为 $I_{stN}=\dfrac{U_N}{Z}$,则经自耦变压器降压后,加在电动机上的启动电压(自耦变压器二次侧电压)为

$$U_{st}=\frac{U_N}{k_a}$$

采用自耦变压器降压启动时,加在电动机上的电压为额定电压的 $\dfrac{1}{k_a}$,由于启动转矩与电源电压的平方成正比,所有启动转矩 T'_{st} 也减小到直接启动时的 $\dfrac{1}{k_a^2}$,即

$$T'_{st}=\frac{T_{stN}}{k_a^2} \tag{3-52}$$

　　由此可见,利用自耦变压器降压启动,电网供给的启动电流及电动机的启动转矩都减小到直接启动时的 $\dfrac{1}{k_a^2}$。

　　异步电动机启动的专用自耦变压器有 QJ2 和 QJ32 这个类型,64%~1 的低压侧各有 3 个抽头,QJ2 型的 3 个抽头电压分别为(额定电压的)55%、64% 和 73%;QJ3 型也有三种抽头比,分别为 40%.60% 和 80%。选用不同的抽头比,即不同的 k 值 $\left(k=\dfrac{1}{k_a^2}\right)$,就可以得到不同的启动电流和启动转矩,以满足不同的启动要求。

　　自耦变压器降压启动的优点是不受电动机绕组连接方式的影响,还可根据启动的具体情况选择不同的抽头,比定子回路串电抗启动和 Y-△ 启动更灵活,在容量较大的鼠笼式异步电动机中得到广泛的应用,但采用该方法的投资大,启动设备体积也大,而且不允许频繁启动。为了比较上述 3 种降压启动方法,现将主要数据列在表 3-12 中。

表 3-12　异步电动机降压启动方法比较

启动方法	$\dfrac{U}{U_N}$	$\dfrac{I_{st}}{I_{stN}}$	$\dfrac{T_{st}}{T_{stN}}$	优缺点
直接启动	1	1	1	启动设备简单,启动电流大,启动转矩不大,适用于小容量轻载启动。
串电抗(电阻)启动	$\dfrac{1}{k}$	$\dfrac{1}{k}$	$\dfrac{1}{k^2}$	启动设备简单,启动转矩小,适用于轻载启动。

续表

启动方法	$\dfrac{U}{U_N}$	$\dfrac{I_{st}}{I_{stN}}$	$\dfrac{T_{st}}{T_{stN}}$	优缺点
Y—△启动	$\dfrac{1}{\sqrt{3}}$	$\dfrac{1}{3}$	$\dfrac{1}{3}$	启动设备简单,启动转矩小,适用于轻载启动。只适用于定子绕组为三角形连接电动机。
串自耦变压器启动	$\dfrac{1}{k_a}$	$\dfrac{1}{k_a^2}$	$\dfrac{1}{k_a^2}$	启动转矩不大,有 3 种抽头可选择;启动设备复杂,不宜频繁启动。

3. 软启动

三相鼠笼式异步电动机的软启动是一种新型启动方式。软启动是利用串接在电源和电动机之间的软启动器,它使电动机的输入电压从 0V 或低电压开始,按预先设置的方式渐渐上升,直到全电压结束,控制软启动器内部晶闸管的导通角,从而控制其输出电压或电流,达到有效控制电动机的启动。

软启动在不需要调速的各种场合都适合,特别适合各种泵类及风机类负载,也可用于软停止,以减轻停机过程中的振动。

二、绕线式异步电动机的启动

对于绕线式异步电动机,在转子回路串入适当的电阻,既可以减小启动电流,又可以增大启动转矩,因而启动性能比鼠笼式异步电动机好。绕线式异步电动机启动方式分为转子回路串电阻启动及转子回路串频敏变阻器启动 2 种。

1. 转子回路串电阻启动

为了在整个启动过程中获得较大的加速转矩,并使启动过程比较平滑,应在转子回路串入多级对称电阻。启动后,随着转速的升高,逐段切除启动电阻,这与直流电动机电枢回路串电阻启动类似,称为电阻分级启动。虽然增加转子回路电阻,可减少启动电流,增加启动转矩,但启动时转子回路所串电阻并不是越大越好,否则启动转矩会减少。

启动接线图和机械特性曲线如图 3-53 所示。启动过程如下:启动开始时,接触器触点 S 闭合,S1、S2、S3 断开,启动电阻全部串入转子回路中,转子每相电阻为 $R_3 = r_2 + R_{st1} + R_{st2} + R_{st3}$,对应的机械特性曲线如图中曲线 4 所示。启动瞬间,电磁转矩为最大加速转矩 T_1,且大于负载转矩 T_L。电动机从 a 沿曲线 4 开始加速,电磁转矩逐渐减小,当减小到 T_2,如图

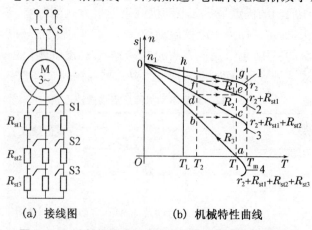

(a) 接线图　　　　(b) 机械特性曲线

图 3-53　三相绕线式异步电动机转子串电阻分级启动

中点 b 时,触点 S3 闭合,切除 R_{st3}。此时转子每相电阻变为 $R_2=r_2+R_{st1}+R_{st2}$,对应的机械特性曲线变为曲线 3。切换瞬间,转速 n 不能突变,电动机的运行点由 b 点跃到 c 点,电磁转矩又跃升为 T_1。此后,电动机转子加速,随着转速升高,电磁转矩沿曲线 3 逐渐下降到 T_2,如图中点 d 时,触点 S2 闭合,切除 R_{st2}。此后转子每相电阻变为 $R_1=r_2+R_{st1}$,电动机运行点由 d 点变到 e 点,电动机转速上升,工作点沿曲线 2 变化,最后在 f 点,触点 S1 闭合,切除 R_{st1},电动机转子绕组直接短接,电动机机械特性曲线变为曲线 1,电磁转矩回升到 g 点之后,电动机沿固有机械特性曲线加速到负载点 h 点稳定运行,启动过程结束。

绕线式异步电动机转子回路串电阻可以抑制启动电流并获得较大的启动转矩,选择适当电阻可使启动转矩达到最大值,故可以允许电动机在重载下启动。由人为机械特性曲线可知,转子回路串入适当电阻,可使 $s_m=1$,$T_{st}=T_m$,如图 3-54 所示。

此时有

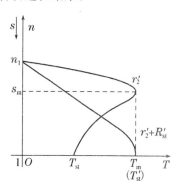

图 3-54　转子回路串电阻时的机械特性曲线

$$r_2'+\frac{R_{st}'}{x_1+x_2}=1 \qquad (3-53)$$

转子串入电阻折算值 R_{st}' 为　　　　　　　$(3-54)$

$$R_{st}'=(x_1+x_2')-r_2'$$

串入电阻的实际值 R_{st} 为

$$R_{st}=\frac{R_{st}'}{k_i k_e} \qquad (3-55)$$

绕线式异步电动机在分级切除电阻的启动中,电磁转矩突然增加,会产生较大的机械冲击,改启动方法所用的启动设备较复杂、笨重,运行维护工作量较大。

2. 转子回路串频敏变阻器启动

绕线式异步电动机采用转子回路串接电阻启动时,若想在启动过程中保持有较大的启动转矩且启动平稳,则必须采用多级电阻启动,这样会使启动设备很复杂,为了克服这个问题,转子回路可以采用串频敏变阻器启动。

频敏变阻器的结构类似于只有一次侧线圈的三相心式变压器,注意有铁芯和绕组组成,3 个铁芯柱上各有 1 个绕组,一般接成星形,通过滑环和电刷与转子电路相接,频敏变阻器铁芯用几片或十几片 30~50 mm 厚的钢板制成。

频敏变阻器是根据涡流原理工作的。当绕组通过交流电后,交变磁通在铁芯中产生的涡流损耗和磁滞损耗都较大,由于铁芯的损耗与频率的平方成正比,当频率变化时,铁芯损耗会发生变化,相应铁耗等电阻 r_m 也随之发生变化,故称为频敏变阻器。转子回路串频敏变阻器的结构图、线路图、机械特性曲线和等效电路如图 3-55 所示。

当绕线式异步电动机刚启动时,电动机转速很低,转子电流频率 f_2 很高,铁芯中涡流损耗及其对应的等效电阻 r_m 最大,相当于转子回路串入了一个较大的启动电阻,起到了限制启动电流和增加启动转矩的作用。在启动过程中,随转子转速上升,转差率减小,转子电流频率 $f_2=sf_1$ 随之减小。于是,频敏变阻器的涡流损耗减小,反映铁芯损耗的等效电阻 r_m 也随之减小,这相当于在启动过程中逐渐切除转子回路所串的电阻。启动结束后,转子绕组直

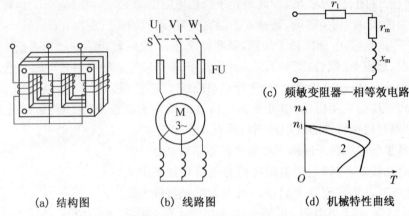

(a) 结构图　　　　(b) 线路图　　　　(d) 机械特性曲线

图 3－55　三相绕线式异步电动机转子串频敏变阻器启动

接短接,把频敏变阻器从电路中切除。

频敏变阻器相当于一种无触点的变阻器,在启动过程中,频敏变阻器能自动、无级地减小转子电阻,如果参数选择合适,可以保持启动转矩近似不变,从而实现无级平滑启动。串频敏变阻器启动的机械特性曲线如图 3－56(d)中曲线 2 所示,曲线 1 是电动机固有机械特性曲线。

频敏变阻器的结构较简单,维护方便,启动性能好;其缺点是体积较大,设备较重。由于其电抗的存在,功率因数较低,一般功率因数在 0.3～0.7 之间,最高也只能达到 0.8,启动转矩并不很大。因此,绕线式异步电动机轻载时采用频敏变阻器启动,重载时一般采用转子回路串电阻启动。

三、深槽式和双鼠笼式异步电动机

三相鼠笼式异步电动机的最大优点是结构简单、运行可靠,但启动性能差。它直接启动时启动电流很大,启动转矩却不大,而降压启动虽然可以减少启动电流,但启动转矩也随之减少。对于绕线式异步电动机,在一定范围内增加转子电阻可以增加启动转矩,减少启动电流,因此,转子回路串一定电阻可以改善启动性能。但是,电动机正常运行的时候又希望转子电阻比较小,这样可以减少转子铜耗,提高电动机的效率。怎样才能使鼠笼式异步电动机在启动时候具有较大的转子电阻,而在正常运行时候又自动减少呢? 由于鼠笼式异步电动机的转子结构具有不能再串入电阻的特点,人们通过改变转子槽的结构,利用集肤效应,制成深槽式和双鼠笼式异步电动机,达到改善鼠笼异步电动机的启动性能目的。

1. 深槽式异步电动机

1) 结构特点

深槽式异步电动机的转子槽又深又窄,通常槽深与槽宽之比为 10～12。其他结构和普通鼠笼式异步电动机基本相同。

2) 工作原理

当转子导条中流过电流时候,漏磁通的分布如图 3－56(a)所示。转子导条从上到下交链的漏磁通逐渐增多,导条的漏电抗也是从上到下逐渐增大。越靠近槽底,漏电抗越大;越接近槽口部分,漏电抗越小。

当电动机启动时,由于转速低,转差率比较大,转子侧频率比较高,转子导条的漏电抗也

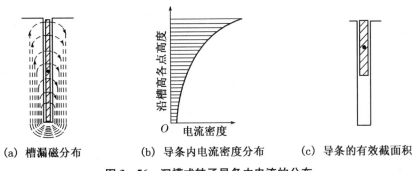

(a) 槽漏磁分布　　　　(b) 导条内电流密度分布　　　　(c) 导条的有效截面积

图 3 - 56　深槽式转子导条中电流的分布

比较大。转子电流的分布主要取决于漏电抗,漏电抗越大则电流就越小。导条中槽底的漏电抗大,则槽底处的电流密度就小;槽口部分的漏电抗小,则槽口处的电流密度大。因此,沿槽高的电流密度分布自上而下逐渐减少,如图 3 - 56(b)所示。大部分电流集中在导条的上部分,这种现象称为电流的集肤效应。集肤效应的效果相当于减少了导条的高度和截面,增加了转子电阻,从而减少启动电流,增加了启动转矩。电流好像被挤到槽口,因而也称挤流效应。

　　启动完毕后,电动机正常运行时,由于转子电流的频率降低,转子漏电抗也随之减少,此时转子导条的漏电抗比转子电阻小得多,因而这个时候电流的分布主要取决于转子电阻的分布。由于转子导条的电阻均匀分布,导体中电流将均匀分布,集肤效应消失,转子电阻减少为自身的直流电阻。由此可见,正常运行时,深槽式异步电动机的转子电阻能自动变小,可以满足减少转子铜耗、提高电动机的效率的要求。

　　深槽式异步电动机是根据集肤效应原理,减小转子导体有效截面,增加转子回路有效电阻以达到改善启动性能的目的。但深槽会使槽漏磁通增多,故深槽式异步电动机漏电抗比普通鼠笼式异步电动机机大,功率因数、最大转矩及过载能力稍低。

　　2. 双鼠笼式异步电动机

　　1) 结构特点

　　双鼠笼式异步电动机转子上具有 2 套鼠笼型绕组,即上笼和下笼,如图 3 - 57(a)所示。上笼的导条截面积较小,并用黄铜或青铜等电阻系数较大的材料制成,其电阻较大;下笼导条的截面积大,并用电阻系数较小的紫铜制成,其电阻较小。双笼式电机也常采用铸铝转子,如图 3 - 57(b)所示。由于下笼处于铁芯内部,交链的漏磁通多,上笼靠近转子表面,交链的漏磁通较少,下笼的漏电抗较上笼的漏电抗大得多。

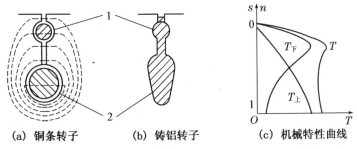

(a) 铜条转子　　　　(b) 铸铝转子　　　　(c) 机械特性曲线

图 3 - 57　双鼠笼式电动机转子槽形及其机械特性曲线

2）工作原理

双鼠笼式异步电动机启动时，转子电流频率较高，转子漏电抗大于电阻，上、下笼电流的分配主要取决于漏电抗，由于下笼的漏电抗比上笼的大得多，电流主要从上笼流过，启动时上笼起主要作用。由于上笼电阻大，可产生较大的启动转矩，同时限制启动电流，通常把上笼又称为启动笼。

双鼠笼式异步电动机启动后，随着转速升高，转差率 s 逐渐减小，转子电流频率 f 也逐渐减小，转子漏电抗也随之减少，此时漏电抗远小于电阻。转子电流分布主要取决于电阻，于是电流从电阻较小的下笼流过，产生正常运行时的电磁转矩，下笼在运行时起主要作用，故下笼又称为工作笼（运行笼）。

因此，双鼠笼式异步电动机也是利用集肤效应原理来改善启动性能的。

双鼠笼式异步电动机的机械特性曲线如图 3-57(c)所示，可以看成是上、下笼两条机械特性曲线的合成，改变上、下笼导体的材料和几何尺寸就可以得到不同的机械特性曲线，以满足不同负载的要求，这是双鼠笼式异步电动机一个突出的优点。

综上所述，深槽式和双鼠笼式异步电动机都是利用集肤效应原理来增大启动时的转子电阻来改善启动性能的，包括减小启动电流和增大启动转矩。因此，大容量、高转速电动机一般都做成深槽式或双鼠笼式。

双鼠笼式异步电动机的启动性能比深槽式异步电动机好，但深槽式异步电动机的结构简单，制造成本较低，故深槽式异步电动机的使用更广泛。它们共同的缺点是转子漏电抗比普通鼠笼式异步电动机大，因此功率因数和过载能力都比普通鼠笼式异步电动机的低。

3.3.2 三相异步电动机的调速

人为地改变电动机的转速称为调速。异步电动机具有结构简单、价格便宜、运行可靠、维护方便等优点，但调速性能比不上直流电动机，如其调速范围窄、调速平滑性差。直流电动机存在价格高、维护困难、需要专门的直流电源等缺点。近几十年来，随着电子技术、计算机技术以及自动控制技术的飞速发展，交流调速技术日趋完善，大有取代直流调速技术的趋势。

根据异步电动机的转速关系式

$$n=n_1(1-s)=\frac{60f_1}{p}(1-s) \tag{3-56}$$

可知，异步电动机调速方法有 3 种：(1) 变极调速改变定子绕组的磁极对数声调速；(2) 变频调速改变电源频率调速；(3) 变转差率 s 调速改变电动机的转差率调速，包括绕线式异步电动机的转子串接电阻调速、串级调速和定子调压调速等。

一、变极调速

由公式 $n_1=60f/p$ 可知，当电源频率不变时，电动机的同步转速和极对数成反比。改变极对数就可以改变同步转速，从而改变电动机转速。由于极对数总是呈整数变化的，所以同步转速的变化一级一级地进行，即不能实现平滑调速。

通过改变定子绕组接法来改变极对数的电机称为多速电机。从电动机原理可知，只有定子和转子具有相同的极对数时，电动机才有恒定的电磁转矩，才能实现机电能量转换。因此，在改变定子极数时必须改变转子极数，而鼠笼式异步电动机的转子极数能自动地跟随定子极数变化,变极调速只适用于鼠笼式异步电动机。

1. 变极原理

下面以四极变二极为例,说明定子绕组的变极原理。图 3-58 画出四极电机 U 相绕组的 2 个线圈,每个线圈代表 U 相绕组的一半,称为半相绕组。2 个半相绕组顺向串联(头尾相接)时,根据线圈中的电流方向,可以分析出定子绕组产生四极磁场,即 $2p=4$,磁场方向如图 3-58(b)所示。

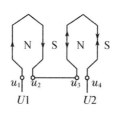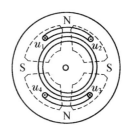

(a) 两线圈正向串联　　　　　　(b) 绕组布置及磁场

图 3-58　四极三相异步电动机 U 相绕组

如果将两个半相绕组的连接方式改为 3-59 图所示,使其中一个半相绕组地的电流反向,这时定子绕组中产生二极磁场,即 $2p=2$。由此可见,使定子每相的一半绕组中电流改变方向,就可以改变磁极对数。

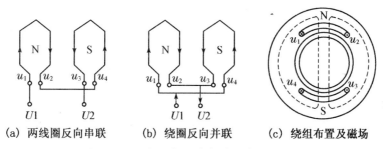

(a) 两线圈反向串联　　(b) 绕圈反向并联　　(c) 绕组布置及磁场

图 3-59　二极三相异步电动机的 U 相绕组

2. 常用的变极接线方式

图 3-60 列出两种最常用的变极接线方式。其中,图 3-60(a)表示由单星形连接改接成并联的双星形连接,写作 Y/YY(或 Y/2Y);图 3-60(b)表示由单星形连接改为反向串联的单星形连接;图 3-60(c)表示由三角形连接改为双星形连接,写作 △/YY(或 △/2Y)。这几种接法都是使每相的一半绕组内电流改变方向,因此,定子磁场的极数减少一半,电动机转速接近成倍改变。采用不同的接线方式,电动机允许输出功率不同,因此,要根据生产机械的要求进行选择。

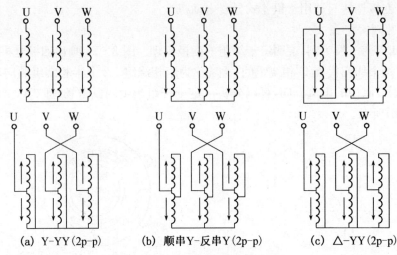

$$(a)\ \ Y\text{-}YY(2p\text{-}p) \qquad (b)\ \ 顺串Y\text{-}反串Y(2p\text{-}p) \qquad (c)\ \ \triangle\text{-}YY(2p\text{-}p)$$

图 3-60　典型的变极接线方式

3. 变极调速时的容许输出

调速时电动机容许输出是指保持电流为额定值的条件下,调速前、后电动机轴上输出的功率和转矩。下面对变极调速时的 3 种接线方式的容许输出进行分析。

1) Y/YY 变极调速

设外加电压为 U_N,绕组每相额定电流为 I_N,当采用 Y 形连接时,线电流等于相电流,此时的输出功率和转矩分别为

$$\left. \begin{array}{l} P_Y = \sqrt{3}\,U_N I_N \eta\cos\varphi \\[2mm] T_Y = 9.55\,\dfrac{P_Y}{n_Y} \end{array} \right\} \tag{3-57}$$

当改成 YY 连接后,极数减少一半,转速增加一倍,即 $n_{YY} = 2n_Y$。若保持绕组电流 I_N 不变,则每相电流为 $2I_N$。假设改接前后功率因数和效率近似不变,则

$$\left. \begin{array}{l} P_{YY} = \sqrt{3}\,U_N \times (2I_N)\eta\cos\varphi = 2\sqrt{3}\,U_N I_N \eta\cos\varphi = 2P_Y \\[2mm] T_{YY} = 9.55\,\dfrac{P_{YY}}{n_{YY}} = 9.55\,\dfrac{2P_Y}{2n_{YY}} = 9.55\,\dfrac{P_Y}{n_Y} = T_Y \end{array} \right\} \tag{3-58}$$

可见,采用 Y/YY 连接方式时,电动机的转速增加一倍,允许输出功率增加一倍,而允许输出转矩不变。因此,这种接线方式的变极调速属于恒转矩调速,适用拖动恒转矩负载。

2) △/YY 接法变极调速

若每相绕组的额定电流为 I_N,则三角形连接时的线电流为 $\sqrt{3}I_N$,输出功率和转矩的计算公式如下。△形接法时电动机的输出功率和输出转矩分别为

$$\left. \begin{array}{l} P_\triangle = \sqrt{3} \times U_N(\sqrt{3}I_N)\eta\cos\varphi = 3U_N I_N \eta\cos\varphi \\[2mm] T_\triangle = 9.55\,\dfrac{P_\triangle}{n_\triangle} \end{array} \right\} \tag{3-59}$$

改成 YY 连接后,极对数减少一半,转速增加一倍,即 $n_{YY} = 2n_\triangle$,则每相电流为 $2I_N$,输出功率和输出转矩为

$$P_{YY}=\sqrt{3}U_N(2I_N)\eta\cos\varphi=2\sqrt{3}U_NI_N\eta\cos\varphi$$

$$\frac{P_{YY}}{P_\triangle}=\frac{2\sqrt{3}}{3}=1.15, P_{YY}=1.15P_\triangle\approx P_\triangle$$

$$T_{YY}=9.55\frac{P_{YY}}{n_{YY}}=9.55\frac{11.5P_\triangle}{2n_\triangle}=0.58T_\triangle$$

$$(3-60)$$

可见,采用△/YY接法变极调速时,电动机的转速提高一倍,允许输出功率近似不变,允许输出转矩近似减小一半。因此,这种调速方法适用于带恒功率负载。

同理可分析,顺串星形改接为反串星形连接方式的变极调速也属于恒功率调速。

4. 变极调速必须注意的问题

当改变定子绕组的接线方式时,要将三相绕组中任意两相的出线端交换一下,再接到三相电源上,这样才能保证调速前后电动机的转向不变。变极前后绕组相序将发生改变,这是由于电角度＝$p\times$机械角度,当极对数变化时,空间电角度大小也随之发生变化。当$p=1$时,U、V、W三相绕组在空间的电角度依次为0°、120°、240°;而当$p=2$时,U、V、W三相绕组在空间分布的电角度变为0°、120°$\times2=240°$、240°$\times2=480°$(即120°)。可见,变极前后三相绕组的相序发生了变化。要保持电动机转向不变,应把接到电动机的3根电源线任意对调2根。

变极调速的优点是设备简单、运行可靠、机械特性较硬,可以实现恒转矩调速,也可以实现恒功率调速;缺点是转速只能是有限的几挡,为有级调速,调速平滑性较差。

二、变频调速

由公式$n_1=60f_1/p$可知,当电机极对数不变时,电动机的同步转速和频率成正比,若连续改变频率就可以连续改变同步转速,从而连续平滑地改变电动机的转速。但是单一调节电源的频率会导致电动机运行性能恶化。

三相异步电动机正常运行时,定子的阻抗压降很小,可以近似认为,定子每相电压$U_1\approx E_1$,气隙磁通为

$$\Phi_m=\frac{E_1}{4.44f_1N_1k_{w1}}\approx\frac{U_1}{4.44f_1N_1k_{w1}}\qquad(3-61)$$

在变频调速时,如果只降低定子频率f_1,而定子每相电压不变,则Φ_m要增大。由于在正常(额定)情况时电动机的主磁路就已经接近饱和,若频率下降,Φ_m增大,主磁路必然过饱和,会使励磁电流急剧增大,铁耗增加,功率因数下降。若频率增加,则Φ_m减小,使电磁转矩和最大电磁转矩下降,过载能力降低,电动机的容量也得不到充分利用。

因此,为了使电动机保持较好的运行性能,要求在调节频率的同时,改变定子电压U_1,以维持Φ_m不变,或者保持电动机的过载能力不变。电压随频率接什么规律变化最为合适呢? 一般认为,在任何类型的负载下变频调速时,若能保持电动机的过载能力不变,则电动机的运行性能较为理想。可以推导出保持k不变的条件为

$$\frac{U_1'}{U_1}=\frac{f_1'}{f_1}\sqrt{\frac{T_N'}{T_N}}\qquad(3-62)$$

1. 电压随频率调节的规律

变频调速时,U与t的调节规律是和负载的性质有关的,通常分为恒转矩变频调速和恒

功率变频调速。

1) 恒转矩变频调速

对于恒转矩负载，$T_N = T_N'$，于是式(3-62)可以变为

$$\frac{U_1}{f_1} = \frac{U_1'}{f_1'} = C(常数)\qquad(3-63)$$

式(3-63)说明，在恒转矩负载下，若能保持电压与频率成正比调节，则电动机在调速过程中既能保证电动机的过载能力 k_m 不变，又能保证主磁通 Φ_m 不变；这也说明变频调速特别适合恒转矩负载。

2) 恒功率变频调速

对于恒功率负载，要求在变频调速时的电动机的输出功率保持不变，则

$$P_N = \frac{T_N n_N}{9.55} = \frac{T_N' n_N'}{9.55} = C(常数)\qquad(3-64)$$

因此

$$\frac{T_N'}{T_N} = \frac{n_N}{n_N'} = \frac{f_1}{f_1'}\qquad(3-65)$$

将式(3-65)代入式(3-62)中，得

$$\frac{U_1}{\sqrt{f_1}} = \frac{U_1'}{\sqrt{f_1'}} = C(常数)\qquad(3-66)$$

即在恒功率负载下，如果能保持 $\frac{U_1}{\sqrt{f_1}} = C$(常数)，则电动机的过载能力不变，但主磁通会发生变化。

通常把异步电动机的额定频率作为基频。变频调速时，可以从基频向下调节，也可以由基频向上调节。

(1) 在基频以下调速时，可保持 $\frac{U_1}{f_1} = C$(常数)，即为恒转矩调速。当频率 f_1 减少时，最大转矩 T_m 不变，启动转矩 T_m 增加，临界点转速降落也不变。因此，机械特性曲线随频率的降低而向下平移，如图 3-61(a)中虚线所示。但实际上由于定子电阻的存在，随着频率 f_1 下降(U_1/f_1 = 常数)，T_m 会减小，当频率很低时，T_m 会减小很多，如图 3-61(a)实线所示。

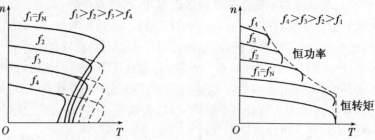

(a) U_1/f_1=常数时变频调速时的机械特性曲线　(b) 恒功率和恒转矩变频调速时的机械特性曲线

图 3-61　变频调速机械特性曲线

(2) 在基频以上调速时，频率从额定频率往上增加，但电压却不能增加得比额定电压还高，最高保持为额定电压不变。这样随着频率升高，磁通必然会减少，这是降低磁通升速的

调速方法,类似于他励直流电动机的弱磁调速方法。此时,最大转矩和启动转矩都随着频率的增高而减少,但临界点转速降落不变,即不同频率下各条机械特性曲线近似平行,如图3-61(b)所示,此时近似为恒功率调速。

变频调速的主要优点是调速范围大、调速平滑、机械特性较硬、效率高。高性能的异步电动机变频调速系统的调速性能可与直流调速系统相媲美。但它需要一套专用变频电源,调速系统较复杂、设备投资较高。近年来随着晶闸管技术的发展,为获得变频电源提供了新的途径。晶闸管变频调速器的应用大大促进了变频调速的发展。变频调速是近代交流调速发展的主要方向之一。

例 3-11 某四极异步电动机,PN—30 kW,U—380 V,nN—1 450 r/min,采用变频调速,拖动的恒转矩负载 TI—0.8 TN。若要将转速降为 800 r/min,则变频电源输出的线电压和频率各为多少?要求在调速过程中保持 U_1/f_1 为常数。

解
$$s_N = \frac{n_1 - n_N}{n_1} = \frac{1\,500 - 1\,450}{1\,500} = 0.033$$

当带 $T_L = 0.8T_N$ 的负载时,

$$s = \frac{T_L}{T_N}s_N = \frac{0.8T_N}{T_N} \times 0.033 = 0.026\,4$$

此时的转速降落为

$$\Delta n = sn_1 = 0.026\,4 \times 1\,500 = 396\,(\text{r/min})$$

电动机变频调速时机械特性曲线的斜率不变,即转速降落不变。因此,变频后转速为800 r/min 时的同步转速为

$$n_1' = n + \Delta n = 800 + 396 = 1\,196\,(\text{r/min})$$

此时电源频率为

$$f_1 = \frac{pm_1'}{60} = \frac{2 \times 1\,196}{60} = 39.8\,(\text{Hz})$$

$$\frac{U_1}{f_1} = \frac{U_N}{f_N}, \frac{U_1}{39.8} = \frac{380}{50}, U_1 = 302.5\,(\text{V})$$

三、绕线式异步电动机的转子串电阻调速

绕线式异步电动机的转子回路串接对称电阻的机械特性曲线如图3-62所示。从机械特性曲线上看,转子串入附加电阻时,n_1、T_m 不变,但 s_m 要增大,特性斜率增大。当负载转矩一定时,串不同的电阻,可以得到不同的转速,所串电阻越大,电动机转速就越低。如图3-62所示,因为 $n_B > n_C$,所以 $R_{s1} < R_{s2}$。

设 s_m,S,T 为转子串接电阻前的量,s_m'、s'、T' 为转子串入电阻 R_s 后的量,利用实用机械特性的简化方程可知

$$\frac{s_m}{s}T = \frac{s_m'}{s'}T' \qquad (3-67)$$

又因为临界转差率和转子电阻成正比,故

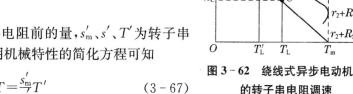

图 3-62　绕线式异步电动机的转子串电阻调速

$$\frac{r_2}{s}T=\frac{r_2+R_s}{s'}T' \qquad (3-68)$$

于是，转子串接的附加电阻为

$$R_s=\left(\frac{s'T}{sT'}-1\right)r_2 \qquad (3-69)$$

当负载转矩保持不变，即恒转矩调速时，$T=T'$（如图 3-62 中的 A、B 两点），则

$$R_s=\left(\frac{s'}{s}-1\right)r_2 \qquad (3-70)$$

如果调速时负载转矩发生了变化（如图 3-62 中的 A、D 两点），则必须用式（3-69）来计算串接的电阻值。

绕线式异步电动机可以在转子回路串电阻来改善电动机的启动性能和改变电动机转速，但启动电阻是按短时通电设计的，而调速电阻是按长期通电设计的。

这种调速方法只适用于绕线式异步电动机，其优点是设备简单、操作方便，可在一定范围内平滑调速，调速过程中最大转矩不变，电动机过载能力不变；缺点是调速是有级的、不平滑的；低速时转差率较大，转子铜耗增加，电机效率降低，机械特性变软。

这种调速方法多应用在起重机一类对调速性能要求不高的恒转矩负载上。

例 3-12 一台三相四极异步电动机，$n_N=1\,480$ r/min，$f=50$ Hz，转子每相电阻 $r_2=0.02\,\Omega$，若负载转矩不变，要求把转速降到 1 100 r/min，试求转子回路每相所串的电阻为多大？

解 $n_1=\dfrac{60f}{p}=\dfrac{60\times50}{2}=1\,500$ (r/min)

当 $n_N=1\,480$ r/min 时，$s_N=\dfrac{n_1-n_N}{n_1}=\dfrac{1\,500-1\,480}{1\,500}=0.013$

当 $n=1\,100$ r/min 时，$s=\dfrac{n_1-n}{n_1}=\dfrac{1\,500-1\,100}{1\,500}=0.267$

负载转矩不变，所以所串电阻

$$R_s=\left(\frac{s}{s_N}-1\right)r_2=\left(\frac{0.267}{0.013}\right)\times0.02=0.39\ (\Omega)$$

四、绕线式异步电动机的串级调速

串级调速就是在转子回路中串接一个与转子电动势 $\dot{E}_2$ 同频率的附加电动势 $\dot{E}_{ad}$，通过改变 $\dot{E}_{ad}$ 幅值大小和相位来实现调速。

串级调速的基本原理可分析如下，图 3-63 所示。

当转子串入的 $\dot{E}_{ad}$ 与 $\dot{E}_{2s}=s\dot{E}_2$ 反相位时，转子电流为

$$I_2=\frac{sE_2-E_{ad}}{\sqrt{r_2^2+(sx_2)^2}}=\frac{E_2-\dfrac{E_{ad}}{s}}{\sqrt{\left(\dfrac{r_2}{s}\right)^2+x_2^2}} \qquad (3-71)$$

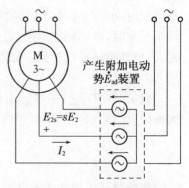

图 3-63 串级调速原理

因为反相位的 $\dot{E}_{ad}$ 串入后，转子电流 I_2 减小，电动机产生的电磁转矩 $T = C_T\varphi_m I_2' \cos\varphi_2$ 也随 I_2 的减小而减小，于是电动机开始减速，转差率 s 增大。由式（3-70）可知，随着 s 增大，转子电流 I_2 开始回升，T 也相应回升，直到转速降至某个值，I_2 回升到使得 T 复原到与负载转矩平衡时，减速过程结束，电动机便在此低速下稳定运行，这就是向低于同步转速方向调速原理。

串入反相位 $\dot{E}_{ad}$ 的幅值越大，电动机的稳定转速就越低。

当转子串入的 $\dot{E}_{ad}$ 与 $\dot{E}_{2s}$ 同相位时，有

$$I_2 = \frac{sE_2 + E_{ad}}{\sqrt{r_2^2 + (sx_2)^2}} = \frac{E_2 + \dfrac{E_{ad}}{s}}{\sqrt{\left(\dfrac{r_2}{s}\right)^2 + x_2^2}} \tag{3-72}$$

因为串入同相位的 $\dot{E}_{ad}$ 后，转子电流 I_2 增加，于是电动机的电磁转矩 T 相应增加，转速将上升，转差率减小。随着转差率的减小，转子电流 I_2 开始减小，电磁转矩 T 也相应减小，直到转速上升到某个值，I_2 减小使得电磁转矩 T 和负载转矩相平衡，这样电动机的升速的过程结束，电动机便在高速下稳定运行。

串入的同相位 $\dot{E}_{ad}$ 幅值越大，电动机的稳定转速就越高。因此，串级调速完全克服了串电阻调速的缺点，它具有高效率、无级平滑调速、较硬的低速机械特性等优点。但串级调速的装置比较复杂，成本较高，因此，串级调速最适用于调速范围不太大的场合，如通风机和提升机等。

五、绕线式异步电动机的斩波调速

绕线式异步电动机的斩波调速原理如图 3-64 所示，在三相桥式整流电路的一端接进绕线式异步电动机的转子绕组，另一端接入外电阻 R_P，在电阻两端并联一个斩波器，均匀改变斩波器的导通和断开的比率，便可以均匀改变电路中的电阻值，达到无级改变电动机转子串接电阻进行平滑调速的目的。

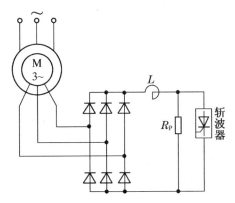

图 3-64　绕线式异步电动机的斩波调速原理

六、调压调速

三相异步电动机降低电源电压后，n_1 和 s_m 都不变，但电磁转矩 $T \propto U_1^2$，因此电压降低，

电磁转矩随之变小,转速也随之下降,电压越低,电动机的转速就越低。如图 3-65(a)中所示,转速 n 为固有机械特性曲线上的运行点的转速,n' 为降压后的运行点的转速,$U_1'<U_1$,$n'<n$。降压调速方法比较简单,但是对于一般鼠笼式异步电动机,当带恒转矩负载时其降压调速范围比较窄,因此,没有多大的实用价值。

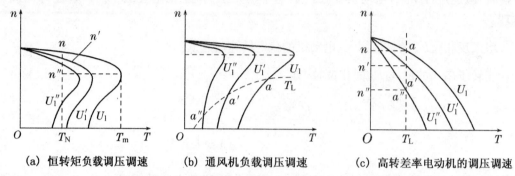

(a) 恒转矩负载调压调速　　　　(b) 通风机负载调压调速　　　　(c) 高转差率电动机的调压调速

图 3-65　鼠笼式异步电动机调压调速($U_1>U_1'>U_1''$)

若电动机拖动风机类负载扛口通风机,其负载转矩随转速变化的关系如图 3-65(b)中的虚线所示,从 a、a'、a'' 对应转速看,降压调速时有较好调速范围。因此调压调速适合于风机类负载。

异步电动机的调压调速通常应用在专门设计的具有较大转子电阻的高转差率的异步电动机上。它即使带恒转矩负载,也有较宽的调速范围,如图 3-65(c)所示,不同的电源电压 U、U_1'、U'',可获得不同的工作点 a、a'、a'',调速范围较宽。

但是这种电动机在低速时的机械特性太软,其静差率和运行稳定性往往不能满足工艺要求。因此,现代的调压调速系统通常采用深度负反馈闭环控制系统;以提高低速时机械特性硬度,从而在满足一定静差率的条件下,获得较宽的调速范围,同时保证电动机具有一定的过载能力。

调压调速既非恒转矩调速也非恒功率调速,它最适用于转矩随转速降低而减小的风机类负载(如通风机负载),也可用于恒转矩负载,最不适合恒功率负载。

七、采用电磁转差离合器调速的异步电动机

采用电磁转差离合器调速的异步电动机上就是一台带有电磁滑差离合器的鼠笼式异步电动机,称为电磁调速异步电动机,亦称滑差电动机。其原理如图 3-66 所示。

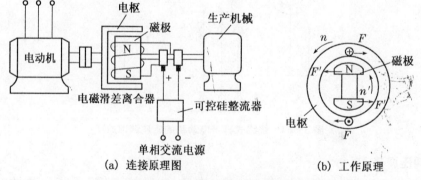

(a) 连接原理图　　　　　　(b) 工作原理

图 3-66　电磁调速异步电动机

1. 电磁滑差离合器的结构

电磁滑差离合器由电枢和磁极组成,两部分之间无机械联系,各自能独立旋转。电枢是由铸钢制成的空心圆柱体,直接固定在异步电动机轴端上,由电动机拖动旋转,是离合器的主动部分。磁极的励磁绕组由外部直流电源经滑环通入直流励磁电流进行励磁。磁极通过联轴器与异步电动机拖动的生产机械直接连接,称为从动部分。

2. 电磁滑差离合器的工作原理

磁极的励磁绕组通入直流电后形成磁场。异步电动机带动离合器电枢以转速 n 旋转,电枢便切割磁场产生涡流,方向如图 3-66(b)所示。电枢中的涡流与磁场相互作用产生电磁力和电磁转矩,电枢受力方向可用左手定则判定,对电枢而言,F 产生的是个制动转矩,需要依靠异步电动机的输出机械转矩来克服此制动转矩,从而维持电枢的转动。

根据作用力与反作用力大小相等、方向相反的原则,可知离合器磁极所受到电磁力 F' 的方向与 F 的方向相反。在 F' 所产生的电磁转矩的作用下,磁极转子带动生产机械沿电枢旋转方向以 n' 的速度旋转,$n'<n$。由此可见,电磁滑差离合器的工作原理和异步电动机工作原理相同。电磁转矩的大小由磁极磁场的强弱和电枢与磁极之间的转差决定。当励磁电流为零时,磁通为零,无电磁转矩;当电枢与磁极间无相对运动时,涡流为零,电磁转矩也为零,故电磁离合器必须有滑差才能工作,所以电磁调速异步电动机又称为滑差电动机。

当负载转矩一定时,调节励磁电流的大小,磁场强弱、电磁转矩随之改变,从而达到调节转速的目的。

电磁离合器结构有多种形式。目前我国生产较多的是电枢为圆筒形铁芯,磁极为爪形磁极。

电磁调速异步电动机的主要优点是调速范围广,可达 10∶1;调速平滑,可实现无级调速,结构简单,操作维护方便,广泛应用于纺织、造纸等各行业。其缺点是由于离合器是利用电枢中的涡流与磁场相互作用而工作的,故电流损耗大,效率较低;另一方面由于其机械特性较软,特别是在低转速下,其转速随负载变化很大,不能满足恒转速生产机械的需要。为此电磁调速异步电动机一般都配有根据负载变化而自动调节励磁电流的控制装置。

3.3.3　三相异步电动机的制动

三相异步电动机除了运行于电动状态,还常需要工作于制动状态,制动可以使电动机快速停转,或者使位能性负载(如起重机下放重物)获得稳定的下降速度。异步电动机的制动方法可分为 2 类,即电气制动和机械制动。电气制动是在制动时,产生一个与原来旋转方向相反的电磁转矩(制动转矩),迫使电动机转速迅速下降;机械制动是利用机械设备(如电磁抱闸制动器、电磁离合制动器)在电动机断电后,强迫电动机迅速停转。这里仅讨论电气制动,常用电气制动有能耗制动、反接制动和回馈制动(再生发电制动)。

一、能耗制动

三相异步电动机的能耗制动接线如图 3-67
(a)所示。设电动机原来处于电动运行状态,制

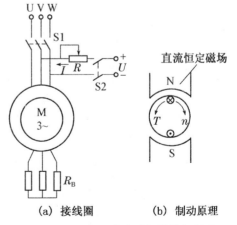

(a)　接线圈　　　(b)　制动原理

图 3-67　三相异步电动机的能耗制动

动对断开开关 S1,将电动机从电网中断开,同时闭合开关 S2,电动机就进入能耗制动状态。

能耗制动时直流电流流过定子绕组,于是定子绕组产生一个恒定磁场,转子因惯性而继续旋转并切割该恒定磁场,转子导体中便产生感应电动势及感应电流。由图 3-67(b)可以判定,转子感应电流与恒定磁场作用产生的电磁转矩与电机转向相反,为制动转矩,因此转速迅速下降。当转速下降至零时,转子感应电动势和感应电流均为零,制动结束。制动期间,转子的动能转变为电能消耗在转子回路的电阻上,所以称为能耗制动。

电动机正向运行时工作在固有特性曲线上的点 a(见图 3-68)。制动时定子绕组接直流电源后,电磁转矩和感应电流反向,所以此时机械特性曲线位于第 Ⅱ 象限。如图 3-68 所示中曲线 2。制动瞬间,转速不能突变,工作点由点 a 平移至能耗制动特性曲线(如曲线 2)上的点 b,在制动转矩的作用下,电动机开始减速,工作点沿曲线 2 变化,直至原点 O。

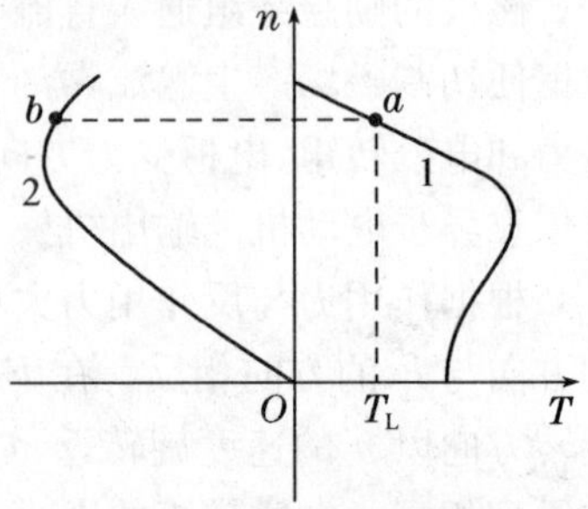

图 3-68 能耗制动机械特性

绕线式异步电动机采用能耗制动时,按照最大制动转矩为 $(1.25\sim2.2)T_N$ 的要求,可以用以下公式计算直流励磁电流和转子所串电阻的大小:

$$I=(2\sim3)I_0 \tag{3-73}$$

$$R_B=(0.2\sim0.4)\frac{E_{2N}}{\sqrt{3}I_{2N}}-r_2 \tag{3-74}$$

式中,I_0 为异步电动机的空载电流。

能耗制动的优点是制动能力强,制动较平稳,无大冲击,对电网影响小;缺点是需要一套专门的直流电源,制动的直流设备投资较大。

二、反接制动

反接制动分为电源两相反接的反接制动和倒拉反转的反接制动。

1. 电源两相反接的反接制动(正转反接)

制动时把定子两相电源接线端对调,如图 3-69(a)所示,由于改变了定子电源的相序,定子旋转磁场方向和原来的方向相反,电磁转矩的方向随之改变,但由于转速的惯性旋转方向未变,所以电磁转矩变为制动转矩,电动机在制动转矩作用下开始减速。

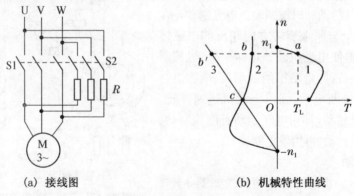

(a) 接线图 (b) 机械特性曲线

图 3-69 三相异步电动机定子绕组两相反接的反接制动

制动前,电动机工作在固有机械特性曲线上,如图 3-69(b)所示曲线 1 上的点 a,在定子两相反接的瞬间,转速来不及变化,工作点由点 a 平移到点 b,这时系统在制动电磁转矩和负载转矩共同的作用下迅速减速,工作点沿曲线 2 移动,到点 c 时,转速为零,制动结束。此时切断电源并停车,如果是位能性负载得用抱闸;否则,电动机会反向启动旋转。

由于反接制动时,旋转磁场与转子的相对速度很大($\triangle n = n_1 + n_0$),转子感应电动势很大,故转子电流和定子电流都很大。为限制电流,常常在定子回路中串入限流电阻 R,如图 3-69(a)所示。对于绕线异步电动机,可在转子回路中串反接制动电阻来限制制动瞬间的电流以及增加电磁制动转矩。

定子两相反接制动时 n_1 为负,n 为正,所以

$$s = \frac{-n_1 - n}{-n_1} = \frac{n_1 + n}{n_1} > 1$$

2. 倒拉反转反接制动(正接反转)

倒拉反转反接制动适用于绕线式异步电动机拖动位能性负载的情况,它能够使重物获得稳定的下放速度。如图 3-70 所示,设电动机原来工作在固有机械特性曲线 1 上的点 a,当在转子回路串入电阻 R 时,其机械特性由曲线 1 变为曲线 2。串入电阻 R 的瞬间,转速来不及变化,电动机的工作点由点 a 转移到人为机械特性曲线 2 的点 b。此时电动机电磁转矩 T_b 小于负载转矩 T_L,电机转速逐渐减小,工作点沿曲线 2 由点 b 向点 c 移动,在此过程中电机仍运行在电动状态。当工作点到点 c,转速 n 为零时,电动机电磁转矩 T_c 小于 T_L,重物将电动机倒拉反向旋转,

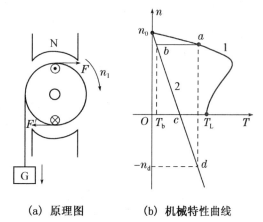

(a) 原理图　　　　(b) 机械特性曲线

图 3-70　异步电动倒拉反接制动

在重物作用下,电动机反向加速,电磁转矩逐步增大,直到点 d,$T_b = T_L$ 为止,电动机便以较低的转速 n_d 下放重物,而不至于把重物损坏。在 cd 段,电磁转矩与电机转向相反,起制动作用,而此时负载转矩成为拖动转矩,拉着电动机反转,所以把这种制动称为倒拉反转反接制动。调节转子回路电阻大小可以获得不同的重物下放速度。所串电阻越大,获得下放重物的速度越大。

由图 3-70(b)可见,要实现倒拉反转的反接制动,转子回路必须串接足够大的电阻使工作点位于第 Ⅳ 象限,这种制动方式的目的主要是限制重物的下放速度。

调节转子电阻可以控制重物的下放速度,利用同一转矩下电阻和转差率成正比的关系,即

$$\frac{s_d}{s_a} = \frac{r_2 + R_B}{r_2} \tag{3-75}$$

可求得在需要下放速度 n_d 时,转子附加电阻 R 的数值为

$$R_B = \left(\frac{s_d}{s_a} - 1 \right) r_2 \tag{3-76}$$

式中,s_a 为反转制动开始时的转差率;s_d 为以稳定速度下放重物时的转差率。

倒拉反转反接制动时,n_1 为正,n 为负,所以 $s = \dfrac{n_1 - (-n)}{n_1} = \dfrac{n_1 + n}{n_1} > 1$。

以上介绍的电源两相反接的反接制动和倒拉反转的反接制动具有一个共同的特点,就是定子磁场和转子转向相反,即转差率大于1。

反接制动中输入的机械功率转变成电功率后,连同定子传递的电磁功率一起全部消耗在转子回路的电阻上,因此反接制动的能量损耗比较大。

反接制动的优点是制动能力强,停车迅速,所需设备简单;缺点是制动过程冲击大,电能消耗多,不易准确停车,一般只用于小型异步电动机中。

三、回馈制动

在电动机工作过程中,由于外来因素(如电动机下放重物),电动机转速 n 超过旋转磁场的同步转速 n_1,电动机进入发电运行状态,电磁转矩起制动作用,电动机将机械能转变为电能回馈电网,所以称为回馈制动,故又称为再生制动或反馈制动。此时,转差率 $s<0$。

电动机下放重物,在下放开始时,$n<n_1$,电动机处于电动状态,如图 3-71(a)所示;在位能转矩作用下,电动机的转速高于同步转速,此时转子中感应的电动势、电流和转矩方向都发生了变化,如图 3-71(b)所示。此时电磁转矩的方向与转子转向相反,变为制动转矩,电机将机械能转变成电能向电网回馈。

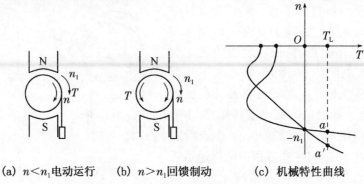

(a) $n<n_1$电动运行   (b) $n>n_1$回馈制动   (c) 机械特性曲线

图 3-71 回馈制动的原理与机械特性

制动时工作点如图 3-71(c)所示中的点 a,转子回路所串电阻越大,电动机下放重物的速度越快,如图 3-71(c)所示中的点 a'。为了限制下放速度,转子回路不要串入过大的电阻。

回馈制动主要发生在下坡,起重机下放重物或鼠笼式异步电动机变极调速由高速降为低速的时候。

回馈制动的优点是经济性能好,可将负载的机械能转换成电能回馈至电网;其缺点是应用范围窄,仅当电动机转速 $n>n_1$时才能实现制动。

异步电动机各种运行状态的机械特性曲线如图 3-72 所示。

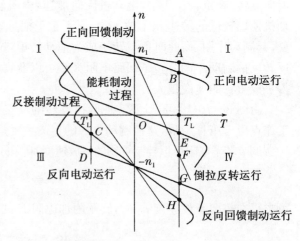

图 3-72 异步电动机各种运行状态的机械特性曲线

3.3.4 三相异步电动机的使用与维护

一、三相异步电动机的使用

1. 绝缘和温升

电动机的定子绕组采用 E 级绝缘。电动机各部分的允许温升如表 3-13 所示。

表 3-13 电动机各部分允许升温

电机部件		定子绕组	定子铁芯	轴承
允许温升(℃)	温度计法	65	73	55
	电阻法	75	—	—

2. 与拖动机械的联接

电动机可借联轴器或正齿轮与拖动机械相联接。除 104 W 及以上的二级电动机(同步转速 3 000 r/min,50 Hz;或 3 600/ min,60 Hz)及 55 kW 及以上的四级电动机(同步转速 1 500 r/min,50 Hz;或 1 800r/min/60Hz)外,尚可借平皮带或三角皮带与拖动机械相联接。

当采用刚性联轴器时应注意电动机与拖动机械轴线的一致。

为减少振动,安装在电动机上的齿轮,皮带轮或联轴器应进行平衡并与电动机相配合。

电动机的轴承未考虑承受外加的轴向负载。立式电动机的轴承仅考虑安装于电动机轴上的齿轮,皮带轮或联轴器及电动机转子车身的重量,作为允许的轴向负载。

3. 启动

电动机可以满压启动。为了减少启动电流亦可降压启动,此时启动转矩约与电压的平方成正比。电压降低过多时,有可能产生启动时间拖长或不能达到满速的情况。此时容易烧毁电动机,应予注意。

△接的电动机可作 Y—△启动,但此时之启动转矩约为直接启动时转矩的 1/3。

4. 接线

功率 3 kW 及以下的标准电动机为 Y 接线,其他功率的电动机为△接线,但具体接法应参看电动机名牌。

电动机绕组出线端间的连接方法和接线盒内的接地螺钉标记如图 3-73 所示。

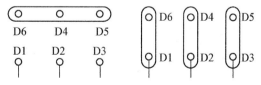

图 3-73 接地螺钉标记

电动机接线盒有与电缆软管连接的管螺纹,其直径如表 3-14 所示。

表 3-14 管螺纹直径表

机座号	螺纹直径	机座号	螺纹直径
1,2	$M20 \times 1.0-2$	6,7	$M33 \times 1.5-2$
3,4,5	$M27 \times 1.5-2$	8,9	$M52 \times 2-2$

5. 运转

在电动机启动之前应用手转动机组转动部分,查看有无故障。

在带负载运转之前,应尽可能先行空载运转,经空载运转证明机构完好后,即可进行带负荷运转。

二、维护

电动机每运转4 000小时,应用汽油清洗轴承并更换润滑脂,至少每年一次。轴承润滑脂为锂基润滑脂(或和它相当的润滑脂)润滑脂的用量以约填满轴承室空间的2/3为宜。

如轴承磨损或损坏,应按表3-15规格型号更换轴承。

表3-15 轴承规格型号

机座号	轴承代号			非轴伸端
	轴伸端			
	2极	4、6、8、10极		2、4、6、8、10极
1		60204		204(或60204)
2		60305		305(或60305)
3		60308		306(或60308)
4		60308		308(或60308)
5		60309		309(或60309)
6	309	2309	66309	309
7	311	2311	66311	311
8	314	2314	66314	314
9	317	2317	66317	317

注:① 轴承牌号按GB271~310-64;② 代※用于L_3型结构;③ 2、4、6、8、10极电动机的同步转速,在50∞下依次为3 000、1 500、1 000、750、600 r/min;在60∞下依次为3 600、800、1 200、900、720 r/min。

久未使用的电动机在安装之前应查看绝缘电阻是否过低,轴承润滑脂是否变质。若有此种情况,则应干燥绕组,清洗轴承并更换润滑脂。

对于在使用中的电动机,应定期查看安装的紧固性。

三、电动机的故障及消除方法

电动机的故障及消除方法见表3-16。

表3-16 电动机的故障及消除方法

序号	故 障	可能的原因	消除方法
1	启动时不转有嗡嗡声	一相断电	找出断电处并连接
2	运转时有嗡嗡声且过热	负载过量	减轻负载
3	保险丝熔断	(1) 两相间短路 (2) 负载过重 (3) 电压过低	(1) 修理绕组 (2) 减轻负载 (3) 升高电压

续表

序号	故　障	可能的原因	消除方法
4	三相电波不平衡	(1) 距间短路 (2) 连接线	(1) 修理绕组 (2) 改正接线
5	绕组温升过高	(1) 负载过重 (2) 电压过高或过低 (3) 风扇松动	(1) 降至额定负载 (2) 调到额定电压 (3) 坚固安装螺栓
6	绝缘电阻过低	绕组脏污或受潮	清除脏污干燥绕组
7	轴承温升过高	(1) 轴承润滑脂过多或过少 (2) 润滑脂变质 (3) 轴承损坏或不良	(1) 适量减增润滑脂 (2) 清洗轴承更换润滑脂 (3) 更换轴承
8	轴承发响	(1) 轴承损坏或不良 (2) 润滑脂变质	(1) 更换轴承 (2) 清洗轴承更换润滑脂
9	振动大	(1) 基础不稳固或刚性不够 (2) 电动机与拖动机械轴线不一致 (3) 轴承损坏或不良	(1) 加强稳固性或刚性 (2) 调整至轴线一致 (3) 更换轴承
10	转矩小、加负载时转速降低极大	转子断条	更换转子

四、电动机的拆卸和装配

电动机在拆卸之前,应自其安装位置取下并拆下其轴承上的传动装置。

电动机拆卸的步骤:

(1) 取下风罩及外风扇,6 号及以上电动机应先取下风扇端轴上钢丝挡环。

(2) 拧下紧固端盖的螺栓,对 5 号及以上电动机,拧下紧固轴承端轴承盖的螺栓。

(3) 取下轴承端端盖。

(4) 将连同非轴承端端盖的转子自定子中取出。

(5) 拧下非轴承端紧固轴承盖的螺栓。

(6) 将非轴承端端盖自转子上取下。

(7) 如果轴承需要更换,则用顶架将轴承取下(对于 6 号及以上的电动机应先取下轴承外侧轴上的钢丝挡环)。

电动机的装配步骤与拆卸的步骤相似,但顺序相反。安装轴承时,先用汽油将轴承洗净,然后将轴承放在烘箱或油中加热至 80~90 ℃,再迅速将轴承压于轴上。

五、电动机的保管

电动机应收藏于清洁、阴凉、干燥的仓库内,库内不应含有酸、碱或其他腐蚀性气体。

1. 使用前的准备及检查

(1) 电动机内部有无杂物,清扫电机内、外部灰尘、电刷粉末及油污。

(2) 应详细核对电动机铭牌上所载型号以及各项数据,如额定功率、电压、频率、负载持续率等,必须与实际要求相符,并检查接线是否正确。

(3) 检查电机所有的紧固螺栓是否牢固,接地装置是否可靠。

(4) 检查传动装置时,主要检查带轮或联轴器有无破损,带及其连接扣是否完好。

(5) 检查电机轴能否旋转自如，轴承是否有油。电刷在刷盒中应上、下活动自如。

(6) 新的或长期未用的电机，应测量绕组间和绕组对地绝缘电阻。有集电环的还应测滑环对地和环与环之间的绝缘电阻。每施加 1 000 V 工作电压不得小于 1 MΩ。通常对 500 V 以下电机用 500 V 兆欧表测量；对 500～3 000 V 电机用 1 000 V 兆欧表测量；对 3 000 V 以上电机用 2 500 V 兆欧表测量。一般电机的绝缘电阻应大于 0.5 MΩ 时才可使用。若低于 0.5 MΩ 需进行干燥方能使用。

2. 启动时的注意事项

(1) 合闸后，若电机不转，应迅速果断地拉闸，以免烧坏电机，并详细查明原因，及时解决。

(2) 电机启动后，应注意观察电机、传动装置、生产机械及线路电压，电流表。若有异常现象，应立即停机，待排除故障后，再重新合闸启动。

3. 电动机运行中的检查和维护

(1) 在运行中，经常注意电机的电压、电流值，电源电压与额定电压的误差不得超过 ±5%，三相交流电机的三相电压不平衡度不得超过 1.5%。电流空载时不超过 10%，中载以上不超过 5%。

(2) 应经常保持清洁，不允许有水滴、油污及杂物等掉落入电动机内部，电动机的进风口与出风口必须保持畅通，使其通风良好。

(3) 运行中应监视电机各部分的温度、振动、气味（绝缘枯焦味）、声音（不正常碰擦声、定转子相擦及其他声音）。电机各部分的允许温升应根据电机绝缘等级和类型而定。

(4) 经常检查电机的接地是否良好。

(5) 经常检查集电环（交流电机）或换向器（直流电机）是否清洁，电刷是否齐全，刷辫与刷架连接有无松动，电刷与集电环或换向器的接触面积是否达 75% 以上，电刷压力是否均匀。

(6) 经常检查电刷的磨损及火花情况，磨损过多应更换，新电刷牌号必须与原来电刷相同。同一极性上所用电刷更换时应一起更换，新电刷应用砂布研磨，使它与集电环或换向器的表面接触良好，再用轻负载旋转到其表面光滑为止。

(7) 轴承使用一段时间后，应该清洗更换润滑脂或润滑油。清洗和换油的时间应随电机的工作情况、工作环境、清洁程度、润滑剂种类而定。一般每工作 6～12 个月应清洗一次，换润滑油。

(8) 经常检查所有紧固件的紧固程度，特别注意固定绝缘部分与旋转部分上的紧固件。

(9) 经常检查周围空气是否干燥，湿度是否符合产品允许要求；空气中灰尘不允许过多。经常检查空气中是否含有腐蚀性气体和盐雾，如发现应立即消除。对于有特殊防护措施的电动机，虽然允许，也应设法尽量减少空气中腐蚀性气体和盐雾的含量。

(10) 经常检查机房内外是否有白蚁，发现有白蚁，应立即清除。

(11) 经常检查出线盒的密封情况，电源电缆在出线盒入口处的固定和密封情况，电源接头和接线柱接触是否良好，是否有烧伤的现象。

任务 3.4　单相异步电机的应用

一、单相异步电机的定义

单相电机一般是指用单相交流电源(AC220 V)供电的小功率单相异步电动机。单相异步电动机通常在定子上有两相绕组,转子是普通鼠笼型的。两相绕组在定子上的分布以及供电情况的不同,可以产生不同的启动特性和运行特性。其结构如图 3-74 所示。

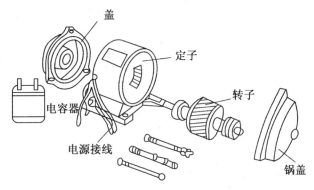

图 3-74　单相异步电机结构图

单相异步电机的功率设计得都比较小,一般均不会大于 2 kW。单相异步电机占小功率异步电动机的大部分,到目前为止已经四次改型,也就是经过四次统一设计。不同场合对电机的要求差别甚大,因此就需要采用各种不同类型的电动机产品,以满足使用要求。

二、单相异步电机的工作原理

由于单相异步电动机的输出功率不大,一般单相异步电动机的转子都采用鼠笼型转子,它的定子都有一套工作绕组,称为主绕组,它在电动机的气隙中,只能产生正、负交变的脉振磁场,不能产生旋转磁场,因此,也就不能产生启动转矩。为了使电动机气隙中能产生旋转磁场,还需要有一套辅助绕组,称为副绕组,由于副绕组产生的磁场与主绕组的磁场在电动机气隙中合成产生旋转磁场,此时电动机产生启动转矩,因此,电动机的转子才能够自行转动起来。

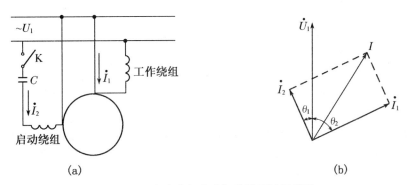

图 3-75　电容分相电动机接线图及相量图

当单相正弦电流通过定子绕组时,电机就会产生一个交变磁场,这个磁场的强弱和方向随时间做正弦规律变化,但在空间方位上是固定的,所以又称这个磁场是交变脉动磁场。这个交变脉动磁场可分解为两个以相同转速、旋转方向互为相反的旋转磁场,当转子静止时,这两个旋转磁场在转子中产生两个大小相等、方向相反的转矩,使得合成转矩为零,所以电机无法旋转。当我们用外力使电动机向某一方向旋转时(如顺时针方向旋转),这时转子与顺时针旋转方向的旋转磁场间的切割磁力线运动变小,转子与逆时针旋转方向的旋转磁场间的切割磁力线运动变大。这样平衡就打破了,转子所产生的总的电磁转矩将不再是零,转子将顺着推动方向旋转起来。

要使单相电机能自动旋转起来,我们可在定子中加上一个启动绕组,启动绕组与主绕组在空间上相差 90°,启动绕组要串接一个合适的电容,使得与主绕组的电流在相位上近似相差 90°,即所谓的分相原理。这样两个在时间上相差 90°的电流通入两个在空间上相差 90°的绕组,将会在空间产生(两相)旋转磁场,在这个旋转磁场作用下,转子就能自动启动,启动后,待转速升到一定时,借助于一个安装在转子上的离心开关或其他自动控制装置将启动绕组断开,正常工作时只有主绕组工作。因此,启动绕组可以做成短时工作方式。但有很多时候,启动绕组并不断开,我们称这种电机为单相电机,要改变这种电机的转向,只要把辅助绕组的接线端头调换一下即可。

在单相电动机中,产生旋转磁场的另一种方法称为罩极法,又称单相罩极式电动机。此种电动机定子做成凸极式的,有两极和四极两种。每个磁极在 1/3—1/4 全极面处开有小槽,把磁极分成两个部分,在小的部分上套装上一个短路铜环,好像把这部分磁极罩起来一样,所以叫罩极电动机。单相绕组套装在整个磁极上,每个极的线圈是串联的,连接时必须使其产生的极性依次按 N、S、N、S 排列。当定子绕组通电后,在磁极中产生主磁通,根据楞次定律,其中穿过短路铜环的主磁通在铜环内产生一个在相位上滞后 90°的感应电流,此电流产生的磁通在相位上也滞后于主磁通,它的作用与电容式电动机的启动绕组相当,从而产生旋转磁场使电动机转动起来。

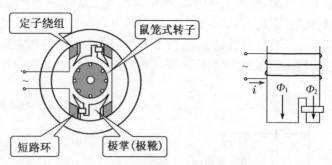

图 3-76　单相罩极式电动机结构原理图

三、单相异步电机的分类

通常根据电动机的启动和运行方式的特点,将单相异步电动机分为单相电阻启动异步电动机、单相电容启动异步电动机、单相电容运转异步电动机、单相电容启动和运转异步电动机、单相罩极式异步电动机五种。

1. 单相电阻启动异步电动机

代号 JZ BO BO2。

它的定子嵌有主相绕组和副相绕组,这两个绕组和轴线在空间成 90°电角度。副相绕组一般是串入一个外加电阻经过离心开头,与主相绕组并连,并一起接入电源。当电动机启动到转速达到同步转速的 75%～80% 时,离心器打开,离心开关片触点断电,副相绕组被切去,成为一台单相电动机。这种电动机的功率为 120～750 W。

2. 单相电容启动异步电动机

代号 JY CO CO2,新代号 YC。

它与单相电阻启动电动机基本上是相同的,在定子上也有主相,副相成 90°电角度的两套绕组。副绕组与外接电容器接入离心开关,与主绕组并连,并一起接入电源,同样在达到同步转速的 75%～80% 时,副相绕组被切去,成为一台单相电动机。这种电动机的功率为 120～750 W。

3. 单相电容运转异步电动机

代号 JX DO DO2,新代号 YY。

这种电动机的定子绕组同样也是两套绕组,而且结构基本上相同,电容运转电动机的运行技术指标较之前其他形式运转的电动机要好些。虽然有较好的运转性能,但是启动性能比较差,即启动转矩较低,而且电动机的容量越大,启动转矩与额定转矩的比值越小。因此,电容运转电动机的容量做得都不大,一般都小于 180 W。

4. 单相电容启动和运转异步电动机

代号 YL。

这种电动机在副相绕组中接入两个电容,其中一个电容通过离心开关,在启动完了之后就切断电源;另一个则始终参与副绕组的工作。这两个电容器中,启动电容器的容量大,而运转电容的容量小。这种单相电容启动和运转的电动机,综合了单相电容启动和电容运转电动机的优点,所以这种电动机具有比较好的启动性能和运转性能,在机座号相同时,功率可以提高 1～2 个容量等级,功率可以达到 1.5～2.2 kW。

5. 单相罩极式异步电动机

它是一种结构简单的异步电动机,一般采用凸极定子,主绕组是一个集中绕组,而副绕组是一个单匝的短路环,称为罩级线圈。这种电动机的性能较差,但是由于结构牢固,价格便宜,所以这种电动机的生产量还是很大的,但是输出功率一般不超过 20 W。

四、单相异步电机的型号

单相异步电机的型号是由字母和数字共同表示的,字母表示类型,数字表示额定容量和额定电压。例如

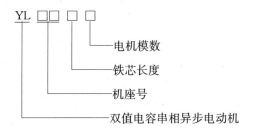

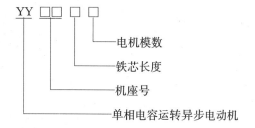

五、单相异步电机的启动方式

1. 启动方式

220 V 交流单相电机启动方式大概分以下几种：

第一种，分相启动式，如图 3 - 77 所示，系由辅助启动绕组来辅助启动，其启动转矩不大。运转速率大致保持定值。主要应用于电风扇、空调风扇电动机、洗衣机等电机。

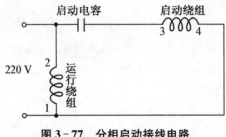

图 3 - 77　分相启动接线电路

第二种，电机静止时离心开关是接通的，给电后启动电容参与启动工作，当转子转速达到额定值的 70%～80% 时离心开关便会自动跳开，启动电容完成任务，并被断开。启动绕组不参与运行工作，而电动机以运行绕组线圈继续动作，如图 3 - 78 所示。

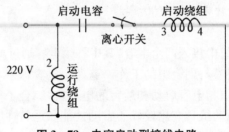

图 3 - 78　电容启动型接线电路

第三种，电机静止时离心开关是接通的，给电后启动电容参与启动工作，当转子转速达到额定值的 70%～80% 时离心开关便会自动跳开，启动电容完成任务，并被断开。而运行电容串接到启动绕组参与运行工作。这种接法一般用在空气压缩机、切割机、木工机床等负载大而不稳定的地方。如图 3 - 79 所示。

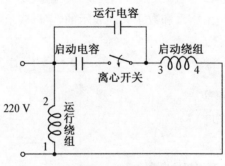

图 3 - 79　电容启动运转型接线电路

带有离心开关的电机，如果电机不能在很短时间内启动成功，那么绕组线圈将会很快烧毁。

电容值:双值电容电机启动电容容量大,运行电容容量小,耐压一般大于400 V。

2. 正反转控制

图3-80是带正反转开关的接线图,通常这种电机的启动绕组与运行绕组的电阻值是一样的,就是说电机的启动绕组与运行绕组的线径与线圈数是完全一致的。一般洗衣机用得到这种电机。这种正反转控制的方法简单,不用复杂的转换开关。

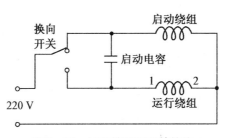

图3-80 开关控制正反转接线

图3-77、图3-78、图3-79正反转控制,只需将1~2线对调或3~4线对调即可完成逆转。

对于图3-77、图3-78、图3-79的启动与运行绕组的判断,通常启动绕组比运行绕组直流电阻大很多,用万用表可测出。一般运行绕组直流电阻为几欧姆,而启动绕组的直流电阻为十几欧姆到几十欧姆。

六、单相异步电动机的操作

第一种,在启动回路中不接离心开关,启动绕组和电容器不仅启动时起作用,运行时也起作用,这样可以提高电动机的功率因数和效率,所以这种电动机的运行性能优于电容启动电动机。电容运转电动机启动绕组所串电容器的电容量,主要是根据运行性能要求而确定的,比根据启动性能要求而确定的电容量要小,为此,这种电动机的启动性能不如电容启动电动机好。电容运转电动机不要启动开关,所以结构比较简单,价格比较便宜,主要应用于电风扇、空调风扇电动机、洗衣机等电机。

第二种,在启动回路中接离心开关,电机静止时离心开关是接通的,给电后启动电容参与启动工作,当转子转速达到额定值的70%~80%时离心开关便会自动跳开,启动电容完成任务,并被断开。启动绕组不参与运行工作,而电动机以运行绕组线圈继续动作。这种接法一般用在空气压缩机、切割机、木工机床等负载大而不稳定的地方。

思考与训练

一、知识检验

1. 简述异步电动机的工作原理。怎样改变三相异步电动机的旋转方向?
2. 简述异步电动机的结构和各部件的作用。
3. 异步电动机的转子有哪两种类型?有什么区别?
4. 什么是转差率?通常异步电动机的转差率为多少?
5. 异步电动机转子转速能不能等于定子旋转磁场的转速?为什么?
6. 异步电机主磁通和漏磁通是如何定义的?有何异同?
7. 异步电动机的气隙为什么要尽可能的小?它与同容量变压器相比,为什么空载电流较大?

8. 转子回路断线的异步电动机,定子通入交流电,转子能否旋转? 为什么?

9. 三相异步电动机的铭牌上标注的额定功率是输入功率还是输出功率? 是电功率还是机械功率?

10. 如果一台三相异步电动机铭牌上看不出磁极对数,如何根据额定转速来确定磁极对数?

11. 一台频率为 60 Hz 的三相异步电动机运行于 50 Hz 的电源上,其他不变,电动机空载电流如何变化? 若电源电压不变,那么三相异步电动机产生的主磁通变化吗?

12. 为什么异步电动机的功率因数总是滞后的? 变压器呢?

13. 当三相异步电动机的转速发生变化,转子所产生的磁动势在空间的转速是否发生变化? 为什么?

14. 三相异步电动机在额定电压下运行,若转子突然被卡住,电流如何改变,对电动机有何影响?

15. 某台三相 50 Hz 绕线式异步电动机,$P_N = 100$ kW,$U_N = 380$ V,$n_N = 950$ r/min,在额定转速下运行时,附加损耗 $p_{ad} = 300$ W,机械损耗 $p_\Omega = 700$ W。求额定运行时的:(1) 额定转差率 s_N;(2) 电磁功率 P_M;(3) 转子铜损耗 p_{Cu2};(4) 输出转矩 T_2;(5) 空载转矩 T_0;(6) 电磁转矩 T。

二、技能测评

1. 容量略大一些的异步电机,测量定子电阻时为什么一定要用双臂电桥?

2. 从工作特性曲线形状来说明异步电机轻载运行不经济的原因。

3. 空载损耗中转子绕组的损耗为什么可以略去不计?

4. 实验中异步电动机空载电流约占额定电流的百分之几? 为什么要比变压器空载电流大得多?

5. 三相异步电动机接地故障检查方法有哪些?

6. 怎样修复三相异步电动机接地故障?

7. 怎样检查和判断三相异步电动机绕组短路故障?

8. 三相异步电动机绕组短路故障修复方法有哪几种? 各适应什么情况?

9. 三相异步电动机绕组断路故障怎样检查?

答案? 扫扫看

项目4 同步电动机的应用

任务4.1 同步电动机的基本结构及工作原理

同步电动机是相对异步电动机而言的。同步电动机就是转子的转速与定子旋转磁场转速相同的一类电动机。同步电动机是一种可逆电动机,可以作为发电机,也可以作为电动机使用。目前,世界各国发电厂发出的三相正弦交流电,都是用三相同步发电机发出的。另外凡是容量较大,转速要求恒速的设备,通常采用同步电动机,如自来水厂拖动水泵的电动机、工矿企业用的空气压缩机、大型通风机等多采用同步电动机。为了改善电网的功率因数,提高供电效率,采用同步补偿及专门来产生和吸收电网的无功功率,在大变电站、大工厂、矿山企业采用较多。

一、同步电机的基本结构

同步电机与异步电机类似,也是由定子和转子两大部分组成。

1. 定子结构

同步电机的定子与异步电机的定子结构基本一致,同样由定子铁芯、定子绕组、机座及端盖等组成。定子铁芯也是由硅钢片叠成,对于大型同步电机,硅钢片常制成扇形,然后对接成圆形;定子绕组也是三相对称绕组,一般大型高压同步电机定子绕组绝缘性能要求较高,常用云母绝缘;机座及端盖的作用也与异步电机相同,主要起支撑和固定作用。

2. 转子结构

同步电机的转子与异步电机有所不同,而与直流电机类似,主要由转轴、磁极、电刷、滑环、轴承等部分组成。通过电刷与滑环送入的直流电流励磁,转子产生固定的磁场,直流电源可以由连接在同步电机上的直流发电机供给,也可以由可控硅整流装置提供。根据磁极的外部结构,通常可分为隐极式、凸极式两种,如图4-1所示。

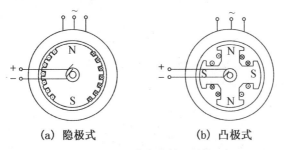

(a) 隐极式　　　　(b) 凸极式

图4-1　同步电机转子结构

1) 隐极式转子

隐极式转子呈圆形,没有明显的磁极,通常由整块铸钢制成。在转子圆周的三分之二部分有开槽,槽中嵌有分布式直流励磁绕组,转子圆周没有开槽的三分之一部分称为大齿,是磁极的中心区域。隐极式转子制作工艺复杂,但是其机械强度较好,适用于极数少、转速高的同步电机。发电厂中的汽轮发电机多为隐极式转子结构。

隐极同步电机气隙均匀,无论磁通经过什么路径,磁阻变化不大,对应的电抗参数基本相同,分析极数较为方便。

2) 凸极式转子

凸极式转子磁极的形状与直流电机的主磁极类似,由铁芯和绕组两部分构成。铁芯通常由普通薄钢片冲压后叠成,然后再装上成形的集中直流励磁绕组。凸极式转子结构简单,制造方便,但是机械强度较低,适用于低速、多极的同步电机。发电厂中的水轮发电机多为凸极式转子结构。

另外,凸极电机的气隙不均匀,转子磁极中心附近气隙最小,磁阻也就比较小。而在转子磁极的几何中心线处气隙最大,磁阻也比较大,因此,在分析磁场时,磁通所走路径不同,磁阻不同,对应的电抗参数也就不同,为分析计算带来一定的麻烦。

除励磁绕组外,同步电机转子通常还装有类似鼠笼型异步电机的短路绕组。同步电机做电动机运行时,该绕组作为阻尼绕组之用,起到稳定电机的作用。

二、同步电机的工作原理

同步电机的运行方式主要有三种,即发电机、电动机和调相机。作为发电机运行时同步电机最主要的运行方式,将其他形式的能量转换为电能,送到电网上。作为电动机运行时同步电机的另一种重要的运行方式,同步电动机的功率因数可以调节,在不要调速的场合,应用大型同步电动机可以提高运行效率。同步电机还可以接于电网用作同步调相机,这时电机不带任何机械负载,靠调节转子中的励磁电流向电网发出所需的感性或者容性无功功率,以达到改善电网功率因数或者调节电网电压的目的。

1. 同步发电机工作原理

同步发电机的作用是由原动机拖动旋转,把机械能转变为电能当转子直流励磁绕组送入直流励磁电流后,形成固定的磁场。转子固定磁场切割定子绕组(或者认为定子绕组切割转子磁场),在定子三相对称绕组中将感应三相对称电动势,称为三相交流电源。

如果发电机作为电源单独给某些负载供电,对电源频率的要求并不严格,对原动机的转速要求也不会很高。但现代发电厂中的发电机均是向大电网供电,这就要求发电机的输出频率必须与电网一致。在我国,电网频率采用 50 Hz,所以要求发电机发出的电动势频率也必须是 50 Hz。

2. 同步电动机的工作原理

同步电动机的工作原理示意图如图 4-2 所示。在定子三相对称绕组中通入三相对称电流,将在气隙中产生旋转磁场,其转速仍为 $n_1 = 60 f / p$。同时,在转子绕组中通入直流励磁电流,转子产生固定的磁极。电动机启动后,根据磁极异性相吸的原理,定子旋转磁场便拖着转子磁场沿着定子旋转磁场的方向旋转,将输入的电能转变为旋转的机械能。显然,转子转速 n_2 与定子旋转磁场转速 n_1 相等,即两者同步。

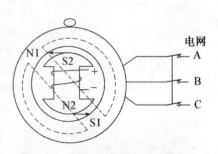

图 4-2 同步电动机的工作原理

三、同步电机的励磁方式

同步电机运行时必须在转子绕组中通入直流电流,以建立主磁场。所谓励磁方式是指同步电机获得直流励磁电流的方式。而整个供给励磁电流的线路和装置称为励磁系统。励磁系统直接影响同步电机运行的可靠性、经济性。常用的励磁方式如下。

1. 直流励磁机励磁

用直流发电机作为励磁电源向同步发动机提供励磁电流,称为直流发电机励磁系统。

2. 静止半导体励磁

利用同轴交流发电机或同步发电机本身加整流装置代替了直流励磁机的方式称为静止半导体励磁系统。

3. 旋转半导体励磁

旋转半导体励磁不需要电刷和滑环装置,故此种励磁也称为无刷励磁。

4. 三次谐波励磁

三次谐波励磁就是利用发电机气隙磁场中的三次及其倍数次谐波进行自励磁。

四、同步电机的铭牌参数

同步电机的铭牌参数与异步电机类似,主要包括以下额定值:

1. 额定容量 S_N 或额定功率 P_N

指电机输出功率的保证值。发电机通过额定容量值可以确定电枢电流,通过额定功率可以确定配套原动机的容量。发电机的额定容量一般用 kV·A 或 kW 表示,电动机的额定容量用 kW 表示,补偿机则用 kVAR 表示。

2. 额定电压 U_N

指额定运行时定子端的线电压,单位为 V 或者 kV。

3. 额定电流 I_N

指额定运行时定子端的线电流,单位为 A 或者 kA。

4. 额定功率因数 $\cos\varphi_N$

额定运行时电机的功率因数。

5. 额定频率 f_N

额定运行时发电机电枢输出端电能的频率,或者电动机定子绕组通入交流电能的频率,我国标准工业频率规定为 50 Hz。

6. 额定转速 n_N

额定运行时电机的转速,即同步转速,单位为 r/mim。

除上述额定值外,同步电机铭牌上还常列出一些其他的运行数据,如效率 η_N、额定负载时的温升 τ_N、励磁容量 P_{fN} 和励磁电压 U_{fN} 等。

五、同步电动机的可逆原理

同步电动机是可逆的,既可以作为发电机运行,又可以作为电动机运行,完全取决于它的输入功率是机械功率还是电功率。本节以一台已投入电网运行的隐极电动机为例,说明其从同步发电机过渡到同步电动机运行状态的物理过程,以及其内部各电磁物理量之间的关系变化。

同步电机运行于发电机状态时,其转子主磁极轴线超前于气隙合成磁场的等效磁极轴线一个功率角 δ,可以想象为转子磁极拖着合成等效磁极以同步转速旋转,如图 4-3(a)所示。这时发电机产生的电磁制动转矩与输入的驱动转矩相平衡,把机械功率转变为电功率输送给电网。因此,此时电磁功率 P_M 和功率角 δ 均为正值,励磁电动势 $\dot{E}_0$ 超前于电网电压 $\dot{U}$ 一个 δ 角度。

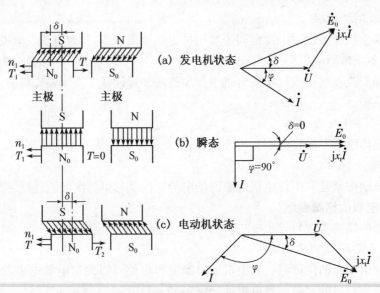

图 4 - 3　同步发电机过渡到同步电动机的过程

如果逐步减少发电机的输入功率,转子将瞬时减速,δ 角减小,相应的电磁功率 P_M 也减小。当 δ 减到零时,相应的电磁功率也为零,发电机的输入功率只能抵偿空损耗,这时发电机处于空载运行状态,并不向电网输送功率,如图 4 - 3 (b)所示。

继续减少发电机的输入功率,则 δ 和 P_M 变为负值,电机开始自电网吸取功率和原动机一起共同提供驱动转矩来克服空载制动转矩,供给空载损耗。如果再卸掉原动机,就变成了空转的电动机,此时空载损耗全部由电网输入的电功率来供给。如在电动机轴上再加上机械负载,则负值的 δ 角将增大,由电网输入的电功率和相应的电磁功率也将增大,以供给电动机的输出功率。此时,功率角 δ 为负值,即 $\dot{E}_0$ 滞后于 $\dot{U}$,主极磁场落后于气隙合成磁场,转子受到一个驱动性质的电磁转矩作用,此时可以想象为由气隙合成磁场拖着转子磁场同步转动,如图 4 - 3(c)所示。

综上所述,同步电动机有如下几种运行状态:(1) $90° > \delta > 0°$ 时,同步电动机处于发电状态,向电网输送有功功率,同时也可输送或吸收无功功率;(2) $\delta = 0°$ 时,同步电机处于发电机空载运行状态,只向电网送出或吸收无功功率;(3) $\delta \approx 0°$ 时,δ 为负值,同步电机处于电动机空载运行状态,从电网吸收少量有功功率,供给电机空转损耗,并可向电网进出或吸收无功功率;(4) $-90° < \delta < 0°$ 时,同步电机处于电动机运行状态,从电网吸收有功功率,同时可向电网送出或吸收无功功率。

六、同步电动机的基本方程式和相量图

按照发电机惯例,同步电动机为一台输出负的有功功率的发电机,其隐极电机的电动势方程式为

$$\dot{E}_0 = \dot{U} + R_a \dot{I} + \mathrm{j} x_1 \dot{I} \tag{4-1}$$

此时$\dot{E}_0$滞后于$\dot{U}$一个功率角$\delta,\varphi > 90°$。其相量图和等效电路如图4-4(a)、(c)所示。习惯上,人们总是把电动机看做是电网的负载,它从电网吸取有功功率。为此,按照电动机惯例重新定义,把输出负值电流看成是输入正值电流,则$\dot{I}$应转过$180°$,其电动势相量图的等效电路如图4-4(b)、(c)所示。此时$\varphi < 90°$,表示电动机自电网吸取有功功率。其电动势方程式为

$$\dot{U} = \dot{E}_0 + R_a \dot{I}_M + \mathrm{j} x_1 \dot{I}_M \tag{4-2}$$

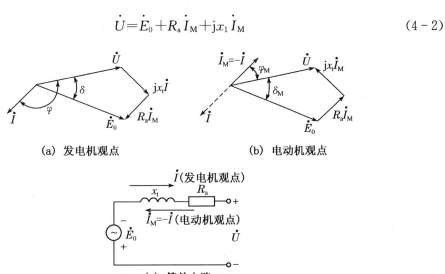

(a) 发电机观点　　　　　(b) 电动机观点

(c) 等效电路

图4-4　隐极同步电动机的相量图和等效电路

同步电动机的电磁功率P_M与功率角δ的关系和发电机的P_M与δ的关系一样,所不同的是在电动机中功率角δ变为负值。因此,只需在发电机的电磁功率公式中用$\delta_M = -\delta$代替δ即可。于是,同步电动机电磁功率公式为

$$P_M = \frac{m E_0 U}{x_1} \sin \delta_M \tag{4-3}$$

式(4-3)除以同步角速度Ω_1,便得到同步电动机的电磁转矩为

$$T = \frac{m E_0 U}{x_1 \Omega_1} \sin \delta_M \tag{4-4}$$

同步电动机的负载转矩大于最大电磁转矩时,电动机便无法保持同步旋转状态,即产生"失步"现象。为了衡量同步电动机的过载能力,常以最大电磁转矩与额定转矩之比值来看,对隐极式同步电动机,则有

$$\lambda_m = \frac{T_{\max}}{T_N} = \frac{1}{\sin \delta_{MN}} \tag{4-5}$$

式中,λ_m为同步电动机的过载能力;δ_{MN}为额定运行时的功率角。同步电机稳定运行时,一般$\lambda_m = 2 \sim 3$,$\delta_{MN} = 20° \sim 30°$。

由于同步电动机运行状态从机电能量转换角度来看,是同步发动机运行状态的逆过程,

由此可得同步电动机的功率方程式为

$$P_1 = p_{Cu} + P_M$$

$$P_M = p_{Fe} + p_\Omega + p_{ad} + P_2 = P_2 + p_0 \tag{4-6}$$

将式(4-6)两边同除同步角速度 Ω_1，得

$$T = T_2 + T_0$$

此即转矩平衡方程式，该式表明同步电动机产生的电磁转矩不是驱动转矩，其大小等于负载制动转矩 T_2 和空载制动转矩 T_0 之和，驱动转矩与制动转矩相等时，电动机稳定运行。由于同步电动机是气隙合成磁场拖着转子励磁磁场同步转动的，其转速总是同步转速不变。当负载制动转矩变化时，转子转速瞬间改变，功率角 δ 随之改变，电磁转矩 T 也相应变化以保持转矩平衡关系不变，维持稳定状态。当励磁电流不变时，同步电动机之功率角 δ 的大小取决于负载制动 T_2 转矩的大小，而不取决于电动机本身。

七、同步电动机的 V 形曲线

与同步发电机相似，当同步电动机输出的有功功率恒定而改变其励磁电流时，也可以调节电动机的无功功率输出。为简单起见，仍以隐极电机为例，不计电枢电阻和磁路饱和的影响，且认为空载损耗不变，则电动机的电磁功率即输入功率不变，即

$$P_M = \frac{mE_0 U}{x_1}\sin\delta = mUI_M\cos\varphi = 常数$$

由此可得，$E_0\sin\delta = 常数$，$I_M\cos\varphi = 常数$。

如图 4-5 所示，当励磁电流变化时，$\dot{E}_0$ 的端点将在垂直线 CD 上移动，$\dot{I}_M$ 的端点将在水平线 AB 上移动，正常励磁时，电动机的功率因数等于 1，电枢电流全部为有功电流，故电流的数值最小。当励磁电流大于正常励磁电流，即 I_f 大于 I_{f0} 时，电动机处于过励状态，除有功电流外，电枢电流还将出现一个超前的无功电流分量，即电枢电流增大。当励磁电流小于正常励磁电流，即 I_f 小于 I_{f0} 时，电动机处于欠励状态，电枢电流将出现一个滞后的无功电流分量，即电枢电流也增大。所以电动机过励时，自电网吸取超前的无功电流和无功功率，功率因数是超前的；电动机欠励时，自电网吸取滞后的无功电流和无功功率，功率因数是滞后的。

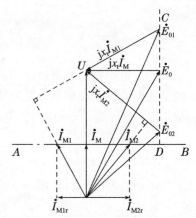

图 4-5　同步电动机励磁电流变化时的相量图

由以上分析可知，同步电动机在输出有功功率恒定的情况下，励磁电流的改变会引起电枢电流的变化，曲线 $I_M = f(I_f)$ 仍旧形似 V 形，故称为同步电动机的 V 形曲线，如图 4-6 所示。图中所示为对应于不同的电磁功率时的 V 形曲线，其中 $P_M = 0$ 的一条曲线对应于同步调相机的运行状态。

由于同步电动机的最大电磁功率 P_{Mmax} 与 E_0 成正比，当减小励磁电流时其过载能力也要降低，对应的功率角 δ 则增大。当励磁电流减小到一定数值时，电动机就不能稳定运行而失去同步。图 4-6 中虚线表示电动机不稳定区的界限。

调节励磁电流可以调节同步电动机的无功电流和功率因数,这是同步电动机最可贵的特点。电网上的主要负载是感应电动机和变压器,它们都要从电网中吸取感性的无功功率。如果将同步电动机工作在过励状态,从电网吸取容性无功功率,则可就地向其他感性负载提供感性无功功率,从而提高电网的功率因数。因此,为了改善电网的功率因数和提高电机的过载能力,现代同步电动机的额定功率因数一般均设计为1~0.8(超前)。

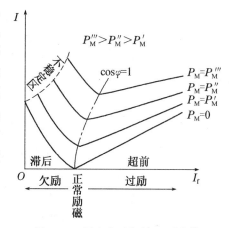

图 4-6　同步电动机的 V 形曲线

八、同步电动机的启动

同步电机本身是没有启动转矩的,所以通电以后,转子不能自行启动。

同步电动机的电磁转矩是由定子旋转磁场与转子励磁磁场间产生吸引力而形成的,只有两个磁场相对静止时才能得到恒定方向的电磁转矩。如给同步电动机加励磁并直接投入电网,由于转子在启动时是静止的,故转子磁场静止不动,定子旋转磁场以同步转速对转子磁场做相对运动,则一瞬间定子旋转磁场将吸引转子磁场向前。由于转子具有转动惯量,还来不及转动,另一瞬间定子磁场又推斥转子磁场向后,转子上受到的便是一个方向交变的电磁转矩,如图 4-7 所示。转子所受的平均转矩为零,故同步电动机不能自行启动。要启动同步电动机,就必须借助于其他方法。

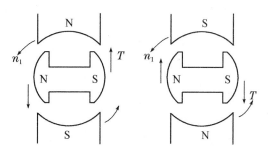

图 4-7　同步电动机启动时定子磁场对转子磁场的作用

常用的启动方法有 3 种,即异步启动法、辅助电动机启动法和变频启动法。这里主要介绍应用最广的异步启动法。

1. 异步启动法

异步启动法是通过在凸极式同步电动机的转子上装置阻尼绕组来获得启动转矩的。阻尼绕组和异步电动机的笼型绕组相似,只是它装在转子磁极的极靴上,有时就称同步电动机的阻尼绕组为启动绕组,如图 4-8 所示。

同步电动机的异步启动方法如下。

(1) 将同步电动机的励磁绕组通过一个电阻短接,如图 4-9 所示。短路电阻的大小约为励磁绕组本身电阻的 10 倍。串电阻的作用主要是削弱由转子绕组产生的对启动不利的单轴转矩。而启动时励磁绕组开路是很危险的,因为电机刚启动时定子旋转磁场与转子之间相对速度很大,而励磁绕组的匝数很多,定子旋转磁场将在该绕组中感应很高的电压,可

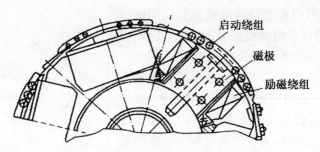

图 4-8　装有启动绕组的同步电机转子

能击穿励磁绕组的绝缘。

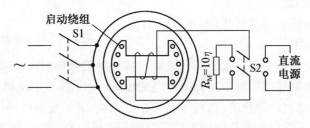

图 4-9　同步电动机异步启动法原理线路图

（2）将同步电动机的定子绕组接通三相交流电源。这时定子旋转磁场将在阻尼绕组中感应电动势和电流，此电流与定子旋转磁场相互作用而产生异步电磁转矩，同步电动机便作为异步电动机而启动。

（3）当同步电动机的转速达到同步转速的 95％时，将励磁绕组与直流电源接通，转子磁极就有了确定的极性。这时在转子上增加了一个频率很低的交变转矩，即转子磁场与定子磁场之间的吸引力产生的整步转矩，将转子逐渐牵入同步。凸极同步电动机由于有磁阻转矩比隐极机更易牵入同步，当容量小、惯性小时，仅靠磁阻转矩也常可牵入同步。同步电动机牵入同步是一个复杂的过渡过程，如果条件不满足，还不一定能成功。一般地说，在牵入同步前转差越小，同步电动机的转动惯量越小，负载越轻，牵入同步越容易。

如果电动机在正常励磁电流牵入同步运行失败，则可采用强迫励磁措施，将励磁电流增大，这时最大电磁转矩将大幅度增加，牵入同步就比较容易。

三相同步电动机的异步启动和三相异步电动机启动一样，为了限制过大的启动电流，可以采用降压方法启动。通常采用自耦变压器或电抗器来降压，在转速接近同速时，先恢复全电压，然后再给予直流励磁使同步电动机牵入同步运行。

2. 辅助电动机启动法

如果同步电动机中没有设启动绕组，可以用辅助启动法启动。就是用一台异步电动机或其他动力机械把转子加速到接近同步转速时脱开，再通入定子电流及励磁电流，使电动机进入同步运行。此法的缺点是不能带负载启动，否则辅助异步电动机的容量将很大，启动设备和操作也变得很复杂。

3. 变频启动法

变频启动法需要一个能够把电源频率从零逐步调节到额定频率的变频电源。这样就可把旋转磁场的转速从零调到额定同步转速。在启动的整个过程中，转子的转速始终与定子旋转磁场的转速同步。此法的主要不足之处是需要一个变频电源,并且励磁机不能和主机同轴,因为一开始就需要对励磁绕组通入所需要的励磁电流,如果同轴,励磁机在最初转速很低时,无法产生所需要的励磁电压。

任务 4.2　同步电动机的性能检测

一、同步电动机的维护检查

1. 同步电动机启动前的准备工作

同步电动机在启动前,首先应采用风压为 $0.196\sim0.294\,MPa$ 的干燥压缩机气体对电机进行风吹清扫工作,检查绕组绝缘表面、集电环以及各零部件是否正常,清理铜环表面和调整电刷,保证接触良好。

检查通风和冷却系统,检查铁芯状况,如通风道是否堵塞,风门位置是否合适,水门是否打开,水压是否正常,冷却器和管道有无漏水现象。

检查轴承和润滑系统,要求轴承内油质清洁、油流和油速正常、油道畅通、油标中的油面处于标准线上。

清扫和检查启动设备、励磁设备,清查电动机和附属设备有无他人正在工作。

测试电机和控制设备的绝缘电阻,并与上次相对照,应不低于上次测量值的 $50\%\sim80\%$。如有条件,电机在启动时应先盘车和点动,最好有一定低速空转的时间。

应按照制造厂规定的允许连续启动的次数以及连续启动的最小间隔时间进行启动。以防误操作造成电机温升的超限。

2. 同步电动机运行中的维护检查

一般同步电动机运行中的检查内容如下:

(1) 电源频率在 $(50\pm1\%)$ Hz 范围内;

(2) 电源电压在额定电压的 $\pm5\%$ 范围内,三相电压不平衡不应大于 $\pm5\%$;

(3) 轴承最高温度:滑动轴承为 $75\,℃$,滚动轴承为 $95\,℃$;

(4) 用温度计法测量,绕组与铁芯的最高温升不应超过 $75\,℃$(B 级绝缘);

(5) 最高风温:入口风为 $35\,℃$,出口风为 $55\,℃$,风温差为 $20\,℃$;

(6) 冷却水温不应超过:入口水为 $13\sim15\,℃$,出口为 $18\sim20\,℃$,进出口水温差为 $5\sim7\,℃$;

(7) 环境温度:最低为 $5\,℃$,最高为 $35\,℃$,长期停用电动机要保存在温度为 $5\sim15\,℃$ 的环境中;

(8) 空气相对湿度应在 75% 以下,风道应保持清洁、无水;

(9) 同步电动机允许的强励倍数,一般不大于 1.5 倍。

3. 停机后的检查

同步电动机停转后,要进行吹风清扫工作,详细检查绕组绝缘有无损伤,各焊接头有无开焊,引线绝缘是否完好,槽楔和槽内垫有无松动,绕组是否有移位现象,转子笼条和端环有无开焊和裂纹现象。同时检查各部绝缘绑扎和垫片有无松动,转子支架和机械零部件是否有开焊和裂缝现象,磁轭紧固磁极螺栓、穿芯螺栓是否松动。最后检查轴承状态和电刷装置是否正常,集电环应无松动,绝缘良好、清洁,铜环表面清洁、呈圆柱体,根据正负铜环磨损情况,每隔 1~2 年应对换一次正负极的电源线。

二、同步电动机的检修项目

同步电动机应根据使用和维护水平、制造质量以及环境条件制定检修周期。一般检修周期为:小修周期为 0.5~1 年;中修周期为 4~5 年;大修周期为 20~25 年。

同步电动机的小修、中修、大修的修理项目如下。

1. 小修项目

(1) 吹风清扫和测试,并做一般性的机械检查和处理;

(2) 局部解体检查,并处理一般的缺陷,如绝缘局部修补等;

(3) 轴承清扫检查;

(4) 集电环清扫,更换及调整好电刷;

(5) 紧固各部松动螺丝和垫片等,加强绑扎和局部涂漆处理工作。

2. 中修项目

(1) 包含小修全部检修项目;

(2) 解体清扫和检查,并做绕组绝缘状态的鉴定;

(3) 更换定转子绕组的局部线圈和修补,起出个别线圈进行绝缘处理;

(4) 检查机械零部件的质量,并做好加强和改进的措施;

(5) 检查和处理磁极线圈,更换局部绝缘,对磁轭、磁极、支架、斜键等进行检查加固和小的改进措施;

(6) 对集电环表面进行加工和处理;

(7) 轴承清洗、更换。

(8) 对启动绕组、导条及端环进行检查和加强焊接,局部更换端环连接板;

(9) 更换刷架,调整电刷;

(10) 绕组干燥和喷漆处理。

3. 大修项目

(1) 包含中修全部检修项目;

(2) 绕组全部更换、重绕;

(3) 解体检查和鉴定,并做机械零部件的重大改进措施,如改进冷却系统、油系统、机械结构等;

(4) 转子调动平衡;

(5) 更换转子磁极铁芯和全部磁极线圈;

(6) 轴承更新和修理;

(7) 刷架全部更换、检修和调整;

(8) 修理或更换机座、铁芯,并进行喷漆处理。

思考与训练

一、知识检验

1. 什么叫做同步电动机?

2. 为什么大容量同步电动机都采用旋转磁极结构?

3. 一台汽轮发电机的额定功率为 100 000 kW,额定电压为 10.5 kV,额定功率因数为 0.85,求其额定电流。

4. 简述同步电动机与异步电动机在结构上的不同之处。

5. 试简述三相同步发电机准同期法投入并联的条件。

6. 从同步发电机过渡到同步电动机时,功率角、电枢电流、电磁转矩的大小和方向有何变化?

7. 改变励磁电流时,同步电动机的定子电流发生什么变化? 对电网有什么影响?

8. 什么叫做同步电动机的 V 形曲线?

二、技能测评

1. 同步电动机的检修项目有哪些?

2. 同步电动机的检修周期是多长时间?

答案? 扫扫看

项目 5　控制电动机的应用

前面介绍的异步电动机、直流电动机、同步电动机等都是作为动力使用的,其主要任务是能量转换,如将电能转换为机械能。本项目介绍控制电机的应用,控制电机的主要功能是转换和传递信号。例如,伺服电动机将电压信号转换成转矩和转速;步进电机将脉冲信号转换成角位移或线位移。

对控制电机的主要要求:动作灵敏、准确、质量轻、体积小。运行可靠、耗电少等。

控制电机的种类很多,这里主要介绍常用控制电机的结构、原理、特点和使用场合,主要包括伺服电动机、测试发电机、自整角机、旋转变压器和步进电机。

另外开关磁阻电动机(Switched Reluctance Drive ;SRD)是继变频调速系统、无刷直流电动机调速系统之后发展起来的最新一代无级调速系统,是集现代微电子技术、数字技术、电力电子技术、红外光电技术及现代电磁理论、设计和制作技术为一体的光、机、电一体化高新技术。它具有调速系统,兼具直流、交流两类调速系统的优点。在这里也做简要介绍。

任务 5.1　伺服电动机的应用

伺服电动机把输入的电压信号变换成转轴上的角位移或角速度再输出,它在自动控制系统中作为执行元件,又被称为执行电动机。伺服电动机转轴的转向与转速随着输入控制电压信号的方向和大小的改变而改变,并且能带动一定大小的负载。例如,在雷达天线系统中,雷达天线就是由交流伺服电动机拖动的。

自动控制系统对伺服电动机的基本要求如下。

(1)宽广的调速范围。伺服电动机的转速随着控制电压的改变能在宽广的范围内连续调整。

(2)机械特性和调节特性均为线性。伺服电动机线性的机械特性和调速特性有利于提高自动控制系统的动态精度。

(3)无自转现象存在。伺服电动机在控制电压为零时能立即自行停转,消除自转是自动控制系统正常工作的必要条件。

(4)快速响应。伺服电动机的机电时间常数要小,相应地要有较大的堵转转矩和较小的转动惯量。这样,电动机的转速能够随着控制电压的改变而迅速地发生相应变化。

伺服电动机按其使用电源性质的不同,可分为直流伺服电动机和交流伺服电动机。直流伺服电动机一般用于功率较大的控制系统中,其输出功率通常为 1~600 W,但也有的可达数 kW。交流伺服电动机一般用于功率较小的拉制系统中,输出功率为 0.1~100 W。

一、直流伺服电动机

直流伺服电动机是指使用直流电源的伺服电动机。

1. 直流伺服电动机的结构和控制方式

他励和永磁式直流伺服电动机与普通的直流电动机在结构上并无本质差别,由于永磁式直流伺服电动机的结构简单、体积小、效率高,因此应用广泛。

他励直流伺服电动机的控制方式分为电枢控制和磁场控制。采取电枢控制时,控制信号施加于电枢绕组回路,励磁绕组接于恒定电压的直流电源上。采取磁场控制时,控制信号施加于励磁绕组回路,电枢绕组接于恒定电压的直流电源上。由于点数控制的特性好、电枢控制回路电感小而响应迅速,控制系统多采用电枢控制。下面仅以电枢控制方式为例说明其特性。

2. 电枢控制方式的工作原理

电枢控制时直流伺服电动机的原理如图5-1所示。

从工作原理来看,该电动机与普通直流电动机是完全相同的。伺服电动机由励磁绕组接于恒定直流电源 U_f 上,由励磁电流 I_f 产生磁通 Φ。电枢绕组施加控制电压 U_c,电枢绕组内的电流与磁场作用,产生电磁转矩,电动机转动;控制电压消失后,电动机立即停转,保证了电动机无自转现象。

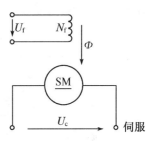

图 5-1 电枢控制式直流
伺服电动机原理图

3. 电枢控制方式的特性

1)机械特性

电枢控制时,直流伺服电动机的机械特性和他励直流电动机改变电枢电压时的人为机械特性相似。

$$n=\frac{U_c}{C_e\Phi}-\frac{R_a}{C_eC_T\Phi^2}T \qquad (5-1)$$

由式(5-1)可见,当控制电压 U_c 一定时,直流伺服电动机的机械特性是线性的,且在不同的控制电压下,得到一簇平行直线,如图5-2所示。控制电压 U_c 越大,$n=0$ 时对应的启动转矩 T 也越大,越利于启动。

2)调节特性

调节特性是指电磁转矩 T 一定时,电动机转速与控制电压 U_c 的关系。根据式(5-1)可得到调节特性曲线,如图5-3所示。显然调节特性也是线性的,当 T 一定时,U_c 越高,n 也越高。

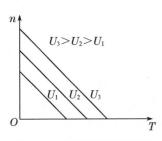

图 5-2 电枢控制直流伺服
电动机的机械特性

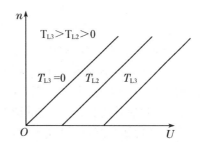

图 5-3 直流伺服电动机的
调节特性曲线

当转速为零时,对应不同的负载转矩可得到不同的启动电压。当电枢电压小于启动电压时,伺服电动机不能启动。总的来说,直流伺服电动机的调节特性也是比较理想的。

二、交流伺服电动机

1. 结构简介

交流伺服电动机主要有定子和转子构成。定子铁芯通常用硅钢片叠压而成,定子铁芯表面的槽内嵌有两相绕组,其中一相是励磁绕组,另一相绕组是控制绕组,两相绕组在空间相距 90°电角度。

转子的形式有两种,一种是笼型转子,其绕组由高电阻率的材料制成,绕组的电阻较大。笼型转子结构简单,但其转动惯量较大。另一种是空心杯转子,它有非磁性材料制成杯形,可以看成是条数很多的笼型转子,其杯壁很薄,因而其电阻值较大。转子在内外定子之间的气隙中旋转,因空气隙较大而需要较大的励磁电流。空心杯形转子的转动惯量较小,响应迅速。

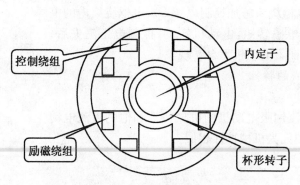

图 5 - 4 杯形转子伺服电动机结构示意图

2. 基本工作原理

交流伺服电动机工作时,励磁绕组接单相交流电压 U_f,控制绕组接控制信号电压 U_c,这两个电压同频率,相位互差 90°。图 5 - 5 为交流伺服电动机的工作原理图。当励磁绕组和控制绕组均加上相位互差 90°的交流电压时,若控制电压和励磁电压的幅值相等,则在空间形成圆形轨迹的旋转磁场;若控制电压和励磁电压的幅值不相等,则在空间形成椭圆形轨迹的旋转磁场,从而产生电磁转矩,转子在电磁转矩作用下旋转。交流伺服电动机必须像直流伺服电动机一样具有伺服性,当控制信号不为零时,电动机旋转;当控制信号

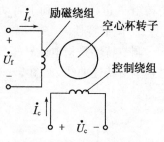

图 5 - 5 交流伺服电动机的工作原理图

的工作原理圈电压等于零时,电动机应立即停转。如果像普通两相异步电动机那样,电动机一经启动,即使控制信号消失,转子仍继续旋转,这种失控现象称为自转,是不符合控制要求的。为了消除自转现象,将伺服电动机的转子电阻设计得较大,使其有控制信号时,迅速启动;一旦控制信号消失,就立即停转。

另外,与普通两相异步电动机相比,交流伺服电动机应当有宽广的调速范围;当励磁电压不为零、控制电压为零时,其转速也应为零;机械特性应为线性并且动态特性要好。

3. 控制方式

交流伺服电动机常用的控制方式有幅值控制、相位控制以及幅值-相位控制。

1）幅值控制

始终保持可控制电压与励磁电压之间的相位差为 90°，其通过调节控制电压的大小改变伺服电动机的转速，这种控制方式称为幅值控制。使用时，励磁电压保持为额定值，控制电压 U_c 的幅值在额定值与零之间变化，伺服电动机的转速也就在最高转速至零转速之间变化，如图 5-5 所示。

2）相位控制

这种控制方式是通过调节控制电压与励磁电压之间的相位角来改变伺服电动机的转速，控制电压和励磁电压均保持为额定值。当 $\beta=0°$ 时，控制电压与励磁电压同相位，气隙磁动势为脉振磁动势，故电动机停转，$n=0$；当 $\beta=90°$ 时，磁动势为圆形旋转磁动势，电动机转速最高；当 $\beta=0\sim90°$ 时，电动机的转速由低向高变化，如图 5-5 所示。

3）幅值-相位控制

这种控制方式对幅值和相位差都进行控制，即通过改变控制电压的幅值及控制电压与励磁电压间的相位差来控制伺服电动机的转速，如图 5-6 所示，当调节控制电压的幅值来改变电动机的转速时，由于转子绕组的耦合作用，励磁绕组中的电流随之发生变化，励磁电流的变化引起电容的端电压变化，致使控制电压与励磁电压之间的相位角也改变，所以这是一种幅值和相位的复合控制方式。这种控制方式是利用串联电容器来分相，不需要移相器，设备简单，成本较低，成为实际应用中最常用的一种控制方式。

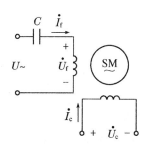

图 5-6　幅值-相位控制接线图

任务 5.2　测速发电机应用

测速发电机是一种把机械转速变为电压信号输出的元件。测速发电机分为交流和直流两大类。还有一种采用新元路、新结构支撑的霍尔效应测速发电机。

一、测速发电机的用途和基本要求

1. 主要用途

测速发电机在自动控制盒计算装置中应用很广泛，除作为测速元件外，其主要用途还有以下两方面：

（1）作为校正元件用，以提高系统的精确度和稳定性。

（2）作为计算元件用，进行微分或积分的运算。

2. 基本要求

自动控制系统和计算装置对测速发电机的基本要求是：

（1）输出电压与输入的机械转速要保持严格的正比关系，这样才能提高系统的精确度。

（2）在一定的转速变化下，输出电压的变化量要大，这样才能提高系统的稳定性。

（3）测速发电机的转动惯量要小，响应快。

二、直流测速发电机

1. 直流测速发电机的结构和工作原理

1）基本结构

直流测速发电机的结构与普通直流发电机的相同,实际上是一种微型直流发电机。直流测速发电机按励磁方式又可分为他励式发电机和永磁式发电机。由于测速发电机的功率较小,而永磁式又不需另加励磁电源,且温度对磁钢特性的影响也没有因励磁绕组温度变化而影响输出电压那么严重,因而应用广泛。

2）工作原理

他励式直流测速发电机的工作原理如图 5-7 所示。励磁绕组接一恒定直流电源 U_f,通过电流 I_f 产生磁通 Φ。根据直流发电机原理,在忽略电枢反应的情况下,电枢的感应电动势为

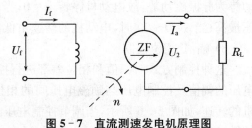

图 5-7 直流测速发电机原理图

$$E_a = C_e \cdot \Phi \cdot n = k_e \cdot n \qquad (5-2)$$

带上负载后,电刷两端输出电压为

$$U_a = E_a - I_a R_a \qquad (5-3)$$

式中,R_a 为电枢回路的总电阻。

带负载后负载电流与负载电压 U_2 的关系为

$$I_a = U_2 / R_L \qquad (5-4)$$

式中,R_L 为负载电阻。

由于电刷两端的输出电压 U_a 与负载上电压 U_2 相等,所以将式(5-4)代入式(5-3)可得

$$U_2 = E_a - R_a U_2 / R_L$$

经过整理后可得

$$U_2 = \frac{E_a}{1 + \dfrac{R_a}{R_L}} = C \cdot n \qquad (5-5)$$

式中,C 为测速发电机输出特性的斜率,$C = k_e / (1 + R_a / R_L)$。

从式(5-4)可见,直流测速发电机的输出电压 U_2 与转速 n 成正比,输出特征 $U_2 = f(n)$ 为线性,如图 5-8 所示。对于不同负载电阻 R_L,测速发电机的输出特性斜率也有所不同,它随负载电阻 R_L 的减小而降低。

三、交流测速发电机

交流测速发电机分为同步测速发电机和异步测速发电机。

同步测速发电机的输出电压大小及频率均随转速(输入信号)的变化而变化,一般用做指示式转速计,很少用于控制系统中的转速测量。异步测速发电机输出电压的频率与励磁电压的频率相同且与转速无关,其输出电压的大小与转速成正比,因此,在控制系统中应

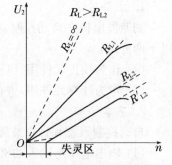

图 5-8 直流测速发电机的输出特性

用广泛。异步测速发电机分为笼型和空心杯型两种,笼型测速发电机没有空心杯型测速发电机的测量精度高,而且空心杯型结构的测速发电机的转动惯量也小,适用于快速系统,因此目前空心杯型测速发电机应用比较广泛。下面介绍它的基本结构和工作原理及使用特性。

1. 基本结构

空心杯型转子异步测速发电机的定子上有两相互相垂直的分布绕组,其中一相为励磁绕组,另一相为输出绕组。转子是空心杯,用电阻率较大的青铜制成,属于非磁性材料。杯子里边还有一个由硅钢片叠成的定子,称为内定子,可以减少主磁路的磁阻。图 5-9 为一台空心杯形转子异步测速发电机的简单结构图。

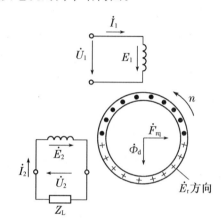

图 5-9　空心杯形转子异步测速发电机结构图

2. 工作原理

励磁绕组的轴线为 d 轴,输出绕组的轴线为 q 轴。工作时,电机励磁绕组加上恒频恒压的励磁电压时,励磁绕组中有励磁电流流过,产生与励磁电压同频率的 d 轴脉振磁动势 F_d 和脉振磁通 Φ_d,电机转子逆时针旋转,转速为 n,如图 5-10 所示。电机转子和输出绕组中的电动势及由此而产生的反应磁动势,根据电动机的转速可分两种情况。

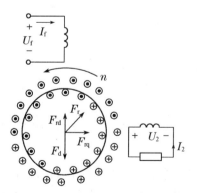

图 5-10　测速发电机工作原理图

1) 电动机不转

当电动机不转时,转速 $n=0$,由纵轴磁通或交变在空心杯转子感应的电动势称为变压器性质电动势,转子电流产生的转子磁动势性质和励磁磁动势性质相同,均为直轴磁动势;输出绕组与励磁绕组在空间位置上相差 90°电角度,不产生感应电动势,输出电压 $U_2 = 0$。

2) 电动机旋转

当转子转动时,转速 $n \neq 0$,转子切割脉振磁通 Φ_d,产生的电动势称为切割电动势,其大小为

$$E_r = C_r \cdot \Phi_d \cdot n \tag{5-6}$$

式中,C_r 为转子电动势常数;Φ_d 为脉振磁通幅值。

从式(5-6)可以看出,转子电动势 E_r 的大小与转速 n 成正比,转子电动势的方向可用右手定则判断。

转子中的感应电动势 E_r 在转子杯中产生转子电流,考虑到转子漏抗的影响,转子电流在相位上滞后于电动势 E_r 一个电角度。转子电流产生的转子脉振磁动势 F_r 可分解为直轴磁动势 F_{rd} 和交轴磁动势 F_{rq}。直轴磁动势 F_{rd} 将影响励磁磁动势 F_f,使励磁电流 I_f 发生变化,而交轴磁动势 F_{rd} 产生交轴磁通 Φ_q。交轴磁通 Φ_q 交链输出绕组,从而在输出绕组中感应出频率与励磁频率相同、幅值与交轴磁通 Φ_q 成正比的输出电动势 E_2。

由于 $\Phi_q \propto F_q \propto F_f \propto E_r \propto n$,所以 $E_2 \propto \Phi_q \propto n$。

可以看出,异步测速发电机输出电动势 E_2 的频率即为励磁电源的频率,而与转子转速 n 的大小无关;输出电动势的大小则正比于自转转速 n,即输出电压 U_2 也只与转速 n 成正比。这就克服了同步测速发电机存在的缺点,因此空心杯转子异步测速发电机在自动控制系统中得到了广泛的应用。

3. 异步测速发电机的误差

1) 剩余电压误差

电机定、转子部件加工工艺的误差以及定子磁性材料性能的不一致性造成测速发电机转速为零时,实际输出电压并不为零,此电压称为剩余电压。剩余电压的存在引起的测量误差称为剩余电压误差。减小剩余电压误差的方法是选择高质量、各力向特性一致的磁性材料,在加工工艺过程中提高精度,还可采用装配补偿绕组进行补偿等方法。

2) 幅值和相位误差

若想异步测速发电机输出电压严格正比于转速 n,则励磁电流产生的脉振磁通 Φ_d 应保持为常数。实际上,当励磁电压为常数时,励磁绕组漏电抗的存在致使励磁绕组电流与外加励磁电压有一个相位差,随着转速的变化使得幅值和相位均发生变化,造成输出电压的误差。为减小此误差可增大转子电阻。

任务 5.3　步进电动机的应用

步进电动机是一种用电脉冲信号进行控制,并将电脉冲信号转换成相应的角位移的控制电动机。它由专用的驱动电源供给电脉冲,每输入一个电脉冲,电动机就移进一步,即它是步进式运动的,故被称为步进电动机。

步进电动机是自动控制系统中一种十分重要而且常用的功率执行元件,步进电动机在数字控制系统中一般采用开环控制。随着计算机应用技术的迅速发展,目前步进电动机常

常和计算机结合起来组成高精度的数字控制系统,及机械数控系统、平面绘图机、自动记录仪表和航空航天系统等。

按结构和工作原理的不同来分,步进电动机可为反应式步进电动机、永磁式步进电动机和永磁感应子式步进电动机;按相数可分为单相、两相、三相和多相等形式。下面以应用较多的三相反应式步进电动机为例,介绍其结构和工作原理。

一、三相反应式步进电动机的结构和工作原理

1. 结构

三相反应式步进电动机模型的结构如图 5 - 11 所示。它的定子、转子铁芯都由硅钢片叠成。定子上有 6 个极,每两个相对的磁极绕有同一相绕组,三相绕组接成星形作为控制绕组;转子铁芯上没有绕组,只有 4 个齿,齿宽等于定子极靴宽。

2. 工作原理

图 5 - 12 为一台三相反应式步进电动机,由定子和转子两大部分组成。在定子上有三对磁极,磁极上装有励磁绕组。励磁绕组分为三相,分别为 A 相、B 相和 C 相绕组。步进电动机的转子由软磁材料制成,在转子上均匀分布 4 个凸极,极上不装绕组,转子的凸极也称为转子的齿。

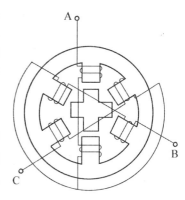

图 5 - 11 三相步进电动机模型的结构示意图

当步进电动机的 A 相通电,B 相及 C 相不通电时,由于 A 相绕组电流产生的磁通要经过磁阻最小的路径形成闭合磁路,所以将使转子齿 1、齿 3 同定子的 A 相对齐,如图 5 - 12(a)所示。当 A 相断电,改为 B 相通电时,同理 B 相绕组电流产生的磁通也要经过磁阻最小的路径形成闭合磁路,这样转子顺时针在空间转过 30°电角度,使转子齿 2、齿 4 与 B 相对齐,如图 5 - 12(b)所示。当由 B 相改为 C 相通电时,同样可使转子顺时针转过 30°电角度,如图 5 - 12(c)所示。若按 A→B→C→A 的通电顺序往复进行下去,则步进电动机的转子将按一定速度顺时针方向旋转,步进电动机的转速取决于三相控制绕组的通、断电源的频率。当依照 A→C→B→A 顺序通电时,步进电动机将变为逆时针方向旋转。

(a) A相通电情况   (b) B相通电情况   (c) C相通电情况

图 5 - 12 三相反应式步进电动机工作原理图

在步进电动机的控制过程中,定子绕组每改变一次通电方式,称为一拍。上述的通电控制方式,由于每次只有一相控制绕组通电,故称为三相单三拍控制方式。除此之外,还有三相单、双六拍控制方式及三相双三拍控制方式。在三相单、双六拍控制方式中,控制绕组通

电顺序为 A→AB→B→BC→C→CA→A(转子顺时针旋转)或 A→AC→C→CB→B→BA(转子逆时针旋转)。在三相双三拍控制方式中,若控制绕组的通电顺序为 AB→BC→CA→AB,则步进电动机顺时针旋转;若控制绕组的通电顺序为 AC→CB→BA→AC,则步进电动机反转。

步进电动机每改变一次通电状态(即一拍),转子所转过的角度称为步距角,用 θ_b 来表示。从图 5-12 中可以看出三相单三拍的步距角为 30°,而三相单、双六拍的步距角为 15°,三相双三拍的步距角为 30°。

上述分析是最简单的三相反应式步进电动机的工作原理,这种步进电动机具有较大的步距角,不能满足生产中实际对精度的要求,如使用在数控机床中就会影响到加工工作的精度。为此,近年来实际使用的步进电动机是定子和转子的齿数都较多、步距角较小、特性较好的小步距角步进电动机。

二、小步距角三相反应式步进电动机

图 5-13 是最常用的一种小步距角的三相反应式步进电动机的原理图。

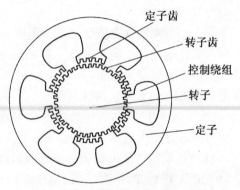

定子有 3 对磁极,每相 3 对,相对的极属于一相,每个定子磁极的极靴上各有许多小齿,转子周围上均匀分布着许多个小齿。根据步进电动机工作要求,定、转子的齿轮必须相等,且转子齿数不能为任意数值。因为在同相的两个磁极下,定、转子齿应同时对齐或同时错开,才能使几个磁极作用相加,产生足够磁阻转矩,所以,转子齿数应是每相磁极的整倍数。除此之外,在不同的相邻磁极之间的齿数不应是整数,即每一极距

图 5-13　小步距角的三相反应式步进电动机的原理图

对应的转子齿数不是整数,定子、转子齿相对位置应依次错开 t/m(m 为相数,t 为齿距),这样才能在连续改变通电状态下获得不间断的步进运动;否则,当任一相通电时,转子齿都将处于磁路的磁阻最小的位置,各相轮流通电时,转子将一直处于静止状态,电动机将不能运行。

步进电动机的步距角 θ_{se} 为

$$\theta_{se}=360°/(mZ_rC) \tag{5-7}$$

式中,m 为步进电动机的相数,对于三相步进电动机,$m=3$;C 为通电状态系数,当采用单拍或双拍方式工作时,$C=1$,采用单双拍混合方式工作时,$C=2$;Z 为步进电动机的转子齿数。

步进电动机的转速 n 为

$$n=60f/mZ_rC \tag{5-8}$$

式中,f 为步进电动机每秒的拍数(或每秒的步数),称为步进电动机的通电脉冲频率。

应予以说明的是,减小步距角有利于提高控制精度;增加拍数可缩小步距角。拍数取决于步进电动机的相数和通电方式。除常用的三相步进电动机以外,还有四相、五相、六相等形式,然而相数增加使步进电动机的驱动器电路复杂,工作可靠性降低。

任务 5.4　旋转变压器

旋转变压器用于运动伺服控制系统中,作为角度位置的传感和测量用。早期的旋转变压器用于计算解答装置中,作为模拟计算机中的主要组成部分之一。其输出,是随转子转角做某种函数变化的电气信号,通常是正弦、余弦、线性等。这些函数是最常见的,也是容易实现的。在对绕组做专门设计时,也可产生某些特殊函数的电气输出。但这样的函数只用于特殊的场合,不是通用的。20 世纪 60 年代起,旋转变压器逐渐用于伺服系统,作为角度信号的产生和检测元件。三线的三相的自整角机,早于四线的两相旋转变压器应用于系统中。所以作为角度信号传输的旋转变压器,有时被称为四线自整角机。随着电子技术和数字计算技术的发展,数字式计算机早已代替了模拟式计算机。所以实际上,旋转变压器目前主要是用于角度位置伺服控制系统中。由于两相的旋转变压器比自整角机更容易提高精度,所以旋转变压器应用得更广泛。特别是,在高精度的双通道、双速系统中,广泛应用的多极电气元件,原来采用的是多极自整角机,现在基本上都是采用多极旋转变压器。

旋转变压器是目前国内的专业名称,简称"旋变"。俄文里称作"Вращающийся Трансформатор",词义就是"旋转变压器"。英文名字叫"resolver",根据词义,有人把它称为"解算器"或"分解器"。

旋转变压器有多种分类的方法。按有无电刷和滑环之间的滑动接触来分,可分为接触式旋转变压器和非接触式旋转变压器。在非接触式旋转变压器中又可再细分为有限转角和无限转角。通常在无特别说明时,均是指接触式旋转变压器。

按电机的极对数多少来分,可分为单对极旋转变压器和多对极旋转变压器。通常在无特别说明时,均是指单对极旋转变压器。

按它的使用要求来分,可分为用于计算解答装置的旋转变压器和用于随动系统的旋转变压器,等等。但就它们的原理与结构来说基本上相同,本节仅以正、余弦旋转变压器为代表来分析。

一、旋转变压器的应用

旋转变压器的应用,近期发展很快。除了传统的、要求可靠性高的军用、航空航天领域之外,在工业、交通以及民用领域也得到了广泛的应用。特别应该提出的是,这些年来,随着工业自动化水平的提高,随着节能减排的要求越来越高,效率高、节能显著的永磁交流电动机的应用越来越广泛。而永磁交流电动机的位置传感器,原来是以光学编码器居多,但这些年来,却迅速地被旋转变压器代替。可以举几个明显的例子,在家电中,不论是冰箱、空调、还是洗衣机,目前都是向变频变速发展,采用的是正弦波控制的永磁交流电动机。目前在各国都非常重视的电动汽车中,所用的位置、速度传感器都是旋转变压器。例如,驱动用电动机和发电机的位置传感、电动助力方向盘电机的位置速度传感、燃气阀角度测量、真空室传送器角度位置测量等等,都是采用旋转变压器。在应用于塑压系统、纺织系统、冶金系统以及其他领域里,所应用的伺服系统中关键部件伺服电动机上,也是用旋转变压器作为位置速度传感器。

旋转变压器的应用已经成为一种趋势。

二、旋转变压器的基本结构

旋转变压器的结构和两相绕线转子异步电机的结构相似,可分为定子和转子两大部分。定子和转子的铁芯有铁镍软磁合金或硅钢薄板冲压成的槽状心片叠成。它们的绕组分别嵌入各自的槽状铁芯内。定子绕组通过固定在壳体上的接线柱直接引出。转子绕组有两种不同的引出方式。根据转子电信号引进、引出的方式,旋转变压器分为有刷式和无刷式两种结构形式。

图 5-14 是有刷式旋转变压器。它的转子绕组通过滑环和电刷直接引出,其特点是结构简单,体积小,但是因电刷与滑环是机械滑动接触的,所以旋转变压器的可靠性差,使用寿命也较短。

图 5-15 是无刷式旋转变压器。它分为两大部分,即旋转变压器本体和附加变压器。附加变压器的原、副边铁芯及其线圈均成环形,分别固定于转子轴和壳体上,径向留有一定的间隙。

旋转变压器本体的转子绕组与附加变压器原边线圈连在一起,在附加变压器原边线圈中的电信号,即转子绕组中的电信号,通过电磁耦合,经附加变压器副边线圈间接递送出去。这种结构避免了电刷与

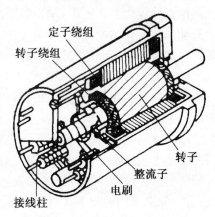

图 5-14　有刷式旋转变压器

滑环直接的不良接触造成的影响,提高了旋转变压器的可靠性及使用寿命,但其体积、质量、成本均有所增加。

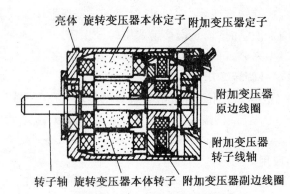

图 5-15　无刷式旋转变压器

有刷旋转变压器由于有刷结构的存在,使得旋转变压器的可靠性很难得到保证,因此目前这种结构形式的旋转变压器应用得很少,我们着重于介绍无刷旋转变压器。

目前无刷旋转变压器有两种结构形式。一种称为环形变压器式无刷旋转变压器,另一种称为磁阻式旋转变压器。

1) 环形变压器式旋转变压器

图 5-16 所示为环形变压器式无刷旋转变压器的

图 5-16　环形变压器式旋转
变压器结构示意

结构。这种结构很好地实现了无刷、无接触。它的一个绕组在定子上，另一个在转子上，同心放置。转子上的环形变压器绕组和做信号变换的转子绕组相联，它的电信号的输入输出由环形变压器完成。

2）磁阻式旋转变压器

图 5-17 是一个 10 对极的磁阻式旋转变压器的示意图。磁阻式旋转变压器的励磁绕组和输出绕组放在同一套定子槽内，固定不动。但励磁绕组和输出绕组的形式不一样。两相绕组的输出信号，仍然应该是随转角做正弦变化、彼此相差 90°电角度的电信号。转子磁极形状作特殊设计，使得气隙磁场近似于正弦形。转子形状的设计也必须满足所要求的极数。可以看出，转子的形状决定了极对数和气隙磁场的形状。

磁阻式旋转变压器一般都做成分装式，不组合在一起，以分装形式提供给用户，由用户自己组装配合。

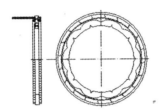 

图 5-17　磁阻式旋转变压器结构示意

三、旋转变压器的基本工作原理

旋转变压器定子上装有两套完全相同的绕组 D 和 Q，在空间上相差 90°，每套绕组的有效匝数为 N_1，D 绕组轴线 d 为电机的纵轴，Q 绕组轴线 q 为电机的横轴。转子上也装有两套完全相同的、互相垂直的绕组 A 和 B，分别经滑环和电刷引出，每套绕组的有效匝数为 N_2。转子的转角是这样规定的：以 d 轴为基准，转子绕组 A 的轴线与 d 轴的夹角 α 为转子的转角，如图 5-18(a)所示。

1. 正、余弦旋转变压器的空载运行

旋转变压器的 D 绕组为励磁绕组，接交流电压 U_1，转子上的绕组开路，称为空载运行。

空载时，D 绕组中有励磁电流 I_{D0} 和励磁磁动势 $F_D = I_{D0}N_1$，F_D 是 d 轴方向上空间正弦分布的脉振磁动势，在图 5-18(b)所示的空间磁动势图上画出了 F_D 的位置。

把 $\dot{F}_D$ 分成两个脉振磁动势 $\dot{F}_A$ 和 $\dot{F}_B$，$\dot{F}_A$ 在绕组 A 的轴线上，$\dot{F}_B$ 在绕组 B 的轴线上，则

$$\dot{F}_D = \dot{F}_A + \dot{F}_B$$

$$F_A = F_D\cos\alpha$$

$$F_B = F_D\sin\alpha$$

$\dot{F}_A$ 在 +A 轴线方向产生正弦分布的脉振磁密，在转子的绕组 A 中产生感应电动势 $\dot{E}_A$，磁路不饱和时，E_A 的大小正比于磁密且正比于磁动势 F_A，也就是说 E_A 的大小与余弦 $\cos\alpha$ 成正比。同理可知，转子的绕组 B 中产生的感应电动势 E_B 的大小正比于磁动势 F_B，也就是说 E_B 的大小与正弦 $\sin\alpha$ 成正比，即

$$E_A \propto F_A = F_D\cos\alpha$$

$$E_B \propto F_B = F_D \sin\alpha$$

忽略各绕组的漏阻抗,则绕组 A 和绕组 B 的端电压为

$$U_A = E_A \propto \cos\alpha \qquad (5-9)$$

$$U_B = E_B \propto \sin\alpha \qquad (5-10)$$

这就是正、余弦旋转变压器的工作原理。使用时,转角 α 的大小可以根据需要来进行调节,但不论 α 角为多大,只要是某一常数,则输出绕组(转子绕组)就输出与 α 角的正弦量或余弦量成正比的电压。

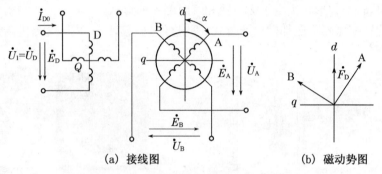

(a) 接线图   (b) 磁动势图

图 5-18 空载时的正、余弦旋转变压器

2. 正、余弦旋转变压器的负载运行

当旋转变压器的输出绕组接上负载时,就是负载运行,绕组中便有电流,会产生电枢反应磁动势。绕组 A 的电枢反应磁动势肯定正在+A 轴线上,绕组 B 的电枢反应磁动势肯定在+B 轴线上。它们若同时存在,就会使 q 轴方向上合成磁动势为零,这是最理想的。因为此时只剩下 d 轴方向的合成磁动势可以被定子励磁磁动势平衡,仍保持 d 轴磁动势 F_D 不变,输出的电压可以保持与转角 α 的正弦和余弦关系,所以正、余弦旋转变压器实际使用时即便是一个输出绕组工作,另一绕组也要通过阻抗短接,称为副边补偿。还可以是定子上的 Q 绕组短接,在副边电枢产生 q 轴方向磁动势时,这被称为原边补偿。使用时,如果不采用副边或原边补偿,q 轴方向有磁动势会引起输出电压的畸变,从而使旋转变压器产生误差,这是不行的。因此,实际使用中,接线如图 5-19 所示,正、余弦旋转变压器的原、副边均进行补偿,而且阻抗 Z_A 和 Z_B 尽量大些为好。

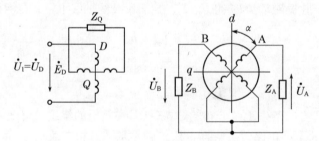

图 5-19 原、副边补偿的正、余弦旋转变压器

四、常用的旋转变压器控制系统

1. 旋转变压器角度位置伺服控制系统

图 5-20 是一个比较典型的角度位置伺服控制系统。XF 称为旋变发送机,XB 称为旋变变压器。旋变发送机发送一个与机械转角有关的、做一定函数关系变化的电气信号;旋变变压器接受这个信号,并产生和输出一个与双方机械转角之差有关的电气信号。伺服放大器接受选变压器的输出信号,作为伺服电动机的控制信号。经放大,驱动伺服电动机旋转,并带动接受方旋转变压器转轴及其他相连的机构,直至达到和发送机方一致的角位置。

旋变发送机的初级,一般在转子上设有正交的两相绕组,其中一相作为励磁绕组,输入单相交流电压;另一相短接,以抵消交轴磁通,改善精度。次级也是正交的两相绕组。旋变变压器的初级一般在定子上,由正交的两相绕组组成;次级为单项绕组,没有正交绕组。

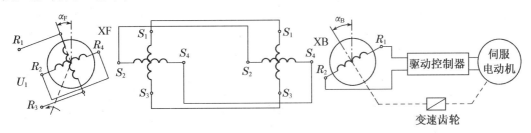

图 5-20　旋转变压器角度位置伺服控制系统

应该指出,由于结构的关系,磁阻式旋变只有旋变发送机,没有旋变变压器。

2. 工作原理

前面已经介绍过,旋转变压器有旋变发送机和旋变变压器之分。作为旋变发送机它的励磁绕组是由单相电压供电,电压可以写为式(5-11)形式:

$$U_1(t) = U_{1m} \sin \omega t \tag{5-11}$$

其中,U_{1m} 为励磁电压的幅值,ω 为励磁电压的角频率。励磁绕组的励磁电流产生的交变磁通,在次级输出绕组中感生出电动势。当转子转动时,由于励磁绕组和次级输出绕组的相对位置发生变化,因而次级输出绕组感生的电动势也发生变化。又由于次级输出的两相绕组在空间成正交的 90°电角度,因而两相输出电压如式(5-12)所示:

$$U_{2Fs}(t) = U_{2Fm} \sin(\omega t + \alpha_F) \sin \theta_F$$
$$U_{2Fc}(t) = U_{2Fm} \sin(\omega t + \alpha_F) \cos \theta_F \tag{5-12}$$

其中,U_{2Fs} 为正弦相的输出电压,U_{2Fc} 为余弦相的输出电压,U_{2Fm} 为次级输出电压的幅值;α_F 为励磁方和次级输出方电压之间的相位角,θ_F 为发送机转子的转角。可以看出,励磁方和输出方的电压是同频率的,但存在着相位差。正弦相和余弦相在电的时间相位上是同相的,但幅值彼此随转角分别做正弦和余弦函数变化。

旋变发送机的两相次级输出绕组,和旋变变压器的原方两相励磁绕组分别相联。这样,式(5-12)所表示的两相电压,也就成了旋变变压器的励磁电压,并在旋变变压器中产生磁通 φ_B。旋转变压器的单相绕组作为输出绕组,旋变发送机次级绕组和旋变变压器初级绕组中流过的电流为

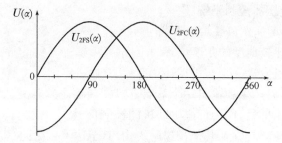

图 5 - 21 旋变发送机两相输出电压和转角的关系曲线

$$I_A = \frac{U_{2Fm}}{Z_F + Z_B} \sin\theta_F$$

$$I_B = \frac{U_{2Fm}}{Z_F + Z_B} \cos\theta_F \qquad (5-13)$$

由这两个电流建立的空间和成磁动势为

$$F_F(x) = F_{2Fm}\left[\cos\theta_F \cos\frac{\pi}{\tau}x - \sin\theta_F \sin\frac{\pi}{\tau}x\right] = F_{2Fm}\cos\left(\theta_F + \frac{\pi}{\tau}x\right) \qquad (5-14)$$

式(5-14)表示在旋变发送机中,合成磁动势的轴线总是位于 θ_F 角上,亦即和励磁绕组轴线一致的位置上,和转子一起转动。可以知道,在旋变变压器中,合成磁动势的轴线相应地也是和 A 相绕组距 θ_F 角的位置上。只是由于电流方向相反,其方向也和在旋变发送机中相差 180°。若旋变变压器转子转角为 θ_B,则其单相输出绕组轴线和励磁磁场轴线夹角相差 $\Delta\theta = \theta_F - \theta_B$。那么,输出绕组的感应电动势应是

$$U_{B2}(\Delta\theta) = U_{2Bm}\cos\Delta\theta \qquad (5-15)$$

将输出绕组在空间移过 90°。这样,在协调位置时,输出电动势为零。此时,输出电动势和失调角的关系成为正弦函数:

$$U_{B2}(\Delta\theta) = U_{2Bm}\sin\Delta\theta \qquad (5-16)$$

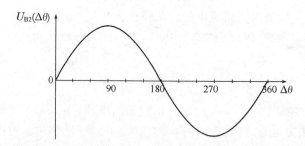

图 5 - 22 旋变变压器输出电动势和失调角的关系曲线

从图 5-22 和式(5-16)可以看出,输出电动势有两个为零的位置,即 $\Delta\theta = 0°$ 和在 $\Delta\theta = 180°$。在 0°和 180°范围内,电动势的时间相位为正,在 180°和 360°范围内,电动势的时间相位变化了 180°。$\Delta\theta = 180°$ 的这个点属于不稳定点,因为在这个点上,电动势的梯度为负。当有失调角时,旋变变压器输出绕组电动势不为零,这个电动势控制伺服放大器去驱动伺服电动机,驱使旋变变压器和其他装置转到协调位置。这时,输出绕组的输出为零,伺服电动机停止工作。因此,根据信号幅值大小和正、负方向工作的伺服电动机,总是把旋变变压器

的转轴带到稳定工作点 $\Delta\theta = 0°$ 的位置上。

3．旋转变压器单独作为测角元件

在很多场合下，旋转变压器可以单独作为测角元件用，直接和角度信号变换单元连接，由角度变换单元输出角度信号数据。磁阻式旋变就是只起这个作用的。下面有关信号变换的部分将会说明。例如图 5-23 所示，其为旋变解码后的角度显示。

图 5-23　旋转变压器解码后角度显示

五、旋转变压器的主要参数和性能指标

旋转变压器的主要指标有以下几个。

1）额定励磁电压和励磁频率　励磁电压都采用比较低的数值，一般在 10 V 以下。旋转变压器的励磁频率通常采用 400 Hz 以及（5～10）kHz 之间。

2）变压比和最大输出电压　变压比是指当输出绕组处于感生最大输出电压的位置时，输出电压和原边励磁电压之比。

3）电气误差　输出电动势和转角之间应符合严格的正、余弦关系。如果不符，就会产生误差，这个误差角称为电气误差。根据不同的误差值确定旋转变压器的精度等级。不同的旋转变压器类型，所能达到的精度等级不同。多极旋转变压器可以达到高的精度，电气误差可以角秒（"）来计算；一般的单极旋转变压器，电气误差在（5'～15'）之内；对于磁阻式旋转变压器，由于结构原理的关系，电气误差偏大。磁阻式旋变一般都做到两对极以上。两对极磁阻式旋变的电气误差，一般做到 60'（1°）以下。但是，在现代的理论水平和加工条件下，增加极对数，也可以提高精度，电气误差也可控制在数角秒（"）之内。

4）阻抗　一般而言，旋转变压器的阻抗随转角变化而变化，以及和初、次级之间相互角度位置有关。因此，测量时应该取特定位置。

有这样 4 个阻抗：开路输入阻抗、开路输出阻抗、短路输入阻抗、短路输出阻抗。

在目前的应用中，作为旋转变压器负载的电子电路阻抗都很大，因而往往都把电路看做空载运行。在这种情况下，实际上只给出开路输入阻抗即可。

5）相位移　在次级开路的情况下，次级输出电压相对于初级励磁电压在时间上的相位差。相位差的大小随着旋转变压器的类型、尺寸、结构和励磁频率不同而变化。一般小尺寸、频率低、极数多时相位移大，磁阻式旋变相位移最大，环形变压器式的相位移次之。

6）零位电压　输出电压基波同相分量为零的点称为电气零位，此时所具有的电压称为零位电压。

基准电气零位　确定为角度位置参考点的电气零位点称为基准电气零位。

六、旋转变压器的信号变换

旋转变压器的信号输出是两相正交的模拟信号,它们的幅值随着转角做正余弦变化,频率和励磁频率一致。这样一个信号还不能直接应用,需要角度数据变换电路,把这样一个模拟量变换成明确的角度量,这就是 RDC(Resolver Digital Converter—旋转变压器数字变换器)电路。在数字变换中有两个明显的特征:① 为了消除由于励磁电源幅值和频率的变化,所引起的副边输出信号幅值和频率的变化,从而造成角度误差,信号的检测采用正切法,即检测两相信号的比值:$\dfrac{\sin\theta}{\cos\theta}$,这就避免了幅值和频率变化的影响;② 采用适时跟踪反馈原理测角,是一个快速的数字随动系统,属于无静差系统。

目前采用的大多都是专用集成电路,例如美国 AD 公司的 AD2S1200、AD2S1205,带有参考振荡器的 12 位数字 R/D 变换器,以及 AD2S1210 10 到 16 位数字、带有参考振荡器的数字可变 R/D 变换器。图 5 - 24 是旋转变压器和 RDC 的连接图示意,位置信号和速度信号都是绝对值信号,它们的位数由 RDC 的类型和实际需要决定(10 位到 16 位)。有两种形式的输出,即串行或并行。上述的几种 RDC 芯片,还可将输出信号变换成编码器形式的输出,即正交的 A、B 和每转一个的 Z 信号。励磁电源同时接到旋转变压器和 RDC,在 RDC 中作为相位的参考。

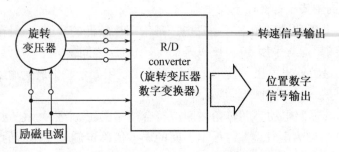

图 5 - 24　旋转变压器和 RDC 的连接图示意

利用 DSP(数字信号处理器)技术和软件技术,不用 RDC 芯片,直接用 DSP 做旋转变压器位置和速度变换,已经成为现实。例如采用 TI 公司的 DSP 芯片 TMS320F240 就得到了成功的应用。用 DSP 实现旋转变压器的解码,具有这样一些明显的优点:① 降低成本,取消了专用的 RDC IC 芯片;② 采用数字滤波器,可以消除速度带来的滞后效应。用软件实现带宽的变换,以折中带宽和分辨率的关系,并使带宽作为速度的函数;③ 抗环境噪声的能力更强。

七、几种类型旋转变压器的比较

由于结构形式和原理的不同,在性能和抗恶劣环境条件能力上,各种类型的旋转变压器的特点不一样。表 5 - 1 给出了上赢双电机有限公司所生产的旋转变压器的情况比较。

表 5 - 1　各种类型的旋转变压器性能、特点比较

类型	精度	工艺性	相位移	可靠性	结构	成本
有刷型	高	差	小	差	复杂	高
环变型	高	一般	比较大	好	一般	一般
磁阻型	低	好	大	最好	简单	低

　　表 5-1 指出,有刷旋转变压器可以得到最小的电气误差、最大的精度。但是由于在结构上存在着电的滑动接触,因此可靠性差;环形变压器型的旋变,也可达到高的精度,工艺性、结构情况、可靠性以及成本都比较好;磁阻式旋变的可靠性、工艺性、结构性以及成本都是最好的,但精度比其他两种低。出于可靠性的考虑,目前有刷的旋转变压器,基本上不被采用,而是采用无刷的旋转变压器。

任务 5.5　自整角机的应用

　　自整角机是一种能对角位移或角速度的偏差进行指示、传输及自动整步的感应式控制电机。它广泛用于随动控制系统中,作为角度的传输、变换和指示,通常是两台或多台组合使用。自整角机的作用是通过两台或多台电机在电路上的联系,使机械上互不相连的两根或多根转轴能够自动地保持同步转动。

　　在随动控制系统中,多台自整角机协调工作,其中产生控制信号的主自整角机称为发送机,接受控制信号、执行控制命令并与发送自整角机保持同步的自整角机称为接收机。

一、自整角机的分类

　　自整角机根据功能的不同可分为力矩式自整角机和控制式自整角机。

1. 力矩式自整角机

　　力矩式自整角机主要用于指示系统中。这类自整角机的特点是本身不能放大力矩,要带动接收机轴上的机械负载,必须由发送机一方的驱动装置供给转矩。力矩式自整角机只适用于接收机轴上负载很轻(如指针、刻盘等)、角度转换精度要求不高的控制系统中。

2. 控制式自整角机

　　控制式自整角机主要用于由自整角机和伺服机构组成的随动系统中。这类自整角机的特点是接收机转轴不直接带动负载,即没有力矩输出。当发送机和接收机转子之间存在角位差(即失调角)时,在接收机上将有与此失调角呈正弦函数关系的电压输出,此电压经放大器放大后,再加到伺服电动机的控制绕组中,使伺服电动机转动从而使失调角减小,直到失调角为零,使接收机上输出电压为零,伺服电动机立即停转。

二、自整角机的工作原理

　　图 5-25 为力矩式自整角机组成的工作原理图,系统中与主令轴相连的是发动机,与输出轴相连的是接收机。图 5-25 所示左方的为发送机,右方是接收机,并且它们结构参数一致。在工作过程中两台电机的励磁绕组并接在同一单相交流励磁电源上,它们的三相整步绕组彼此对应相序相连。为便于分析,规定励磁绕组与整步绕组的 A 相轴线的夹角 θ 作为转子位置角。此时,发送机转子的位置角为 θ_1,接收机转子位置角为 θ_2,则失调角

$$\theta = \theta_1 - \theta_2 \tag{5-17}$$

当 $\theta_1 = \theta_2$ 时,$\theta = \theta_1 - \theta_2 = 0$,系统中发送机和接收机的定子绕组中对应的电动势相互平衡,定子绕组中无电流流过,转子相对静止,系统处于协调位置。

　　当发送机转子逆时针转过 θ 角,接收机的转子尚未转动,即 $\theta_2 = 0$ 时,失调角 θ 不为零,发送机、接收机定子绕组相对应的电动机不平衡,产生电流,自整角机中出现整步转矩。由于发送机的转子与主令轴刚性连接,不能任意转动,所以整步转矩迫使接收机向失调角减小

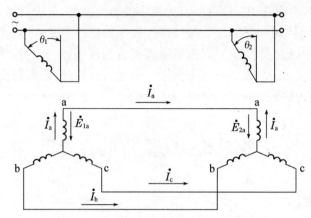

图 5 - 25　力矩式自整角机的工作原理图

的方向转动,直至 $\theta=0$。在主令轴与输出轴之间犹如有一根无形的轴,使输出轴跟着主令轴旋转,保持 $\theta=0$,即保持同步,转子停止转动,系统进入新的协调位置。可见,力矩式自整角机一旦出现失调角,便有自整步能力。

图 5 - 26 所示为液面位置指示器。浮子随着液面的上升或下降,通过绳索带动自整角机发送机转子转动,将液面位置转换成发送机的转角。自整角发送机和接收机之间通过导线远距离连接起来,于是自整角接收机转子就带动指针准确地跟随自整角发送机转子的转角变化而偏转,从而实现了远距离液面位置的指示。这种系统还以用于电梯和矿井提升机构位置的指示及核反应堆中的控制棒指示器等装置中。

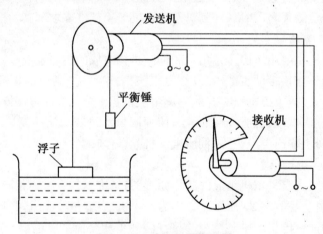

图 5 - 26　液面位置指示器

1. **控制式自整角机的工作原理**

控制式自整角机的工作原理如图 5 - 27 所示。由图 5 - 27 可知,在控制式自整角机系统中接收机的转子不接单相电源励磁,而与放大器连接。

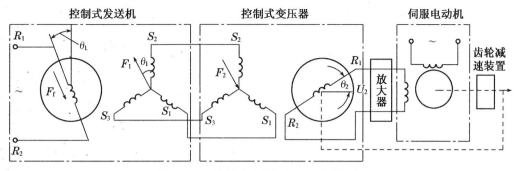

图 5 - 27　控制式自整角机的工作原理图

当发送机转子转过 θ 后，其定子绕组产生感应电动势，此电动势使发送机与接收机定子绕组产生电流，而分别在这两个定子绕组中建立合成磁通势 F_1 和 F_2。根据楞次定律，发送机定子绕组中产生的合成磁通势 F_1 与转子励磁磁通势 F_f 的方向相反，起去磁作用。因接收机中的定子电流与发送机的对应定子电流大小相等而方向相反，所以接收机定子绕组产生的合成磁通势 F_2 与发送机 F_1 的方向相反，即与 F_f 的方向相同，如图 5 - 27 所示。由 F_2 产生的与接收机转子绕组轴线重合的磁场分量将在接收机的转子绕组中产生感应电动势，因而产生供给放大器的电压为

$$U_2 = U_{2m}\sin(\theta_1 - \theta_2) = U_{2m}\sin\theta$$

式中，U_{2m} 为接收机转子绕组的最大输出电压。

由于控制式接收机运行于变压器状态，故称控制式变压器。其输出电压经放大器放大后输出至交流伺服电动机的控制绕组，使伺服电动机驱动负载同时带动控制式变压器的转子转动，直至 $\theta_1 = \theta_2$，即失调角 θ 为零。此时 $U_2 = 0$，放大器无电压输出，伺服电动机停止旋转，系统进入新的协调位置。

由上可见，控制式自整角机的负载能力取决于伺服电动机的功率，故能驱动较大负载。控制式自整角机与放大器及伺服电动机所组成的闭环系统提高了系统精度，同时控制式自整角机的结构在与力矩式自整角机相似的情况下，控制式发送机的定子绕组为正弦绕组，控制式变压器的转子为旋板式，嵌有单相正弦绕组，因此也提高了控制式自整角机的精度。

任务 5.6　开关磁阻电机的应用

一、开关磁阻电机 SRM(Switched Reluctance Motor)系统的结构

开关磁阻电机系统由开关磁阻电机本体和控制器组成，而控制器则主要由功率变换器和位置、电流监测器组成，参见图 5 - 28，SRM 即表示开关磁阻电动机。

图 5 - 29 所示是开关磁阻电机的典型结构原理图，电机为双凸极结构。转子仅由叠片叠压而成，即无绕组也无永磁体；定子各极上绕有集中绕组，径向相对极的绕组串联，构成一相，按相数可分为单相、两相、三相及多相 SRM 电机。S1、S2 是电子开关器件，VD1、VD2 是续流二极管，U_s 为直流电源。

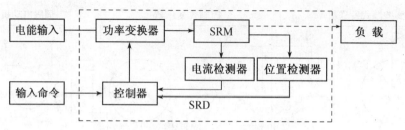

图 5‐28　开关磁阻电机驱动系统框图

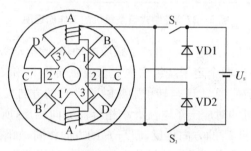

图 5‐29　开关磁阻电机的典型结构原理图

当主开关管 S1、S2 导通时,A 相绕组从直流电源 U_s 吸收电能;而当 S1、S2 关断时,绕组电流通过续流二级管 VD1、VD2,将剩余能量回馈给电源 U_s。因此,开关磁阻电机具有较强的再生制动能力,实现四象限运行,系统效率高。

SRM 电动机的工作原理为遵循磁阻最小原理,即磁通总是要沿磁阻最小的路径闭合,磁路有向磁阻最小路径变化的趋势。当转子凸极与定子凸极错位时,气隙大、磁阻大;一旦定子磁极绕组通电,就会形成对转子凸起的磁拉力,使气隙变小——磁路磁阻变小。与此同时,用电子开关按一定逻辑关系切换定子磁极绕组的通电相序,即可形成连续旋转的力矩。需要说明的是电动机的正转矩(电动转矩)是在电动机的电感增加阶段产生的,在电动机的电感减少阶段只会产生负转矩(制动转矩),所以电动机在电动运行时,每相绕组只有在该相电感处于增加阶段时才能通电,而该相电感处于减少阶段时则必须断电。

如图 5‐30 所示,定子 A 相磁极轴线 A‐A′ 与转子磁极轴线 1‐1′ 不重合时,开关 S1、S2 合上,A 相绕组通电,B、C、D 三相绕组不通电。这时,电动机内建立起以 A‐A′ 为轴线的磁场,磁通经定子轭、定子磁极、气隙、转子磁极、转子轭等处闭合。由于通电时定、转子磁极轴线不重合,此时通过气隙的磁力线是弯曲的,每根磁力线都被与其相连的定、转子沿磁力线方向相互吸引,产生切向磁拉力,进而产生电磁转矩,使转子逆时针转动,转子磁极 1 的轴线 1‐1′ 向定子磁极轴线 A‐A′ 趋近。参见图 5‐30(a),当 1‐1′ 与 A‐A′ 轴线重合时,转子已达到稳定平衡位置,即 A 相定子、转子磁极正对时,切向磁拉力消失,转子不再转动。此时 B 相磁极轴线 B‐B′ 与转子磁极轴线 2‐2′ 的相对位置,正好与刚才 A 相绕组通电时相同。此时若断开 A 相开关 S1、S2,合上 B 相开关,建立起以 B‐B′ 为轴线的磁场,电动机内磁场沿顺时针方向转过 π/4 空间角,又会出现类似于 A 相通电时的情况。在此期间,转子沿逆时针方向转过一个位置,使轴线 2‐2′ 与轴线 B‐B′ 重合,如图 5‐30(b)所示。同理在给 B 相断电的同时,给 C 相通电,则建立起以 C‐C′ 为轴线的磁场,磁场又顺时针方向转过 π/4 空间角,转子又沿逆时针方向转过一个位置,如图 5‐30(c)。接着又是 C 相断电,D 相通电,类似的情况又重复一次。最后,当D相断电时,电动机内定、转子磁极的相对位置如图5-30(d)所示,它与图5-29所示情况类似,只不过定子A相磁极相对的是转子磁极2而不再是磁极1。这表明,定子绕组A→B→C→D四相轮流通电一次,转子逆时针转过了一个转子极距。

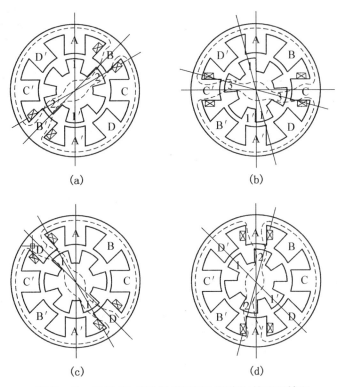

图5-30 四相SR电动机各相顺序通电时的磁场情况

在图示定子极数 $N_s=8$,转子极数 $N_r=6$ 的情况下,转子转动的极距为

$$\tau_r = \frac{2\pi}{N_s} = \frac{2\pi}{6} = \frac{\pi}{3}$$

定子磁极产生的磁场轴线顺时针转过的空间电角度 θ_s 为

$$\theta_s = 4 \times \frac{2\pi}{N_s} = 4 \times \frac{2\pi}{8} = \pi$$

只要连续不断地按 A→B→C→D 的顺序,分别给定子各相应绕组通电,产生沿 A→B→C→D 方向的移动磁场,转子即按 A→D′→C′→B′ 的方向反向不断移动。如改变通电相序,按 A→D→C→B→A 的相序依次通电,转子则按 A→B→C→D 的方向转动。可见,SRM电动机的转向与通过绕组的电流方向无关,而仅取决于定子绕组的通电顺序。

功率变换器是开关磁阻电动机运行时所需能量的供给者,是连接电源和电动机绕组的功率开关部件。功率变换器的作用:(1)开关作用,给各相定子绕组提供周期性的脉冲电流,产生一个移动的磁场为 SRM 电动机提供能量;(2)为绕组的储能提供回馈电能的续流通道。

功率变换器主电路的拓扑结构形式较多,典型的有双开关型、双绕组型、电源裂相型等。采用的开关器件通常有功率晶体管(GTR)、普通晶闸管(SCR)、可关断晶闸管(GTO)、功率场效应管（MOSFET）和绝缘栅双极性晶体管（IGBT）等。图 5‑31 为采用 IGBT 绝缘栅双极晶体管为开关器件的双开关型四相开关磁阻电动机功率变换器的主电路。

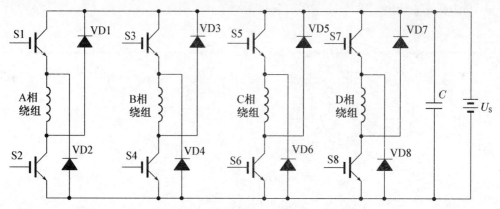

图 5‑31　双开关型功率变换器的主电路

图 5‑31 电路的特点是：(1) 各主开关管的电压定额为电源电压 U_s。主开关管的电压定额与电动机绕组的电压定额近似相等，所以这种线路用足了主开关管的额定电压，有效的全部电源电压可用来控制相绕组电流。而电源裂相型加在电机绕组两端的电压仅为电源电压的一半，即 $U_s/2$。(2) 各相绕组与主开关是串联的，从结构上排除了发生电源短路故障的可能，这是在变频调速系统中需要充分考虑的问题。(3) 每相绕组只是接至各自的桥臂上，相与相之间的电流控制是完全独立的，降低了控制的难度。(4) 可给相绕组提供 3 种电压回路：上、下主开关同时导通时的正电压回路；一只主开关保持导通另一只主开关关断时的零电压回路；上、下主开关均关断时的负电压回路。这样，采用斩波调速方式运行时可采用能量非回馈式斩波方式，即在斩波续流期间，相电流在零电压回路中续流，避免了电动机与电源间的无功能量交换，这对增加转矩、提高功率变换器容量的利用率、抑制电源电压波动、降低转矩脉动都有利。(5) 只要控制各相在不同电感区域内的瞬时电流，即能方便地实现四象限运行，无需辅助电力电子开关器件，故可降低系统成本。(6) 每相需要 2 只主开关器件和 2 只续流二极管，为双绕组型、电源裂相型功率变换器的两倍，只适宜应用在 SRM 电机相数较少的场合。

前已述及，是在电机的电感增加阶段，还是在电机的电感减少阶段通电提供电流，分别会产生电动转矩或制动转矩，这就需要借助于转子位置检测器检测定、转子间的相对位置，将位置信号反馈至逻辑控制电路，以确定对应相绕组的通断，使各相主开关器件进行相应的逻辑切换。

转子位置检测器的类型很多，有槽形光耦、电磁线圈、霍尔元件等。通常采用是在定子 A 相磁极轴线上安装一个槽形光耦 P，在偏向 B 相磁极距 P 光耦 15° 的位置处再安装一个槽形光耦 Q；在转子上同轴安装光电码盘，见图 5‑32。槽形光耦上相对装有发光二极管和光电晶体管，在带有齿槽的光电码盘随同电动机转子同步转动时，槽形光耦被不断地遮光和透光，光电晶体管不断地截止、导通，P、Q 依次

图 5‑32　转子位置检测器

输出相位差为 15°的方波信号，经数字电路即可识别出转子的位置。

开关磁阻调速电动机在低速运行时，常采用电流斩波控制，高速运行时常采用单脉冲控制，它们均需要进行电流检测，以调节转矩和限制绕组电流的幅度，并满足主电路过电流检测的需要。对电流检测传感器要求其快速性好、灵敏度高、线性好，能检测单向电流，与主回路有良好的电气隔离。可采用霍尔元件、磁敏电阻等进行电流的检测。

SRM 电动机的运行离不开控制器，它是实现 SRM 电动机自同步运行和发挥优良性能的关键。它综合位置检测器、电流检测器提供的电机转子位置、速度和电流等反馈信息，以及外部输入的命令，然后通过分析处理，决定控制策略，向 SRM 系统的功率变换器发出一系列开关信号，进而控制 SRM 电动机的运行。

现代的控制器采用以高性能微控制器为核心的数字化控制系统，由具有较强的信息处理功能的 CPU 和数字逻辑电路及接口电路等部分组成，配合软件实现各种控制策略，使得开关磁阻电机在成本、效率、调速性能等与当前广泛应用的变频调速感应电动机系统相比，具有明显的优势或竞争力。

二、开关磁阻电动机调速系统的特点

对开关磁阻电机的理论研究和实践证明，该系统具有以下显著的特点：

（1）电动机结构简单、坚固、制造工艺简单，成本低，可工作于极高转速；定子线圈嵌放容易，端部短而牢固，工作可靠，能适用于各种恶劣、高温甚至强振动环境。

（2）由于转子无绕组，铜损主要产生在定子，电动机易于冷却；转子亦无永磁体，而无高温退磁现象，使得开关磁阻电动机可允许有较高的温升。

（3）由于开关磁阻电动机的转矩方向与电流方向无关，从而可最大限度简化功率变换器，可降低系统成本。

（4）开关磁阻电动机的功率变换器不会出现上、下桥臂的直通故障，相对变频调速的主电路而言可靠性要高得多。

（5）开关磁阻电动机的启动转矩大，低速性能好，启动电流仅为其额定的电流的 30% 左右，而无感应电动机在启动时所出现的冲击电流现象。与其他类型的电动机相比，开关磁阻电动机可工作于堵转状态下，而不会烧坏电机。

（6）调速范围宽，控制精度高，可与直流调速系统相媲美，易于实现各种特殊要求的转矩-速度特性。

（7）开关磁阻电动机在宽广的转速和功率范围内都具有很高的效率，已全面超过了高效变频调速感应电动机。

（8）开关磁阻电动机能方便地实现软启动和四象限运行，具有较强的再生制动能力。

（9）开关磁阻电动机具有无刷结构，适合在高粉尘、高速、易燃易爆等恶劣环境下运行。

（10）开关磁阻电动机具有相对较大的噪声，在低速运行时还具有较大的转矩脉动，这是其存在的主要问题；随着开关磁阻电机的结构、控制策略的不断完善，这些问题均会得到解决。

几种常见调速系统的主要性能、经济指标比较见表 5-2。

表 5 - 2 几种常见调速系统的主要性能、经济指标比较表

比较项目 \ 系统类型		磁调速系统	直流调速系统	PWM 变频调速系统	开关磁阻调速系统
成本		0.8	1.0	1.5	1.0
效率 %	额定转速	75	76	77	83
	1/2 额定转速	38	65	65	80
电动机容量/体积		0.8	1.0	0.9	>1.0
控制能力		0.3	1.0	0.5	0.9
控制电路复杂性		0.2	1.0	1.8	1.2
可靠性		1.3	1.0	0.9	1.1
噪声(dB)		69	65	74	74

由表 5 - 2 可看出,开关磁阻电机调速系统的大多数性能优于其他的调速系统,正在引起人们关注,具有良好的发展前途。

三、开关磁阻电机的应用

开关磁阻电机具有优良的技术和经济性能,故具有广阔的应用前景,它可以应用在各行各业中,如家用电器中的电机变速传动,电动自行车、工矿电机车、电瓶车的电气调速牵引,节能型风机和水泵的变速传动,地铁、轻轨列车、城市有轨或无轨电车、电动汽车的电气牵引,机床、矿山机械设备上的高性能电机拖动等领域。

思考与训练

知识检验

1. 为什么交流测速发电机输出电压的大小与电机转速成正比,而频率与转速无关?

2. 若直流测速发电机的电刷没有放在几何中心线上,这时电机正、反转时的输出特性是否一样?为什么?

3. 什么是交流测速发电机的剩余电压?简要说明剩余电压产生的原因及其减小方法。

4. 为什么直流测速发电机的负载电阻阻值应等于或大于负载电阻的规定值?

5. 伺服电动机的作用是什么?

6. 交流伺服电动机的自转现象是指什么?如何消除?

7. 若直流伺服电动机的励磁电压下降,将对电机的机械特性和调节特性产生哪些影响?

8. 直流伺服电动机常用什么控制方式?为什么?

9. 旋转变压器是怎样的一种控制电机?常应用于什么控制系统?

10. 旋转变压器定子上的两套绕组在结构和空间位置上关系如何?旋转变压器一般做成几对极?

11. 力矩式自整角机和控制式自整角机工作原理上各有何特点?各适用于怎样的随动系统?

答案?扫扫看

12. 步进电动机的转速与哪些因数有关?如何改变其转向?

13. 什么是步进电动机的步距角?三相反应式步进电动机的步距角如何计算?

项目6　电动机的选择

任务6.1　电动机的选择原则

电动机是煤矿机械电力拖动系统的核心。正确选用电动机,是系统运行可靠、工作安全、经济合理的前提。所以应根据生产机械的运行特点、工作要求、机械功率,电动机的工作方式等,经过计算与经济分析才能合理的选配电动机,满足生产过程的要求。

一、电动机的工作方式

根据电动机的发热情况,电动机的工作方式可分为连续工作方式、短时工作方式和间歇工作方式。

1. 连续工作方式

连续工作方式电动机的特点是工作时间很长,其工作温度可达到相应的温升稳定值,如矿山通风、压气、排水、提升等设备的拖动电动机属于这种工作方式的电动机。其简化负载图及温升曲线如图 6-1(a)所示。这种电动机可满足长时工作生产机械的需要,也可用于短时工作或间歇工作方式。

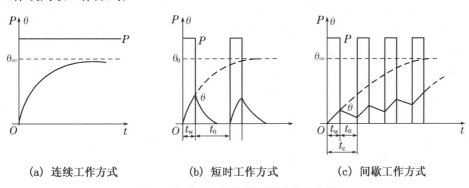

(a) 连续工作方式　　　(b) 短时工作方式　　　(c) 间歇工作方式

图6-1　电动机的负载及温升变化曲线

2. 短时工作方式

短时工作方式电动机的运行特点是工作时间 t_w 较短,在一次运行后,停歇时间 t_0 较长,其温升达不到稳定值,如小水窝水泵、电动风门等设备所用的电动机。其负载变化图与温升曲线如图 6-1(b)所示。这类生产机械可选用短时工作方式的电动机。这种电动机在规定的短时工作条件下,不会超过允许温升。常用的短时定额电动机的时间标准为 10、30、60、90 min。

3. 间歇工作方式

间歇工作方式的电动机,其工作时间 t_w 和停歇时间(或空载运行时间)t_0 重复交替,且循环周期不超过 10 min。电动机在工作时间内温度上升,在停歇时间内温度又下降。因此在整个运行过程中,电动机温度不断上、下波动,且逐渐升高。其负载变化图及温升曲线如图6-1(c)所示。这类工作方式的生产机械有电铲、起重机、电梯等。间歇工作的生产机械,可根据实际工作情况选用间歇定额的电动机。

二、电动机的选择原则

为满足拖动系统运行安全可靠、经济合理的基本要求,电动机的选择应遵循以下基本原则。

1. 电动机的性能应满足生产机械的要求

根据生产机械的特性和要求,所选电动机与生产机械的特性曲线之间要有稳定的工作点,以保证系统能可靠运行;对需要经常平滑启动和有较大调速范围的生产机械,可根据实际生产情况进行经济技术比较后,选用启动性能和调速性能较好的直流他励电动机或绕线型交流电动机,以满足生产机械性能的要求。当选用鼠笼型交流电动机时,应考虑电源容量是否能满足电动机启动性能的要求。

2. 电动机的结构要适应生产机械的工作条件

电动机的结构形式分开启式、防护式、封闭式和防爆式等。

开启式电动机两侧端盖上有较大的开口,故具有较好的散热条件,但对电动机的转动部分和带电端子没有专门的防护,所以这种电动机只能用于工作环境干燥、无粉尘飞扬的生产机械。

防护式电动机可以防止一定方向的水滴、水浆或固体物质落入电动机内部,但散热条件比开启式电动机差,多用于工作条件较差的生产机械。

封闭式电动机的机壳为密封防护,它可以防止灰尘、滴水或固体物质进入电动机内部,但由于其内部空气不能与外界流通,故散热条件较差,适用于工作环境潮湿、粉尘较大的生产机械。

防爆式电动机具有严密的防爆外壳,当电动机内部发生火花引起爆炸时,不会波及电动机外部,故可用于有爆炸危险的场所。

3. 电动机的容量要与生产机械相适应

电动机容量的选择原则应在满足生产机械要求的条件下,最经济、合理地确定电动机功率。如果电动机功率选的太大,不仅会造成投资费用高,而且长期工作在欠载下的电动机,会因其效率和功率因数较低而增加运行费用造成浪费;若电动机容量选的太小,会使电动机长期超载运行,造成电动机过热和绝缘材料提前老化而缩短寿命。因而,电动机的容量必须根据负载运行情况合理选用。

选择电动机容量时,应满足下述三方面的要求。

(1) 电动机在规定运行方式(长时、短时)工作时,其温升应接近但不超过其绝缘材料的最高允许温度。

电动机的寿命取决于绝缘材料的老化程度。而绝缘材料的老化过程与温度有很大关系,温度越高,绝缘材料老化过程越快,但它们之间不是线性关系。实验证明,绝缘材料在老化过程中有一定的温度界线,当温度在此界线之内时,绝缘材料的老化过程较慢;当温度超出此界线时,老化过程急剧加快。这一温度界线就称为绝缘材料的最高允许温度。例如对于 A 级绝缘材料,每当温度超过允许温度的 8~10 ℃时,其寿命将减少一半左右。当温度过高时,绝缘材料将会碳化、变质,失去绝缘性能,从而烧坏电动机。

常用电动机的绝缘材料,根据最高允许温度的不同,分为 A、E、B、F、H 5 个等级,其最高允许温度分别为:A 级,105 ℃;E 级,120 ℃;B 级,130 ℃;F 级,155 ℃;H 级,180 ℃。

电动机的额定功率是在环境温度为 40 ℃的条件下确定的。即当电动机在额定工作方式(即额定电压、额定负载及规定运行方式)下,绝缘材料的温度升高到最高允许温度时,电动机输出的最大功率,即为电动机的额定功率。可见当环境温度低于 40 ℃时,其输出功率可略高于额定功率;反之,当环境温度较高时,要使电动机功率降低,方能保证其绝缘材料的温度在最高允许温度范围之内。

在实际工作中,常把电动机温度与周围环境温度之差称为温升。而电动机铭牌上所标的温升,是指绝缘材料的最高允许温度与 40 ℃之差,即称为额定温升。如电动机采用 E 级绝缘材料,其最高允许温度为 120 ℃,其铭牌上标称的温升为 80 ℃,故在使用中应加以区别。

(2)电动机应具有一定的过载能力。电动机在实际应用中,会因电网波动、负载变化等原因,造成电动机过载。为保证电动机在短时过载的情况下能正常工作。选择电动机时应考虑其过载能力 $\lambda = \dfrac{M_{\max}}{M_N}$,当 λ 不能满足负载的要求时,要选用功率较大的电动机。

(3)电动机启动转矩应满足生产机械的要求。对于启动转矩小,而又不能改变机械特性的鼠笼型电动机,应考虑其启动转矩能否满足生产机械的要求。若不能满足时,应选用功率较大的电动机;对于绕线式交流电动机或直流电动机,由于它们的启动转矩可通过改变其机械特性进行调节,故可不考虑启动转矩的要求。

由电动机选择原则可见,电动机的选择是以生产机械的工作要求和工作条件,确定电动机的种类、结构、额定电压、转速等基本规格;以发热条件为基础,确定电动机的容量,并进行经济技术比较后,最后确定所选电动机、以满足拖动系统工作安全可靠、运行经济合理的要求。

任务 6.2　常用生产机械电动机的选择

一、空气压缩机电动机的选择

1.电动机的选择

空气压缩机采用的拖动电动机是是由主机制造厂成套供应的。其功率在 200 kW 以下均采用低压供电,功率在 200 kW 以上可采用高压供电。低压供电时,功率较大的可配置绕线式交流电动机(如拖动 4 L—20/8 型空压机的 130 kW 电动机);功率较小者一般配鼠笼式电动机。采用高压供电的拖动电动机时,对于大型活塞式空压机,由于其曲轴转速较低,若采用低速异步电动机,将使转子功率因数很低,对电网运行不利,故采用刚性连接、直接拖动的低速同步电动机。采用同步电动机后,不但可满足空压机低速运行的要求,而且还可向电网输送超前的无功功率,提高矿井供电系统的功率因数。

当空压机原电动机需要更换时,选配电动机的容量可按下式计算

$$P=\frac{Q}{1\,000\eta\eta_i}\frac{W_i+W_a}{2}(\text{kW}) \qquad (6-1)$$

式中,P 为空气压缩机电动机的轴功率,kW;Q 为空气压缩机排气量,m³/s;η 为空气压缩机效率,活塞式空压机一般取 0.7~0.8(大型空压机取大值,小型空压机取小值),螺杆式空压机一般取 0.5~0.6;η_i 为传动效率,直接连接取 $\eta_i=1$,三角带连接取 $\eta_i=0.92$;W_i 为等温压缩 1 m³ 空气所做的功,N·m/m³;W_a 为等热压缩 1 m³ 空气所做的功,N·m/m³。

W_i 及 W_a 的数值见表 6-1。

表 6-1 W_i 及 W_a 的数值表(N·m/m³)

项　目	排气绝对压力(MPa)							
	0.3	0.4	0.5	0.6	0.7	0.8	0.9	1.0
W_i	110 000	139 000	161 000	179 000	195 000	208 000	220 000	230 000
W_a	129 000	171 000	205 000	235 000	261 000	286 000	307 000	327 000

当选配鼠笼型电动机时,要考虑电网容量及电动机启动压降是否满足要求,当启动压降较大时,可采用 Y—△方式控制电路。

2. 空气压缩机年电耗

空气压缩机年电耗量 W 可由下式估算

$$W=\frac{Q}{1\,000\eta\eta_i\,\eta_M\eta_s}\frac{W_i+W_a}{2}T(\text{kW·h}) \qquad (6-2)$$

式中,η_M 为电动机效率,一般取 0.9~0.92;η_s 为电网效率,一般取 0.95;T 为空压机有效负荷年工作小时。

二、通风设备电动机的选择

1. 通风设备拖动电动机的功率计算公式

$$P=K\frac{QH}{1\,000\eta\eta_i}(\text{kW}) \qquad (6-3)$$

式中,K 为电动机功率备用系数,一般取 1.1~1.2;Q 为通风机工况点风量,m³/s;H 为通风机工况点风压,轴流式通风机用静压,离心式通风机用全压,Pa;η 为通风机工况点效率,可由通风机性能曲线查得;η_i 为传动效率,联轴器传动取 0.98,三角皮带传动取 0.92。

2. 电动机选择时的注意事项

(1)当采用同步电动机拖动时,对于轴流式通风机还要进行牵入转矩的校验,以保证同步电动机异步启动时的转差率能达到 0.05,使同步电动机投入励磁后,能将转子牵入同步。其校验公式为:

$$M_q\geqslant(1.2\sim1.4)M_n \qquad (6-4)$$

(2)采用调节叶片角度实现反风运行的风机,应校验反风运行时电动机的功率。

(3)对于如轴流式通风机一类重载启动的设备,鼠笼型电动机和同步电动机的额定功率应按启动条件校验;

(4)当电动机使用地点的海拔和冷却介质温度与规定的工作条件不同时,其额定功率应按制造厂的资料予以校正。

（5）通常选用笼型异步电动机作为主传动电动机，具有价廉、容易运行操作、方便维护等许多优点。与鼠笼型异步电动机相比，同步电动机可以输出无功功率，效率较高，因而可根据所在系统无功负荷的大小和分布，价格等因素决定较大容量的主传动电动机是否选用同步电动机。仅当风机转动惯量较大或电网容量较小时，笼型异步电动机和同步电动机均不能满足启动要求或加大功率不合理时，可选用绕线型异步电动机。

（6）当对电动机调速性能有特殊要求时，电动机类型应结合调速方式根据技术经济比较确定。

（7）当电动机容量小于 200 kW 时，选用 380 V 或 660 V 电压等级；容量大于 400 kW 时，选用 6 kV 或 10 kV 电压等级；容量在 200 kW 至 400 kW 之间时，应通过技术经济比较确定电压等级。

（8）选用同步电动机时，应根据通风机的转向对电动机旋转方向提出要求。当采用通风机反转反风时，电动机应能满足可逆转的要求。

3. 通风机年耗电量 W 估算公式

$$W = \frac{QH}{1\,000\eta\eta_i\eta_M\eta_s}T \tag{6-5}$$

式中，η_M 为电动机效率；η_s 为电网效率，一般取 0.95；T 为通风机全年工作小时数。

三、矿井主排水泵电动机的选择

1. 电动机的选择

根据排水设备的机械特性，鼠笼型电动机可满足其工作要求，而且具有效率高，价格低等优点，应首先考虑。如果电网容量较小，不能直接启动时，可采用电抗器降压启动，也可选用绕线式交流电动机，但要通过经济技术比较后确定。另外，还应根据泵房工作条件及水泵的安装方式，选用相应防护型的电动机。

排水设备拖动电动机的功率可按下式计算

$$P = \frac{K\gamma QH}{1\,000\eta}(\text{kW}) \tag{6-6}$$

式中，K 为电动机功率备用系数，一般取 1.1～1.5；γ 为矿水相对密度，N/m^3；Q 为水泵在工况点的流量，m^3/s；H 为水泵在工况点的扬程，m；η 为水泵在工况点的效率。

井下设置的主排水泵多用矿用防爆型电动机施动；选用鼠笼型电动机时，电动机容量不大于变压器容量的 30%，启动时的电压降不大于额定电压的 15%；当排水量较大、电动机功率 200 kW 以上时，可选用高压电动机，以保证排水设备的正常启动和运行。

2. 排水电耗估算

水泵年排水量的电耗 W，可按下式估算

$$W = \frac{\gamma QH}{1000\eta\eta_M\eta_s}(Z_N N_N T_N + Z_m N_m T_m)(\text{kW} \cdot \text{h}) \tag{6-7}$$

式中，η_M 为电动机效率；η_s 为电网效率，一般取 0.95；Z_N、Z_m 分别为正常涌水期和最大涌水期天数；N_N、N_m 分别为正常涌水期和最大涌水期开泵台数；T_N、T_m 分别为正常涌水期和最大涌水期每台水泵一昼夜工作小时数。

四、提升机电动机的选择

提升机电动机的选择，一般先用估算法预选电动机容量，然后再根据提升工作图进行校

验。当电动机选定后再进行电耗估算。

1. 电动机的选择

对于斜井提升的拖动电动机，其轴功率估算公式为

$$P=\frac{K \cdot Fv_{m}}{1\,000\eta_i}(\mathrm{kW}) \tag{6-8}$$

式中，K 为矿井阻力系数，取 1.2；F 为提升机实际使用时的最大静张力差，N；v_m 为最大提升速度，m/s；η_i 为减速器传动效率，直联传动时取 1。

对于立井提升的拖动电动机，其轴功率估算公式为

$$P=\frac{K \cdot Qv_{m}}{1\,000\eta_i}\rho(\mathrm{kW}) \tag{6-9}$$

式中，K 为矿井阻力系数，罐笼提升取 1.2，容量在 20 t 以下的箕斗提升取 1.15，容量在 20～50 t 带滚动罐耳的箕斗多绳提升取 1.1；Q 为有效提升重量，N；v_m 为最大提升速度，m/s；η_i 为减速器传动效率，直联动时取 1；ρ 为动力系数，对于非翻转箕斗提升取 1.3～1.4，对于翻转箕斗提升取 1.4～1.5，对于非翻转罐笼提升取 1.5～1.6，多绳提升设备取 12～13。

由上式求得电动机轴功率后，所选电动机的实际容量要比以上计算值大 10%，然后根据电动机产品目录确定电动机容量。

当提升机采用交流拖动时，电动机功率在 200 kW 以下，可选用低压电动机；电动机功率在 250 kW 以上，选高压电动机；当电动机功率在 200～250 kW 时，可根据经济技术比较后确定选高压或低压电动机。

当提升机采用直流拖动时，单机拖动可选用额定电压为 700～1 000 V 直流电动机；双机拖动一般选用额定电压为 500 V 的电动机。用于提升机的主电动机均要有补偿绕组。对于晶闸管变流装置供电的直流电动机，由于变流后的电源为脉冲直流，要选用专用的直流拖动电动机。

2. 提升电动机校验

电动机的容量、规格、型号初选后，要根据提升工作图对电动机容量、过载能力进行校验。

1) 根据电动机允许温升条件检验

按提升工作图每阶段的运行时间及等效力的大小，计算电动机的等效功率 P_d，其计算公式为

$$P_d = \frac{\sum Fv_m}{1\,000\eta_i} \tag{6-10}$$

式中，$\sum F$ 为提升工作图各阶段的等效力之和，N；

则要求

$$P_N \geqslant P_d \tag{6-11}$$

式中，P_N 为所选电动机额定功率，kW。

2) 工作过负荷校验

电动机工作过负荷可按下式校验

$$\frac{F_{\mathrm{m}}}{F_{\mathrm{N}}} \leqslant 0.75\lambda \qquad (6-12)$$

$$F_{\mathrm{N}} = \frac{1\,000 P_{\mathrm{N}} \eta_i}{v_{\mathrm{m}}} \qquad (6-13)$$

式中，F_{m} 为提升工作图中最大拖动力，一般出现在提升机的主加速阶段，N；F_{N} 为电动机的额定拖动力，N；λ 为电动机的过载系数。

3）特殊过负荷校验

当提升机更换水平调绳时，会出现特殊过负荷。

特殊过负荷可按下式校验

$$\frac{F_{\mathrm{m}}}{F_{\mathrm{N}}} \leqslant 0.9\lambda \qquad (6-14)$$

$$F_t = \rho(Q_z + pH) \qquad (6-15)$$

式中，F_t 为特殊提升力，N；ρ 为动力系数，取 1.1；Q_z 为提升容器自重，N；p 为提升钢丝绳每 m 重量，N/m；H 为提升高度，m。

经校验，若以上 3 个条件不能同时满足，应重新选择容量较大的电动机。

3. 提升机电耗估算

1）交流提升吨煤电耗计算

交流提升吨煤电耗 W_t 应根据工作图计算，其计算公式为

$$W_t = \frac{v_{\mathrm{m}} \sum F_i t_i}{3\,600 \times 1\,000 \eta_M \eta_i Q} \ (\mathrm{kW \cdot h/t}) \qquad (6-16)$$

式中，$\sum F_i t_i$ 为工作图各阶段电动力 F_i 与相应时间 t_i 的乘积之和，N·s；Q 为提升容器有效载重，t。

对于采用自由滑行或机械制动的减速段，因不消耗电能，不应计入该阶段的电耗；如采用动力制动时，只计入直流电源设备的电耗；采用低频拖动时，应减去制动阶段返回电网的电能。

2）直流拖动吨煤电耗计算

直流提升吨煤电耗 W_t 可由下式计算

$$W_t = \frac{\sum P_i t_i}{3\,600 Q \eta_M \eta_i \eta_y} \ (\mathrm{kW \cdot h/t}) \qquad (6-17)$$

式中，$\sum P_i t_i$ 为提升工作图各阶段，电动机功率 P_i 与相应时间 t_i 的乘积之和，kW·s；Q 为提升容器有效载重，t；η_y 为直流电源效率，发电机组取 0.8 左右；晶闸管变流装置取 0.9。

由于减速阶段电动机工作在发电反馈状态，故吨煤电耗应减去该阶段返回电网的电能。

3）提升机年电耗量计算

主提升机年电耗 W 的计算公式为

$$W = 1.05 W_t Q_1 \qquad (6-18)$$

式中，Q_1 为主提升机年提升量，t；W_t 为提升吨煤电耗量，kW·h/t；1.05 为辅助电气设备电

耗系数。

副井提升年电耗 W_g 的计算公式为

$$W_g = 1.05 \times 1.15 W'_t Q_2 \tag{6-19}$$

式中，W'_t 为提升 1 t 矸石的电耗，kW·h/t；Q_2 为提升机年提升矸石量，t；1.15 为升降人员、下放材料等辅助提升电耗系数。

提升煤炭、矸石、下放材料、运送人员等混合提升时，年电耗 W_h 的计算公式为

$$W_h = (1.1 \sim 1.2) W_t Q_3 \tag{6-20}$$

式中，Q_3 为提升机年提升量，包括煤、矸石等，t；W_t 为提升吨煤电耗量，kW·h/t；1.1～1.2 为升降人员、下放材料等辅助提升电耗系数。

思考与训练

知识检验

1. 电力拖动系统中电动机的选择包括哪些内容？其中最主要的是什么？

2. 两台同样的电动机，如果通风冷却条件不同，那么它们的发热情况是否一样？为什么？

3. 电动机的工作制有哪几种？各有什么特点？

4. 连续工作制下电动机功率选择的一般步骤是什么？

5. 电动机周期性地工作 15 min、休息 85 min，其负载持续率 $Z_C\% = 15\%$ 对吗？它应属于哪一种工作方式？

6. 短时工作制负载可选择哪几种电机？选择的方法是什么？

7. 断续周期工作负载可选择哪几种电机？选择的方法是什么？负载持续率的含义是什么？

8. 如何选择连续工作制周期性变化负载时电动机的功率？

9. 将一台连续工作制电动机用于短时工作制负载时，其输出功率可以增大，它的过载能力如何变化？为什么？

10. 有一抽水站，欲将河水抽到 20 m 高的渠道中去，泵的流量是 600 m³/h，转速为 1 450 r/min，效率为 0.63，泵与电动机直接相连，水的密度为 9 810 N/m³，环境温度最高为 40 ℃，现有功率为 22、30、37、45、55、75、90 kW 的鼠笼式电动机，试问选择哪一台比较合适？

答案？扫扫看

附录

附表1 单相异步电动机的常见故障及处理

故障现象	可能原因	处理方法
电动机不能启动	(1) 电源未接通； (2) 引线开路； (3) 主绕组或辅助绕组工路； (4) 离心开关触点合不上； (5) 罩极绕组接触不良； (6) 电容器损坏； (7) 轴承紧力太大或有偏心情况； (8) 定、转子相互摩擦； (9) 负荷过重。	(1) 检查电源及其回路； (2) 接好引线； (3) 用表计测量,若为引线头断线,则可重新焊接;若为磁极处断线,则需重绕绕组； (4) 拆开修理离心开关； (5) 重新焊接； (6) 更换同规格的电容器； (7) 重新调整轴承； (8) 检查安装质量(如端盖是否在安装中造成偏心),检查轴承是否磨损太大； (9) 减轻负荷。
空载时能启动,或在外力帮助下能启动,但制动迟缓,且转向不定	(1) 辅助绕组开路； (2) 离心开关触点合不上； (3) 电容器损坏。	(1) 检修辅助绕组； (2) 拆开修理离心开关； (3) 更换同规格的电容器。
电动机过热	(1) 主绕组短路或接地； (2) 定、转子气隙中有杂物； (3) 轴承缺油或损坏； (4) 绕组极性接反； (5) 轴承与转轴紧力太大； (6) 机械部分不灵活； (7) 主、辅助绕组相互接错； (8) 启动后离心开关触点断不开,使启动绕组长期运行而发热,甚至烧毁。	(1) 检修或重绕绕组； (2) 清除杂物； (3) 加油或更换轴承； (4) 改正接线； (5) 用绞刀适当绞松轴承内孔； (6) 检查机械部分； (7) 检查并改正主、辅助绕组接线； (8) 拆开检修离心开关。
转速降低	(1) 主绕组短路； (2) 轴承磨损或缺油,造成阻力转矩加大； (3) 电源电压太低； (4) 电容器损坏； (5) 主绕组内有几极反接或绕组接错； (6) 启动后离心开关触点断不开。	(1) 重绕主绕组； (2) 更换轴承或加油； (3) 检查电源电压； (4) 更换同规格的电容器； (5) 改正主绕组接线； (6) 拆开检修离心开关。
电动机振动加大	(1) 和被连接的机械负载之间中心未校好； (2) 各处螺丝未拧紧； (3) 有严重的匝间短路现象； (4) 转轴弯曲。	(1) 重新校中心； (2) 拧紧螺丝； (3) 用万用表分别测量每个绕组的直流电阻,找出有匝间短路现象的绕组,并重绕绕组； (4) 更换转轴。

续表

故障现象	可能原因	处理方法
电动机噪声太大	(1) 绕组短路或接触地； (2) 轴承损坏； (3) 轴向间隙太大； (4) 有杂物侵入电动机内； (5) 离心开关损坏。	(1) 检修或重绕绕组； (2) 更换轴承； (3) 调整轴向间隙； (4) 清除杂物； (5) 检修或更换离心开关。
电动机外壳带电	绝缘损坏	更换损坏绕组,若引线绝缘破损,则包扎绝缘带

附表 2 三相异步电动机常见故障及处理

故障现象	可能原因	处理方法
电源接通后不能启动	(1) 电源无电压或断线； (2) 定子或转子回路有断路或短路、接地、线头焊接不良等现象； (3) 负荷过重或有卡阻现象； (4) 定子绕组接线错误。	(1) 检查电源和开关； (2) 找出断路、短路和接地处并进行处理,检查线头焊接情况； (3) 此时电动机发出发闷的响声,减轻负荷或消除导致卡阻的因素； (4) 此时电动机发出异常响声,核对定子绕组接线。
电源接通后电动机尚未启动,熔丝即爆断或自动开关即脱扣	(1) 线路或绕组有接地相间短路现象； (2) 保险丝过小； (3) 定子绕组一相反接或 Y 形接法错接成△形接法； (4) 过载保护设备无延时作用； (5) 滑环或启动电阻器在启动时短路,或转子内有短路处； (6) 过电流脱扣器的瞬时整定值太小； (7) 脱扣器某部件损坏。	(1) 查出故障点并进行修理； (2) 适当加粗； (3) 改正接线； (4) 加装延时设备； (5) 将手柄放到启动位置后通电,将短路处修好； (6) 调整瞬时整定值； (7) 更换脱扣器或损坏的部件。
运行中声音不正常	(1) 定子与转子之间有摩擦； (2) 电动机两相运行； (3) 轴承损坏或严重缺油。	(1) 用听音棒检查,停机解体检查轴承、风叶、铁芯片及转子轴等部位,并消除摩擦； (2) 检查保险丝,用万用表或兆欧表检查绕组或接线头是否有断路现象； (3) 用听音棒检查,且轴承发热,更换轴承或加润滑油。
空载电流偏大(正常空载电流约为额定电流的20%～50%)	(1) 电源电压过高； (2) 将 Y 形接法接线错接成△形接法； (3) 修理时绕组内部接线有误,如将串联绕组并联； (4) 装配质量问题,轴承缺油或损坏,使电动机机械损耗增加； (5) 检修后定、转子绕组线径取得偏小； (6) 修理时定子绕组张径取得偏信小； (7) 修理时匝数不足或内部极性接错； (8) 绕组内部有短路、断路或接地故障； (9) 修理时铁芯与电动机不相配。	(1) 若电源电压常超出电网额定值的5%,可向供电部门反映,调节变压器分接开关； (2) 改正接线； (3) 纠正内部绕组接线； (4) 拆开检查,重新装配,加润滑油或更换轴承； (5) 打开端盖检查,并予以调整； (6) 选用规定的线径重绕； (7) 按规定匝数重绕绕组,或核对绕组极性； (8) 查出故障点,处理故障处的绝缘。若无法恢复,则应更换绕组； (9) 更换成原来的铁芯。

续表

故障现象	可能原因	处理方法
空载电流偏小（小于额定电流的20%）	(1) 将△形接法接线错接成 Y 形接法； (2) 修理时定子绕组线径取得偏小； (3) 修理时绕组内部接线有误，如将并联绕组串联。	(1) 改正接线； (2) 选用规定的线径重绕； (3) 纠正内部绕组接线。
电动机带负荷时转速低于额定值，电流表指针来回摆动。	(1) 电源电压过低； (2) 负荷过重； (3) 启动电压不合适或启动方法不适当； (4) 转子鼠笼条断裂； (5) 绕线型转子一相断路； (6) 转子回路启动电阻器一相断路； (7) 电刷与滑环接触不良。	(1) 检查电源电压； (2) 适当减轻负荷； (3) 改变启动电压或启动方法； (4) 焊接断条（对于铜条）或更换铸铝转子； (5) 用万用表或兆欧表检查； (6) 修理启动电阻，排除断路故障； (7) 调整电刷压力，检查电刷与滑环接触情况。
三相电流不平衡	(1) 电源电压不平衡； (2) 修理时将各相绕组首尾端或绕组中部分线圈接反； (3) 修理时各相绕； (4) 绕组匝间短路或接地； (5) 多路并联绕组中个别支路断线。	(1) 检查电源电压； (2) 改正接线； (3) 重新绕制； (4) 查出短路或接地点，并予以消除； (5) 查出断线处，重新焊接，并做好绝缘处理。
电动机振动大（电动机允许振动值见附表3)	(1) 转子不平衡； (2) 电动机和被带动机械中心未较好； (3) 机座螺钉松动； (4) 转轴弯曲； (5) 轴承磨损； (6) 定子铁芯装得不紧； (7) 风扇叶片损坏。	(1) 校正平衡； (2) 重新校中心； (3) 拧紧机座螺钉； (4) 校直或更换转轴； (5) 更换轴承； (6) 装紧定子铁芯； (7) 检查风叶并予以更换。
电动机轴向窜动	对于滑动轴承的电动机，为装配不良。	拆下检修，电动机轴向允许窜动量见附表4。
电动机温升过高或冒烟	(1) 电源电压过高或过低； (2) 三相电压严重不平衡； (3) 环境温度过高； (4) 通风系统阻塞； (5) 机械负载过重； (6) 轴承润滑不良或卡锁； (7) 正、反转过于频繁； (8) 定子、转子两相运行； (9) 绕组匝间或相间短路或接地。 (10) 定子、转子摩擦； (11) 电动机接法错误。	(1) 检查电源电压； (2) 检查电源电压及开关等接触情况； (3) 改善通风条件，降低环境温度； (4) 吹灰清扫，清除杂物，对不可逆电动机，应核对旋转方向； (5) 减轻机械负载或换成较大容量的电动机； (6) 加润滑油或更换不良轴承； (7) 正确选择电动机或改变工艺； (8) 解体检修，消除断路故障； (9) 解体检修，消除故障点； (10) 测量定子、转子间隙，消除摩擦故障，检查装配质量及轴承情况； (11) 立即停机改接。

续表

故障现象	可能原因	处理方法
Y-△开关启动,Y位置时正常,△位置时电动机停转呀三相电流不平衡	(1) 开关接错,△位置时三相不通; (2) 位置时开关接触不良,成 V 形联接。	(1) 改正接线; (2) 将接触不良的接头修好。
电动机外壳带电	(1) 接地电阻不合格或接地线断路; (2) 绕组绝缘损坏; (3) 接线盒绝缘损坏或灰尘太多; (4) 绕组受潮。	(1) 测量接地电阻,接地线必须良好,接地应可靠; (2) 修补绝缘,再经浸漆烘干; (3) 更换或清扫接张盒; (4) 干燥处理。
绝缘电阻只有数十千欧到数百欧,但绕组良好	(1) 电动机受潮; (2) 绕组等处有电刷烩末(绕线型电动机)、灰尘及油污侵入; (3) 绕组本身绝缘不良。	(1) 干燥处理; (2) 加强维护,及时除去积存的粉尘及油污,对较脏的电动机可用汽油冲洗,待汽油挥发后,进行浸漆及干燥处理,使其恢复良好的绝缘状态; (3) 拆开检修,加强绝缘,并作浸漆干燥处理,无法修理时,重绕绕组。
电刷火花太大	(1) 电刷牌号或尺寸不符合规定要求; (2) 滑环或整流子有污垢; (3) 电刷压力不当; (4) 电刷在刷握内有卡涩现象; (5) 滑环或整流子呈现椭圆形或有沟槽。	(1) 理换合适的电刷; (2) 清洗滑环或整流子; (3) 调整各组电刷压力; (4) 打磨电刷,使其在刷握内能自由上下移动; (5) 上车床车光、车圆。
轴承发热	(1) 电动机搁置太久; (2) 润滑脂太少或过多,或质量不好; (3) 皮带过紧或耦合器装得不好;	(1) 空载运转,过热时停车,冷却后再走,反复走几次,若仍不行,拆开检修; (2) 润滑脂应适量,质量要好; (3) 调整皮带张力或改善耦合顺装置。

附表3　电动机允许振动值

转速(r/min)	允许振动值(mm)	
	一般电动机	防爆电动机
3 000	0.06	0.05
1 500	0.10	0.085
1 000	0.13	0.10
750 以下	0.16	0.12

附表 4 电动机允许窜动值

电动机容量(kw)	轴向允许窜动量(mm)	
	向一侧	向两侧
10 及以下	0.5	1.00
10～22	0.75	1.50
30～70	1.00	2.00
75～125	1.25	3.00
125 以上	2.00	4.00

注:向两侧的轴向窜动量,应根据磁场中心位置确定。

附表 5 绕线型异步电动机滑环、电刷的常见故障及处理方法

故障现象	可能原因	处理方法
滑环表面轻微损伤,如有刷痕、斑点、细小凹痕	电刷与滑环触轻度不均匀。	调整电刷与集成电环的接触面,使两者接触均匀;转动滑环,用油石或细锉轻轻研磨,直到平整,再用 0 号砂布在滑环高速旋转的情况下进行抛光,直到滑环表面呈现金属光泽为止。
滑环表面严重损伤,如表面凹凸度、槽纹深度超过1mm,损伤面积超过滑环表面面积的 20%～30%。	(1) 电刷型号不对,硬度太高,尺寸不合适,长期使用造成滑环损伤; (2) 电刷中有金钢砂等硬质颗粒,使滑环表面出现粗细、长短不一的线状痕迹; (3) 火花太大,烧伤滑环表面。	(1) 更换成规定型号和尺寸的电刷; (2) 使用质量合格的电刷; (3) 找出火花大的原因并排除。
滑环呈现椭圆形(严重时会烧毁滑环)	(1) 运行时产生机械振动所致。 (2) 电动机未安装稳固; (3) 滑环的内套与电动机轴的配合间隙过大,运行时产生不规则的摆度。	(1) 首先车修滑环,方法同上。 (2) 紧固底脚螺钉; (3) 检查并固定牢滑环在轴上的位置。
电刷冒火	(1) 维护不力,滑环表面粗糙,造成恶性循环,加重火花; (2) 电刷型号、尺寸不合适,或电刷因长期使用而磨损、过短 (3) 电刷在刷握内卡住; (4) 电刷研磨不良,接触面不平,与滑环接触不良; (5) 电刷压簧压力不均匀或压力不够; (6) 滑环不平或不圆; (7) 油污或杂物落入滑环与电刷之间,造成两者接触不良; (8) 空气中有腐蚀性介质存在。	(1) 加强巡视、维护,发现问题时及时处理; (2) 更换成规定型号和尺寸的电刷,更换过短的电刷; (3) 查出原因,使电刷能在刷握内上下自由移动,但也不能过松; (4) 用细砂布研磨接触面,并保证接触面不小于 80%,或换上新电刷(新电刷接触面也城打磨); (5) 调整压簧压力,弹性达不到要求时,要换压簧(压力应保证在 15～20 kPa); (6) 用砂布将滑环磨平,严重时需车圆; (7) 用干净的棉布蘸汽油将电刷和滑环擦拭干净,除去周围和轴承上的油污,并采取防污措施; (8) 改善使用环境,加强维护。

续表

故障现象	可能原因	处理方法
电刷或滑环间弧光短路	(1) 电刷上脱下来的导电粉末覆盖绝缘部分,或在电刷架与滑环之间内飞扬,形成导电通路; (2) 胶木垫圈或环氧树脂绝缘垫圈破裂; (3) 环境恶劣,有腐蚀性介质或导电粉尘。	(1) 加强维护,及时用压缩空气或吸尘器除去积存的电刷焙末;可在电刷架旁加一隔离板(2 mm厚的绝缘层压板),用一只头平螺钉将其固定在刷架上,把电刷与电刷架隔开; (2) 更换滑环上各绝缘垫圈; (3) 改装环境条件。

<h3 style="text-align:center">附表6 直流电机运行中的常见故障处理方法</h3>

故障现象	可能原因	处理方法
电刷火花过大	(1) 电刷与换向器接触不良; (2) 电刷压力不当; (3) 电刷在刷握内有卡涩现象; (4) 电刷位置不在中性线上; (5) 电刷牌号不对,电刷过短; (6) 电刷位置不均衡,引起电刷电流分配不均匀; (7) 换向器表面有污垢,不光洁,有沟纹,不圆; (8) 刷握松动或未装正; (9) 换向器片间云母凸出; (10) 电机振动,底座松动; (11) 电机过载; (12) 转子平衡未较好; (13) 检修时将换向极接反; (14) 换向极绕组短路; (15) 电枢过热,使绕组线头与换向器脱焊; (16) 晶闸管整流装置输出的电压波形不对称; (17) 转速变化过快(如操作太快)。	(1) 研磨电刷接触面,先在轻载下运行,然后再加负载; (2) 校正电刷压力为 15~25 kPa; (3) 略微磨小电刷或更换电刷,使电刷上下移动自如; (4) 调整刷杆座至正确位置,或按感应法校正中性位置; (5) 更换成生产厂家要求的电刷,更换过短的电刷; (6) 调整刷架位置,做到等分; (7) 清洁换向器表面,上车床车圆换向器; (8) 紧固或校正刷握位置; (9) 用专用工具刻槽、倒角,再研磨; (10) 紧固底座螺丝; (11) 减轻负载; (12) 重校转子动平衡; (13) 在换向极绕组两端通 12 V 直流电压,用指针判断换向极极性,纠正接线; (14) 清除短路故障; (15) 用毫安表检查换向片间的电压是否平衡,如两片间电压特别高,则该处可能脱焊,应重新焊接; (16) 用示波器检查波形,并调整好波形; (17) 检查电流的最大值和转速变化速度,应正确操作。
电刷碎裂、颤动或刷辫脱落	(1) 换向器表面粗糙; (2) 换向片间云母凸出; (3) 刷握与换向器间的距离过大; (4) 电刷型号或尺寸不对。	(1) 同上条第(7)项 (2) 同上条第(9)项; (3) 调整两者间距离至 1.5~3 mm; (4) 更换成合合适型号和尺寸的电刷。
电刷磨损不均匀	电刷与刷握之间的间隙过小。	清理刷握,更换电刷。

续表

故障现象	可能原因	处理方法
发电机电压不能建立	(1) 剩磁消失； (2) 电刷过短，接触不良； (3) 刷架位置不对； (4) 励绕组出线接反； (5) 并励绕组电路断开； (6) 并励绕组短路； (7) 并励绕组与换向绕组、串励绕组相碰短路； (8) 励磁电路中电阻中电阻过大； (9) 旋转方向错误； (10) 转速太低； (11) 并励电阻磁极性不对； (12) 电路中有两点接地，造成短路； (13) 电枢绕组短路或换向器片间短路。	(1) 用直流电通入并励绕组，重新产生剩磁； (2) 更换新电刷； (3) 移动刷架座，调整刷架中性位置； (4) 调换并励绕组两出线头； (5) 用万用表或兆欧表测量，拆开修理； (6) 用电桥测量直流电阻，并排除短路点或重绕绕组； (7) 用万用表或兆欧表测量，并排除相碰点； (8) 应检查变阻器，使它短路后再试； (9) 改变电机转向； (10) 提高转速或调换原动机； (11) 用直流电通入并励绕组，用指南针判断其极性，纠正接线； (12) 用万用表或兆欧表检查，排除短路点； (13) 用电压降法检查，并排除短路故障或重绕绕组。
发电机空载电压过低	(1) 原动机转速低； (2) 传动带过松； (3) 刷架位置不当； (4) 他励绕组接错； (5) 串励绕组和并励绕组相互接错； (6) 复励电机串励接反； (7) 主极原有垫片未垫。	(1) 用测量速表检查，提高原动机转速或更换原动机； (2) 用测量表测量原动机和发电机的转速是否相差过大，应调紧传动带或更换其他类型传动带； (3) 调整刷架座位置，选择电压最高处； (4) 在他励电压和电流正常的情况下，可能极性顺序接错，可用指南针测量，纠正接线； (5) 在小电机中有时会出现此种情况，拆开重新接线； (6) 调换串励出线； (7) 拆开量主极内径，垫衬原有厚度的垫片。
发电机加负载后，电压显著下降	(1) 换向极绕组接反； (2) 电刷位置不在中性线上； (3) 主磁极与换向极安装顺序不对； (4) 同上条第(6)项。	(1) 将换向极绕组接线对调； (2) 调整刷杆座位置，使火花情况好转； (3) 绕组通入 12 V 直流电源，用指针判别极性，纠正接线； (4) 同上条第(6)项。
电动机不能启动	(1) 无直流电源； (2) 机械负载过重或有卡阻现象； (3) 启动电流太小； (4) 电刷与换向器接触不良； (5) 励磁回路断路。	(1) 检查熔断器、启动器、线路是否良好； (2) 减轻机械负载，或消除卡阻现象； (3) 检查所用启动器是否匹配； (4) 找出原因，加以消除； (5) 检查变阻器或磁场绕组是否断路。

续表

故障现象	可能原因	处理方法
电动机转速不正常	(1) 电动机转速过高,电刷火花严重; (2) 电刷不在正常位置; (3) 电刷及磁场绕组短路; (4) 串励电动机负载太轻或空载运转,这时转速异常升高; (5) 串励绕组接反; (6) 励磁回路电阻过大。	(1) 检查磁场绕组与启动器连接线是否良好,有无接线错误,内部有无断路现象; (2) 调整刷杆座,使电刷在正常中性线位置; (3) 找出短路点并排除,或重绕组; (4) 增加负载; (5) 纠正接线; (6) 检查磁场变阻器及励磁绕组电阻。
直流电动机转速过高(这时应及时切断电源,以防飞车)	(1) 并励回路电阻过大或断路; (2) 并励或串励绕组匝间短路; (3) 并励绕组极性接错; (4) 复励电机的串励绕组极性接错(积复励接成差复励); (5) 串励电机负载过轻; (6) 主磁极气隙过大。	(1) 测量励磁回路电阻值,恢复正常电阻值; (2) 找出故障点并进行修复,或重绕组; (3) 用指南针测量极性顺序,并重新接线; (4) 检查并纠正串励绕组极性; (5) 增加负载; (6) 按规定用铁片调整气隙。
电枢冒烟	(1) 长期过载运行; (2) 换向器或电枢短路; (3) 发电机外部负载短路; (4) 电动机端电压太低; (5) 定子、转子相摩擦; (6) 启动太频繁。	(1) 减轻负载; (2) 检查换向器及电枢有无短路现象,是否有金属引起短路; (3) 消除外部短路故障; (4) 提高电动机输入电压; (5) 检查并消除摩擦; (6) 减少启动次数。
磁场绕组过热	(1) 绕组内部短路; (2) 发电机转速太低; (3) 发电机端电压长期超过额定值。	(1) 分别测量每极绕组的直流电阻,电阻值太低的绕组有短路现象,应重绕组; (2) 提高转速到额定值; (3) 恢复端电压至额定值。
电机过热	(1) 过载运行; (2) 通风不良; (3) 晶闸管整流装置输出电压波形不正常; (4) 电压不符合要求; (5) 环境温度过高。	(1) 检查电枢电流,减轻负载; (2) 清扫通风管道,检查风机旋转方向是否正确,消除通风系统漏风,清理或更换过滤器,检查冷却水压力、水量是否正常; (3) 用示波器检查,并调整输出电压波形; (4) 检查电枢电压、励磁电压,并进行调整,以达到铭牌上的要求; (5) 检查环境温度和进、出风口温度,改善环境和通风条件。
振动大	(1) 轴弯曲; (2) 基础不坚固; (3) 轴承损坏; (4) 定子、转子气隙不均匀; (5) 电机转轴与被传动轴不同心; (6) 电枢不平衡。	(1) 用千分表检查,矫正转轴; (2) 检查基础,重新安装电机; (3) 检查并调换轴承; (4) 测量气隙,调整气隙; (5) 用量规检查,重机关报安装调整; (6) 对电枢进行单独旋转,调整动平衡。

续表

故障现象	可能原因	处理方法
噪声	(1) 振动大; (2) 电枢被堵住; (3) 联轴器有毛病; (4) 漏气; (5) 电源波形不对; (6) 安装松动; (7) 轴承有毛病。	(1) 同上条; (2) 检查绕组和风扇等,消除夹入物; (3) 调换有毛病的部件; (4) 轻载运行,重新安装鼓风机和通风管; (5) 用示波器检查,并调整晶闸管整流装置; (6) 检查全部螺栓,拧紧螺栓; (7) 检查润滑油及轴承间隙,加润滑油或更换轴承。
轴承发热	(1) 过载; (2) 轴承缺油或加油过满。	(1) 检查并调整皮带张力或轴承推力; (2) 加补润滑脂,以加至轴承空间的 2/3 左右为宜。
绝缘电阻低	(1) 电机受潮; (2) 环境恶劣,空气中有腐蚀性、导电性介质存在; (3) 电刷架、换向器槽内等部位有电刷粉末或导电杂质侵入,电机脏污。	(1) 作干燥处理; (2) 改善环境条件,加强维护; (3) 定时清扫电机。
机壳漏电	(1) 电机绝缘电阻低; (2) 出线头、接线板绝缘损坏、接地; (3) 接地(接零)线断裂或连接不良。	(1) 同上条; (2) 作绝缘处理或更换接线板; (3) 更换接地(接零)线,连接牢固。

附表 7 高压电动机绝缘优劣的判断方法

判断方法	绝缘良好	绝缘老化
外观检查(以环氧树脂、粉云母带构成的 B 级或 F 级模压成型绕组的黄绝缘类为例)	(1) 绝缘呈深褐色,表面光滑发亮、干净,无碳化现象,不膨胀,无凹坑、麻点,无白斑;绝缘层无裂纹、皱纹,绝缘层不脆化;用小木锤轻击时有清脆响声,手感坚实; (2) 电动机在运行中无放电、闪弧、过热、短路和穿击现象。	(1) 绝缘外观几何尺寸不规则,有变形形象;绝缘严重变色,呈黑色,无光泽,表面碳化,有凹坑、麻点;绝缘起皱、膨胀、霉烂,有白斑,有裂纹;绝缘浸漆、烘干不透; (2) 电动机在运行中有放电、电晕现象;绕组有匝间或相间短路、击穿现象。
仪器测试	(1) 用 2 500 V 兆欧表测量绕组绝缘电阻,其阻值应符合要求; (2) 进行直流耐压试验,泄漏电流较小,各支路泄漏电流平衡,绝缘吸收比较高。	(1) 绝缘电阻不合格,且明显下降; (2) 泄漏电流较大;外观检查。
故障现象	可能原因	处理方法
仪器测试	(1) 测定绕组的介质损失角正切值($\tan\delta$)时,其值在标准范围以内; (2) 进行匝数间耐压冲击试验,能承受规定范围内的交流试验电压值,无击穿现象; (3) 进行绕组的交流耐压试验,能承受规	(1) $\tan\delta$ 值超标; (2) 匝间耐压低,且易击穿; (3) 进行交流耐压试验时达不到标准值就击穿;

续表

故障现象	可能原因	处理方法
仪器测试	定范围内的交流试验电压值,无穿击现象; (4) 6 kV级以上的高压电动机绕组做起晕试验时,起晕电压较高; (5) 绕组绝缘具有耐油防腐蚀措施,能承受较大的外力冲击和振动而不出现裂纹或变形。	(4) 做起晕试验时,起晕电压低; (5) 当受到较大的外力冲击和振动时,易出现裂纹或变形。

附表8　高压电动机绝缘老化的原因及其防止对策

绝缘老的原因		防止对策
制造或大修质量不好	(1) 绝缘材料不合格,如粉云母带胶量不足或存放过久,胶干枯变硬、发脆,这种带子使用后必然固化不好,出现白斑、起层等毛病; (2) 包缠、模压工艺不合理,如包缠不紧密,模压刚人模就在高温下施全压,这样必然使绕组绝缘发空、起层,不坚实,如果模压温度过高,绝缘会变色发黑,出现碳化现象。	(1) 严格按工艺要求进行大修,更换绕组时,应选择合格的电磁线,粉云母带含胶量要适中,质量要好,过期的带子不能用; (2) 严格按包缠工艺操作,层间、匝间绝缘必须可靠,缠绕紧密,包缠层数、叠包搭接均要严格,浸漆,烘干工艺要合理;模压时一定要在初温下施一半压力,再逐步升至模压温度及施全压,模压时间不能过短。
嵌线及绑扎不当	(1) 嵌线过程中绕组上沾有较多灰尘,甚至杂质颗粒,这样电动机运行中会产生放电现象; (2) 嵌线时锤打过猛,使绕组绝缘表面产生变形、出现裂纹; (3) 绕组端部绑扎不紧、浸漆不透,从而在电动机运行中使绕组产生位移,振动加大,导致绝缘迅速老化。	(1) 嵌线过程中绝缘表面不允许沾有灰尘等异物,绕组要轻拿轻放; (2) 不许用铁器敲打绕组,敲打绕组时,用力要适当; (3) 绕组端部要绑扎紧,浸漆时要浸透; (4) 对于有防晕要求的电动机,嵌线中不要划破防晕层,防晕绕组在嵌线前应做起晕试验; (5) 成型后的绕组必须做匝间耐压及对地交流耐压试验,不合格的不能嵌线;嵌线过程及接线完也要按规定做耐压试验。
使用环境恶劣	(1) 安装场所有有害气体、液体和腐蚀性介质,从而使电动机绝缘表面出现树枝扩散状裂纹,绝缘层失效,绝缘电阻下降,严重时甚至露出裸铜线,导致击穿; (2) 安装在油坑内,部分绕组浸泡在油中,从而造成绝缘受油腐蚀、膨胀发胖、表面霉变、加速绝缘老化。	(1) 安装场所环境条件要好,难以做到时,应加强运行区的通风,安装有害气体的吸排装置,以改善运行条件; (2) 不允许有油浸入绕组中。
运行中操作不当	(1) 过负荷运行,加速绝缘老化; (2) 频繁启动,使电动机过热,造成绝缘烤焦,甚至一片片脱落; (3) 误操作产生过电压,损伤绝缘; (4) 防雷装置不良或失灵,当电动机受外部雷电侵入时,绝缘受到很大电压冲击,造成损坏。	(1) 减轻负荷,使电动机在正常负荷下运行; (2) 按启动要求规定起停电动机; (3) 严格按操作程序进行操作; (4) 正确选用避雷装置,定期在雷雨季节前对避雷装置进行试验,安装上合格的避雷器。

附表9　三相异步电动机的解体保养

保养项目	质量标准
检查、清扫定子绕组和铁芯	(1) 电动机内部清洁,无杂物、油垢,通风槽清洁; (2) 绕组无过热现象,无绝缘老化变色现象,绝缘层完好,绑线无松动现象; (3) 高压电动机线棒上无电晕造成的痕迹; (4) 定子槽楔无断裂、凸凹及松动现象,端部槽楔牢固; (5) 定子引线及连线焊接头无过热变色现象,焊接良好; (6) 定子各处螺丝无松动现象; (7) 定子绕组在槽内无松动现象; (8) 定子绝缘电阻符合规定要求(每 kV 不低于 1 MΩ); (9) 容量在 1 000 kV 以上的电动机,三相直流电阻相间不平衡不超过平均值的 2%; (10) 铁芯无擦痕及过热现象; (11) 铁芯硅钢片无松动、无锈蚀现象。
检查定子	(1) 转子绕组及铁芯无灰尘、油污; (2) 鼠笼式电动机的导电条在槽内无松动现象,导电条和端环的焊接牢固,浇铸的导电条和端环无裂纹; (3) 转子的平衡块应紧固,平衡螺丝应锁牢; (4) 绕线型转子的槽楔无松动、过热、变色、断裂现象; (5) 绕线型转子的绝缘电阻不低于 0.5 MΩ。
检查滑环整流子、电刷、刷握及弹簧	(1) 滑环及整流子表面应光滑,无沟槽、无锈蚀、无油垢,滑环及整流子表面应正圆,无椭圆现象; (2) 电刷在刷握内能上下自由活动,无卡涩现象; (3) 弹簧压力符合要求; (4) 刷握与滑环之间应有一定间隙; (5) 电刷长度适宜,过短者应更换; (6) 换向器片间绝缘应凹下 0.5~1.5 mm,整片流子与绕组的焊接应良好。
检查清洁风扇	(1) 转子风扇叶片无变形,无裂纹; (2) 各处螺丝钉紧固; (3) 风扇应清洁,无油泥和其他杂物; (4) 风扇方向正确(整流子电机)。
检查清洗轴承并加油	(1) 轴承工作面应光滑清洁,无裂纹、锈蚀和破损现象,并记录轴承的型号; (2) 滚动轴承转动时声音应均匀,无杂音; (3) 轴承的滚动体与内、处圈接触良好,无松动现象,转动灵活,无卡涩; (4) 轴承不漏油; (5) 清洗轴承,加入合格的润滑脂,润滑脂应填满内部空隙的 2/3,同一轴承内不得填入两种不同的润滑脂。
机壳及外部	(1) 端盖及外壳破裂; (2) 外部接地线符合要求,无断股情况; (3) 零附件完整,各处螺丝应上紧; (4) 封闭型电动机应封闭良好,防爆型电动机应符合防爆要求。
定、转子之间气隙的调整	检查定、转子之间的气隙,各处气隙与平均值之差不超过平均值的 ±5%

附表 10　电动机修理后容易出现的故障及处理方法

故障现象	可能原因	处理方法
装上端盖后绝缘电阻降低	故障发生在两端部： (1) 漆包线漆膜局部破损； (2) 绕组端部伸出较长。	(1) 查出破损处，涂上绝缘漆； (2) 对绕组端部稍作整形，必要时可在绕组端部外侧容易与端盖内侧接触处垫一层薄膜青壳纸。
定子绕组槽内有接地点	一般多发生在槽口： (1) 槽绝缘在槽口垫偏、损坏； (2) 在槽口因下线、划线不慎，将漆包线放到槽绝缘的下面； (3) 打入槽楔时将槽绝缘纸挤破。	将定子绕组接线解开，分别测量各相对地的绝缘电阻，从而找出接地相；然后用一台单相调压器将电压加在接地相绕组一端和地（机壳）之间，从零开始升压，当槽内开始冒烟时，即关断电源，冒烟处就是接地点；再把接地槽的槽楔小心去除，将电动机放入烘箱内加热，烘软绕组，并把槽内线匝取出，检查并处理好绝缘；重新放入槽内，打入槽楔，局部浸漆，烘干。
定子绕组匝间短路	漆包线质量差： (1) 下线、划线时过分用力，损伤导线绝缘； (2) 槽满率太高，下线困难； (3) 下线时漆包线未理顺，交叠一起，受挤压而损伤绝缘。	不分解电机，用单相调压器向其中一相通入低电压，从零开始升压；同时用钳形表测量电流，使电流增大到电动机额定电流的 1/3 左右；这时停止升压，用万用表分别测量其他两相感应电压，如某一相有匝间短路现象，它的感应电压就较低。然后调换一相通电，再测；根据两次测得的感应电压是否相同，可判断出是否有匝间短路现象。定子匝间短路时，一般需要更换绕组。
空载电流大	(1) 采用火烧法拆除旧绕组； (2) 将星形接线错接成三角形； (3) 绕组内部接线有误，如将串联绕组并联； (4) 装配不良，尤其是轴承未装好或缺油、少油，或轴承损坏而未更换； (5) 绕组线径取得偏小； (6) 线圈匝数不足； (7) 绕组内部极性接错； (8) 定、转子铁芯不齐； (9) 绕组内部有短路、断线或接地故障。	(1) 不宜采用火烧拆除旧绕组； (2) 改正接线； (3) 正确装配，正确加润滑脂，更换损坏的轴承； (4) 选用规定的线径重绕； (5) 按规定的线径重绕； (6) 按规定匝数重绕； (7) 核对绕组极性； (8) 打开端盖检查，并予以调理； (9) 查出故障点，处理绕组。若无法恢复，则应更换绕组。
铝线电动机绕组局部损伤	如 JO₃ 系列铝线电动机在拆卸或装配时，若不小心，很容易将绕组碰伤，碰断一根或多根	如只是擦破一点绝缘，可涂绝缘漆，并用灯泡烘干。如已碰断或伤及导线，可用下法修理： (1) 用灯泡烘干。如已碰断或伤及导线，在其中间接一根粗细相同的铝线，除去氧化层后绞合； (2) 在连接导线下方垫一石棉板，用气焊焊接头，速度要快； (3) 用热水清洗焊接部位，以防铝焊齐腐蚀接头，再用灯泡烘干； (4) 在焊接部位上涂绝缘漆，并用灯泡烘干； (5) 用 1～2 层黄漆绸包扎接头，捆扎整形，再涂绝缘漆，然后烘干即可。

参考文献

[1] 肖兰,马爱芳. 电机与拖动[M]. 武汉:华中科技大学出版社,2009.

[2] 姜玉柱. 电机与电力拖动[M]. 北京:北京理工大学出版社,2006.

[3] 张勇. 电机拖动与控制[M]. 北京:机械工业出版社,2001.

[4] 李发海,王岩. 电机与拖动基础[M]. 北京:清华大学出版社,1994.

[5] 顾绳谷. 电机与拖动基础[M]. 北京:机械工业出版社,1980.

[6] 许实章. 电机学[M]. 北京:机械工业出版社,1995.

[7] 杨渝钦. 控制电机[M]. 北京:机械工业出版社,1990.

[8] 许晓峰. 电机与拖动[M]. 北京:高等教育出版社,2000.

[9] 吴浩烈. 电机及电力拖动基础[M]. 重庆:重庆大学出版社,1996.

[10] 任礼维,林瑞光. 电机与拖动基础[M]. 杭州:浙江大学出版社,1994.

[11] 胡幸鸣. 电机及拖动基础[M]. 北京:机械工业出版社,2008.

[12] 牛维扬. 电机学[M]. 北京:中国电力出版社,1998.

[13] 谈代秀. 电机及电力拖动基础[M]. 北京:中国电力出版社,1995.

[14] 刘景峰. 电机与拖动基础[M]. 北京:中国电力出版社,2002.